安徽省高等学校"十二五"省级规划教材

高职计算机类精品教材

局域网技术与组网工程

主　　编　宫纪明

副 主 编　杨玉梅　胡兰兰　苏文明

编写人员（以姓氏笔画为序）

代　飞　张　超　苏文明

杨玉梅　何学成　俞永飞

胡兰兰　宫纪明

U0311457

中国科学技术大学出版社

内 容 简 介

本书是以目前企业网络工程师岗位能力需求为依据编写的,每章后的实训均为目前网络工程师必备技能的操作训练,习题有利于学生对"必需、够用"知识的理解和掌握;内容的讲解大都采用截图说明的方式展开,一目了然,通俗易懂。书中还提供了虚拟、仿真环境的使用方法,对内容的讲解和实训的实现是非常方便的,也有利于教师采用"教、学、做"合一的教学方法实施,使学生能够"即学即见",提高学习兴趣。

本书内容包括计算机网络概述、Windows Server 2008 服务器、Linux 服务器、交换机的原理与配置、路由器的配置、三层交换机的配置、综合布线工程、局域网安全和局域网项目工程案例。

本书可作为高职高专计算机类专业的计算机网络技术课程教材,也可作为计算机网络技术培训或技术人员与网络用户的参考资料。

图书在版编目(CIP)数据

局域网技术与组网工程/宫纪明主编. —合肥:中国科学技术大学出版社,2014.8
安徽省高等学校"十二五"省级规划教材
ISBN 978-7-312-03502-9

Ⅰ.局…　Ⅱ.宫…　Ⅲ.局域网　Ⅳ.TP393.1

中国版本图书馆 CIP 数据核字(2014)第 174049 号

出版	中国科学技术大学出版社
	安徽省合肥市金寨路 96 号,230026
	http://press.ustc.edu.cn
印刷	安徽江淮印务有限责任公司
发行	中国科学技术大学出版社
经销	全国新华书店
开本	787 mm×1092 mm　1/16
印张	23.25
字数	595 千
版次	2014 年 8 月第 1 版
印次	2014 年 8 月第 1 次印刷
定价	46.00 元

前　言

本书是根据高职高专"十二五"规划教材的指导精神编写的。

高职高专教学内容的改革应围绕"以学生为主体,以教师为主导,以技为能,以真为学"的设计思想,以"学生能学到什么? 会做什么? 能够做到吗?"替代传统的"我们教什么?",坚持"必需,够用",突出实际动手、项目实践和工作经验,从而真正实现课程内容与企业需求的"零距离"结合。我们在充分了解当前企业对网络人才的具体要求的基础上,以各类企业所急需的网络工程师岗位需求为目标,确定了从事局域网的技术和组网工程职业所必须具备的知识和技能。本书编写的指导思想是坚持理论知识"必需、够用",结合实际岗位能力需求,突出网络工程能力、实践能力、职业能力。

本书从计算机网络的定义及网络基础知识开始,有针对性地介绍了计算机网络的体系结构、传输介质及拓扑结构、WLAN 的部署与配置;介绍了当前使用最流行的网络平台 Windows Server 2008 服务器、Linux 服务器;结合企业网组建过程介绍了交换机的基本原理与配置、路由器配置、三层交换机配置、综合布线工程、局域网安全;最后通过一个局域网项目工程案例训练学生从需求分析、系统设计、项目实施、项目测试到验收等的网络工程能力及其相应的综合职业能力。

全书共 9 章,内容包括:计算机网络概述;Windows Server 2008 服务器;Linux 服务器;交换机基本原理与配置;路由器的配置;三层交换机的配置;综合布线工程;局域网安全;局域网项目工程案例。

本书对过时的内容坚决不讲,对实用的知识坚决讲透。每章后都设计了丰富的能够体现职业性、岗位性、实践性和开放性的实训项目,学生通过这些实训项目的实际操作可以达到"即学即见"的效果,这也有利于教师采用"教、学、做"合一的教学方法实施,可以先学后做、先做后学,也可以边做边学,但要保证实训的学时和质量。

本书由宫纪明担任主编,杨玉梅、胡兰兰、苏文明担任副主编,参加编写的还有何学成、俞永飞、张超、代飞。本书的编写分工如下:宫纪明编写了第 1 章,胡兰兰编写了第 2 章,杨玉梅编写了第 3 章和第 6 章,代飞、何学成编写了第 4 章,苏文明编写了第 5 章,俞永飞、代飞编写了第 8 章,何学成编写了第 9 章。全书由宫纪明拟订编写大纲,并进行统稿工作。

在本书编写过程中,作者还认真分析了近几年全国技能大赛比赛(高职学生组)项目"计算机网络组建与安全维护"涉及的内容,参考了大量的图书、杂志和网络资料,吸取了多方宝贵经验和建议。当然,由于作者水平有限,书中难免存在不当之处,恳请各位读者批评指正。

编　者
2014 年 5 月

目　　录

第1章 计算机网络概述

 本章导读

　　局域网是一种覆盖范围较小的计算机网络,在局域网发展初期,一个学校或工厂往往只拥有一个局域网,但随着局域网的发展和广泛使用,一个学校或企业大都拥有许多个互连的局域网(这样的网络称为校园网或企业网,即 Intranet)。事实上,局域网是一个相对广域网而言的概念,这些概念是根据网络在地理范围上的大小而定的,没有严格意义上的界定。本章从计算机网络的概念出发,去探讨计算机网络的关键技术,为组建计算机网络奠定基础。

 本章要点

　　➢ 计算机网络的概念;
　　➢ 计算机网络体系结构和网络协议;
　　➢ 制作双绞线跳线与搭接信息模块;
　　➢ IP 地址及子网掩码的应用;
　　➢ WLAN 的部署与配置。

1.1　计算机网络的基本概念

1.1.1　计算机网络的定义和内涵

1. 计算机网络的定义

　　所谓计算机网络,就是利用通信线路和通信设备将处在不同地理位置上具有独立功能的计算机系统连接起来,借助功能完善的网络软件以实现资源共享和数据通信为目的的系统(见图 1.1)。

2. 计算机网络的内涵

　　计算机网络的内涵如下:

　　① 通信线路包括有线传输介质(如同轴电缆、双绞线、光纤等)和无线传输介质(如微波、卫星、红外线等)。

　　② 通信设备主要包括集线器、网桥、交换机、路由器、网关等网络设备。

　　③ 不同地理位置指至少有两台计算机连接起来才能构成计算机网络。

　　④ 独立功能的计算机系统是指计算机具有完整的硬件和软件系统,不管是否连接网络

它都能正常工作。

    ⑤ 网络软件主要是指各计算机之间要能相互通信,必须遵循共同确认的规则、约定和标准,即网络协议(简称协议)。协议是计算机网络的本质,没有协议无论怎样连接计算机,它们之间也都不能相互通信。

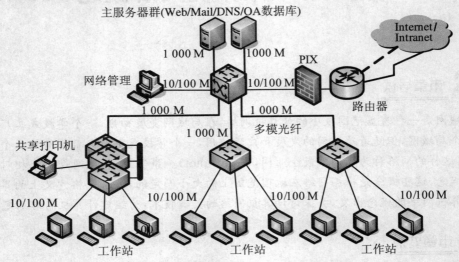

图 1.1   一个小型企业的计算机网络

    ⑥ 资源共享是计算机网络的功能和目的。计算机网络提供的可共享的资源包括硬件资源(如大型计算机、打印机等)、软件资源(如大型数据库等)和信息(数据)资源(如浏览Web页等)。

1.1.2   计算机网络的功能

1. 数据通信

在计算机网络中,计算机之间或计算机与终端之间,可以快速可靠地相互传递数据、程序或文件。

2. 资源共享

充分利用计算机网络中提供的资源(包括硬件、软件和数据)是计算机网络组网的主要目标之一。

3. 提高系统的可靠性

在一些用于计算机实时控制和要求高可靠性的场合,通过计算机网络实现备份技术可以提高计算机系统的可靠性。

4. 分布式网络处理和负载均衡

分布式计算是利用互联网上的计算机的中央处理器的闲置处理能力来解决大型计算问题的一种计算科学。在两个或多个软件之间互相共享信息,这些软件既可以在同一台计算机上运行,也可以在通过网络连接起来的多台计算机上运行。

对于大型任务或当网络中某台计算机的任务负荷太重时,可将任务分散到网络中的各台计算机上进行,或由网络中比较空闲的计算机分担负荷。

网格计算和云计算都是分布式计算,网格计算强调资源共享,任何人都可以作为请求者使用其他节点的资源,但任何人都需要贡献一定资源给其他节点。云计算强调专有,使计算分布在大量的分布式计算机上,而非本地计算机或远程服务器中,任何人都可以获取自己的专有资源,并且这些资源是由少数团体提供的,用户不需要贡献自己的资源。

1.1.3　计算机网络的产生和发展

计算机网络是计算机技术与通信技术结合的产物,其产生和发展经历了以下四个阶段。

1. 第一阶段:以单计算机为中心的多终端联机系统

1946 年,世界上第一台电子数字计算机 ENIAC 诞生,1949 年,采用冯·诺伊曼原理的现代计算机诞生,为人类向信息化社会迈进奠定了基石,也使计算机网络的产生成为可能。但是,由于当时计算机主机非常昂贵,而通信线路和终端设备相对便宜,为了满足多人使用计算机进行数据处理的需求,采用了以单计算机为中心的联机系统结构形式(见图 1.2)。

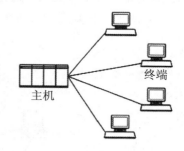

图 1.2　以单计算机为中心的
联机系统结构

20 世纪 50 年代,美国麻省理工学院林肯实验室为美国空军设计的半自动化地面防空系统(SAGE)就采用了这种系统结构形式。SAGE 将远距离的雷达和其他测控设备的信息通过通信线路汇集到一台中心计算机进行集中处理和控制。

以单计算机为中心的多终端联机系统有三个缺点:一是主机负荷较重,效率低,因为主机要承担与各终端的通信工作,占用了数据处理的时间。二是通信线路的利用率低,因为每个终端都要单独占用一条通信线路与中心计算机通信。三是系统可靠性低,因为这种结构属于集中控制,一旦中心计算机发生故障,整个系统将瘫痪。

新技术的发展总是沿着不断发现先前技术的问题并不断改进和创新的规律进行的,计算机网络的发展也不例外。首先,为了提高主机的效率,采用了通信控制器来承担主机与各终端的通信功能,主机只承担数据处理,提高了效率。其次,为了提高线路的利用率,采用了多点接入通信线路的方式,所谓多点接入通信线路就是多个终端连接在一条通信线路上,多个终端共享同一条通信线路与中心主机进行通信,从而提高了线路的利用率。这样改进后,系统的结构形式如图 1.3 所示。第三,要提高系统的可靠性,就必须连接多台主机来提供可替代的资源,这样就进入了计算机网络发展的第二个阶段:计算机-计算机网络阶段。

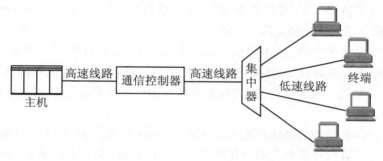

图 1.3　多点接入通信线路的方式

以单计算机为中心的多终端联机系统的特点是整个系统只有一台主机(中心主机),因此它不是现代意义上的计算机网络,但是,它是现代计算机网络的雏形。

2. 第二阶段:计算机-计算机网络

随着计算机技术和通信技术的发展,利用通信线路将多个计算机连接起来,相互交换数据,实现了互联计算机之间的资源共享,从而使计算机网络的通信方式由终端与计算机之间的通信,发展成为计算机与计算机之间的直接通信。整个系统是由多个不同计算机系统互联而成的,各计算机都有独立的处理能力,它们之间的关系不是终端与中心计算机之间的从属关系,而是一种平等关系。这种系统就是现代意义上的网络。如图1.4所示。

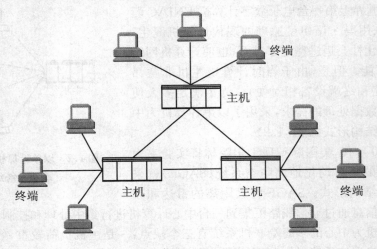

图1.4　计算机-计算机网络

1969年,美国国防部高级研究计划署(DARPA)建成的ARPANET实验网是现代计算机网络诞生的标志。1980年,TCP/IP协议研制成功。1982年,ARPANET开始采用IP协议。1985年,美国国家科学基金会(NSF)利用TCP/IP协议组建NSFNet,美国的许多大学、研究机构等纷纷把自己的局域网并入NSFNet中。1986年至1990年,NSFNet网络逐渐演变为今天Internet的骨干网。这个阶段的标志性技术就是TCP/IP协议的实现。

3. 第三阶段:标准化的计算机网络

20世纪70年代以后,尤其是微型计算机的应用,计算机网络的技术日趋成熟。为了促进网络产品的研发,各大计算机制造公司纷纷制定了自己的网络技术标准和规范,例如,1974年IBM公司宣布了它研制的系统网络体系结构SNA(System Network Architecture),它是按照分层的方法制定的。DEC公司也在20世纪70年代末开发了自己的网络体系结构——数字网络体系结构(Digital Network Architecture,DNA)。但是,由于各个公司的体系结构标准存在差异,同一体系结构标准的网络产品容易互联,而不同体系结构标准的产品却很难实现互联。从某种意义上讲,这种各自为政的局面已经限制了计算机网络的全球性发展。

为了使不同体系结构的网络都能实现互联,国际标准化组织(ISO)于1984年正式颁布了一个能使各种计算机在世界范围内互联成网的国际标准ISO 7489,简称OSI/RM(开放系统互联参考模型)。所谓开放系统指的是遵循OSI/RM标准的网络系统。OSI/RM由七层组成,也称OSI七层模型,OSI/RM标准不仅确保了不同计算机厂商生产的计算机间的互联,同时也促进了各厂商在统一的、标准化的产品市场下互相竞争。厂商只有执行这些标准才能促进产品的销售,而且用户也可以从不同厂商获得兼容的开放产品,从而大大促进了计算机网络的发展。

4. 第四阶段:国际化的计算机网络

从 20 世纪 90 年代中期开始,人类进入了互联网的高速发展阶段。全球形成了以互联网为核心的高速计算机互联网。Internet 是由大量的路由器和大量的网络互相连接的核心部分与无数的局域网构成的边缘部分组成的国际互联网(见图 1.5);特别是 Web 技术出现后,它将传统的语音、数据和电视网络进行融合,使得互联网的发展和应用出现了新的飞跃,实现了全球范围的电子邮件、信息传输、信息查询、语音和图像等多种业务综合服务的功能。

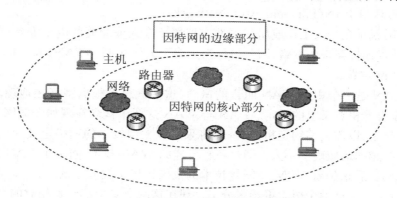

图 1.5　国际互联网的组成

从互联网的工作方式上看,可以划分为以下两大块:

(1)边缘部分

边缘部分由所有连接在互联网上的主机组成。这部分是用户直接使用的,用来进行通信(传送数据、音频或视频)和资源共享。

(2)核心部分

核心部分由大量网络和连接这些网络的路由器组成。网络中的核心部分要向网络边缘中的大量主机提供连通性,使边缘部分中的任何一个主机都能够与其他主机通信。在网络核心部分起特殊作用的是路由器。

网络未来的发展趋势是实现在任何时间、任何地点用任何通信工具通过任意方式,任何人都可以实现上网的目的。要使电信网络、有线电视网络和计算机网络三网融合形成统一的网络环境。总体上来说,网络的发展方向是:高速化、通信网络的综合服务和宽带化、管理的智能化、技术的标准化、可移动性以及信息的安全性。

1.1.4　计算机网络的分类

计算机网络有多种分类方法,下面进行简单介绍。

1. 按网络的覆盖范围分类

(1)广域网 WAN(Wide Area Network)

广域网的覆盖范围通常为几十到几千公里,因而有时也称远程网。广域网是互联网的核心,其任务是通过长距离(例如,跨越不同的国家)传送计算机所发送的数据。

（2）城域网 MAN（Metropolitan Area Network）

城域网的覆盖范围一般是一个城市，可跨越几个街区甚至整个城市，其作用距离为 5～50 公里。城域网也可以为一个或几个单位所拥有，也可以是一种公共设施，用来将多个局域网进行互联。目前，城域网大都采用以太网技术，因此也并入局域网的范围进行讨论。

（3）局域网 LAN（Local Area Network）

局域网一般用微型计算机或工作站通过高速通信线路相连，但覆盖的地理范围较小（一般为 1 公里左右）。在局域网发展初期，一个学校或工厂往往只拥有一个局域网，但现在局域网已被非常广泛地使用，一个学校或企业大都拥有许多个互联的局域网（称为校园网或企业网，即 Intranet）。

（4）个人区域网 PAN（Personal Area Network）

个人区域网就是在个人工作或居住的地方把属于个人或家庭的电子设备（如便携式电脑等）用无线技术连接起来的网络，因此也称为无线个人区域网 WPAN（Wireless PAN），其作用范围在 10 m 左右。

事实上，LAN 是一个相对 WAN 而言的概念，这些概念是根据网络在地理范围上的大小而定的，都没有严格意义上的界定。LAN 与 WAN 这两个概念在现如今的网络中已经区分的不是很明显了，以前人们约定俗成，一般将采用以太网技术的网络定义为局域网，而且当时的以太网跨越的地域确实不大。通过各种各样的 WAN 技术，将多个 LAN 连接起来形成更大的局域网。后来随着 VPN、专线等技术的发展出现了类似城域网、以太网等大型、甚至超大型"局域网"，使这两个概念更难区分了。现在这两个概念都已是相对的，而不是绝对的了。

2．按网络的使用者不同分类

（1）公用网

公用网是指由电信公司出资建立的大型网络，所有愿意按照电信公司的规定缴纳费用的用户都可以使用这种网络，因此公用网也称为公众网。

（2）专用网

专用网是指由某个部门为本单位（或本系统）的特殊业务工作的需要建立的网络。这种网络不向本单位（或本系统）以外的用户提供服务。例如，军队、铁路、银行、电力等系统均有本系统的专用网。

1.1.5　网络协议与标准

1．网络协议的定义

人与人之间的交流是通过语言来实现的，语言就是人与人之间交流的规则；网络中相邻结点之间（相邻是指两个结点之间只存在一条传输介质，而中间没有任何其他的结点；比如计算机与交换机/路由器之间、交换机/路由器与交换机/路由器之间）的通信和人与人之间的交流十分相似，不是简单地将信号发送给对方，而是同时也需要对方理解这个信号，并做出回应。因此，要想使网络中的两个相邻结点进行通信，必须使它们遵循相同的信息交换规则。这好比我们生活中的书信往来，你要想给朋友写信，作为通信的双方，必须使用相同的语言，相同的书信格式，否则对方可能读不懂你的信。

在计算机网络中用于规定信息的格式以及如何发送和接收信息的一套规则就称为网络

协议,简称协议。网络最主要的功能就是实现数据通信,而既然要进行数据通信,通信的双方就必须采用相同的协议。也就是说数据通信的双方要使用相同的"语言"进行交流。

2. 协议的三要素

（1）语法

语法即信息的结构和形式。就像写信,信封写明收/发信人的地址,信封里面才是信件本身的内容。

（2）语义

语义即信息各部分的含义和行为,它定义信息的每一部分该如何解释,基于这种解释又如何行动。就像运输货物,如果是易碎的物品,在包装箱上注明轻拿轻放的标志,这样负责运输的人员和收货人就会特别注意。

（3）同步

同步即信息何时发送以及信息的发送频率。例如,如果发送端发送速率为 100 Mb/s,而接收端以 10 Mb/s 的速率接收信息,自然接收端将会丢弃大量信息。

3. 标准

如果把网络通信的协议理解为"方言",那么标准就是"普通话"。在网络发展的过程中,很多设备生产厂商研发自己的私有协议,而其他厂商的设备并不支持,如果网络设备间使用私有协议通信,除非设备都是同一厂家研发生产的,否则无法实现通信,于是国际上的标准化组织就推行了一系列的网络通信标准,来实现不同厂商设备间的通信。这些标准如下:

（1）ISO（国际标准化组织）

ISO 所涉及的领域很多,而在网络通信中建立了 OSI/RM（开发系统互联参考模型）。

（2）ANSI（美国国家标准化局）

ANSI 是美国在 ISO 中的代表,它的目标是作为美国标准化志愿机构的协调组织,属非营利的民间组织。

（3）ITU-T（国际电信联盟-电信标准化部门）

CCITT（国际电报电话咨询委员会）致力于研究和建立电信的通信标准,特别是对电话和数据通信系统。它隶属于 ITU,1993 年之后改名为 ITU-T。

（4）IEEE（电气与电子工程师学会）

IEEE 是世界上最大的专业工程师学会,主要涉及电气工程、电子学、无线电工程以及相关的分支领域,在通信领域主要负责监督标准的开发与接纳。

网络协议和标准对于从事该行业的人员很有指导意义,也是必须遵守的。

1.1.6　IEEE 802 局域网标准

IEEE 802 标准诞生于 1980 年 2 月,因此得名。它定义了网卡如何访问传输介质（例如目前较为常见的双绞线、光纤、无线等）,以及如何在这些介质上传输数据的方法等。目前被广泛使用的网络设备（网卡、交换机、路由器等）都遵循 IEEE 802 标准。IEEE 802 委员会针对不同传输介质的局域网制定了不同的标准,适用于不同的网络环境,这里重点介绍一下 IEEE 802.3 标准和 IEEE 802.11 标准。

1. IEEE 802.3 标准

最初 IEEE 802.3 标准定义了四种介质的 10 Mb/s 的以太网规范,其中包括使用双绞线介质的以太网标准——10Base-T。以太网(Ethernet)是采用最为通用的通信协议标准的一种局域网,传统的以太网速率为 10 Mb/s,现在已被百兆位、千兆位、万兆位的以太网所取代。随着以太网迅速的发展,IEEE 802.3 工作小组相继推出了一系列标准,包括如下几种:

(1) IEEE 802.3u 标准

百兆位快速以太网标准,现已合并到 IEEE 802.3 标准中。

(2) IEEE 802.3z 标准

光纤介质实现千兆位以太网标准规范。

(3) IEEE 802.3ab 标准

双绞线实现千兆位以太网标准规范。

(4) IEEE 802.3ae 标准

光纤介质实现万兆位以太网标准规范。

(5) IEEE 802.3an 标准

双绞线实现万兆位以太网标准规范。

万兆位以太网是未来一段时间内网络应用的热点之一,但是目前万兆位以太网仍然存在诸多问题。如果基于光纤网络构建万兆位以太网(IEEE 802.3ae),其成本将是千兆位以太网的 100 倍左右,尤其是在带宽得不到充分利用的情况下,会造成投资的极大浪费。如果基于双绞线构建万兆位以太网(IEEE 802.3an),其标准、线缆连接接口、测试仪器等诸多技术问题还有待发展和统一。所以,网络建设应该侧重于业务需求以及性价比,切勿盲目追求高带宽,等到万兆位网络的各方面技术标准成熟后再向万兆位以太网过渡,才是理性的选择。

2. IEEE 802.11 标准

1997 年,IEEE 802.11 标准成为第一个无线局域网标准,它主要用于解决办公楼和校园网等局域网中用户终端间的无线接入。数据传输的射频频率为 2.4 GHz,速率最高只能达到 2 Mb/s,后来,随着无线网络的发展,IEEE 又相继推出了一系列的标准,包括如下几种:

(1) IEEE 802.11a 标准

它是 IEEE 802.11 的一个修订标准,其载波频率为 5 GHz,通信速率最高可达 54 Mb/s,目前无线网络已经基本不再使用该标准。

(2) IEEE 802.11b 标准

它是比较普及的一个无线局域网标准,而且现在大部分的无线设备依然支持该标准,其载波频率为 2.4 GHz,通信速率最高可达 11 Mb/s。

(3) IEEE 802.11g 标准

它是目前正被广发应用的无线局域网标准,其载波频率为 2.4 GHz,通信速率最高可达 54 Mb/s,并且兼容 IEEE 802.11b 标准。

(4) IEEE 802.11n 标准

它是一个还在草案阶段就广为应用的标准,很多支持 IEEE 802.11n 标准的产品都是早产出来的,这主要是因为其具有三大优势:其一,在传输速率方面得益于 MIMO(多输入多输出)技术的发展,IEEE 802.11n 最高速率可达 600 Mb/s,是 IEEE 802.11b 的 50 多倍,是 IEEE 802.11g 的 10 多倍。其二,在覆盖范围方面,IEEE 802.11n 采用智能天线技术,提高了信号的稳定性,减少了信号的干扰,使其覆盖范围扩大到几公里。第三,在兼容性方面,IEEE 802.11n 采用一种软件无线技术,可以实现与不同软件互通、兼容,目前 IEEE 802.11n 不但可以兼容所有无线局域网的标准,而且实现了无线广域网的结合。

1.2　计算机网络中的常见设备

组建计算机网络需要两种类型的设备。一类是中间设备,主要包括网卡、交换路由设备、网络安全设备、无线网络设备等。它们根据自身的特性分工协作实现网络通信。在网络中,信息从一台计算机发送到另一台计算机的正确接收需要经过各种通信设备,这些设备会根据地址将数据转发到正确的目的地。另一类是端设备,主要包括服务器和客户机等。它们主要实现信息的发送、接收、存储等处理工作。

1.2.1　网络接口卡(网卡)

网卡是构成计算机网络系统中最基本的、最重要的且必不可少的连接设备,计算机主要通过网卡接入网络。网卡除了起到物理接口作用外,还有控制数据传送的功能,网卡一方面负责接收网络上传过来的数据包,解包后,将数据通过主板上的总线传输给本地计算机;另一方面将本地计算机上的数据打包后送入网络。网卡一般插在计算机的主板扩展槽中。另外,由于计算机内部的数据是并行数据,而一般在网上传输的是串行比特流信息,故网卡还有串/并转换功能。为避免出现数据在传输中出现丢失的情况,在网卡上还需要有数据缓冲器,以实现不同设备间的缓冲。另外,计算机的硬件地址(MAC 地址,是由 IEEE 分配给各生产厂商的一种 48 位全球地址)是由生产网卡的厂商固化在网卡的 ROM 中的。

网卡的类型划分有两种方法。

1. 按连接速度划分

(1) 10 Mb/s 网卡

10 Mb/s 网卡是最早期的一种网卡,多用于早期的计算机和对网络传输速率要求不高的网络。

(2) 100 Mb/s 网卡

100 Mb/s 网卡也称为快速以太网卡,是传输速率固定为 100 Mb/s 的网卡。

(3) 10/100 Mb/s 自适应网卡

该类型的网卡具有一定的智能性,它综合了 10 Mb/s 和 100 Mb/s 两种速率,可以根据实际情况自主选择速率的类型,是目前使用比较广泛的一种网卡。

(4) 1 000 Mb/s 网卡以及万兆网卡

该类型网卡价格比较贵,所以一般用于网络的中心部位,如用于服务器与中心交换机的连接,以提高系统的响应速度。

2. 按总线类型划分

(1) ISA 网卡

ISA(Industry Standard Architecture),称为工业标准体系结构。ISA 网卡一般适用于第一代较原始的计算机。它可以直接驱动多个传输速率低的控制卡,用于低档的计算机中。该类型的网卡因为具有传输速率较低、安装复杂等自身难以克服的缺点,已经被其他总线类型的网卡所取代。

（2）PCI 网卡

PCI（Peripheral Component Interconnect），称为即插即用总线结构。PCI 网卡适用于普通的台式机，它需要占用主机的 PCI 插槽，传输速率较高、稳定性较好，满足各种高速部件的需求，而且安装和配置比较方便，是目前应用最广泛、最流行的一种网卡。如图 1.6 所示。

（3）PCMCIA 网卡

PCMCIA（Personal Computer Memory Card International Association），称为个人计算机存储器插卡接口卡。PCMCIA 网卡适用于便携式笔记本电脑，而不能用于台式计算机。它的大小与扑克牌差不多，只是稍微厚一些，在 3～4 mm 范围内。它支持热插拔技术，便于实现移动式的无线接入。如图 1.7 所示。

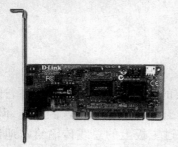

图 1.6　PCI 网卡

图 1.7　PCMCIA 网卡

图 1.8　USB 网卡

（4）USB 网卡

USB（Universal Serial Bus），称为通用串行总线。USB 网卡是一种新型的总线技术，传输速率大于传统的串行口或并行口。USB 接口支持热插拔，既可以用于笔记本电脑，又可以用于台式计算机，因此安装和使用非常方便；另外该类网卡的数据传输速率较高、不占用系统终端，所以颇受市场好评。如图 1.8 所示。

1.2.2　交换路由设备

路由器和交换机是最为常用的两种主要的网络设备，如图 1.9 所示，它们是信息高速公路的中转站，负责转发网络中的各种通信数据。

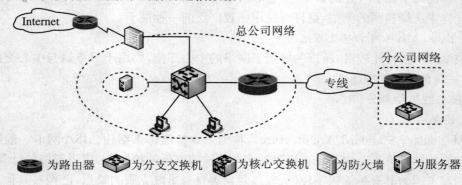

图 1.9　各种设备在网络中的位置

　　所谓路由就是指从一个地方到另一个地方的合理路径的选择过程。路由器就是在计算机网络中用于为数据包寻找合理路径的关键设备(见图 1.10)。从本质上看,路由器就是一台能连接多个网络的,并通过专用软件系统将数据包正确地在不同的网络之间转发的专用计算机。互联网就是一个由路由器连接而成的网络,是一个网络的网络。

图 1.10　Cisco 2800 系列路由器

　　所谓交换就是按照通信两端的传输信息的需求,通过人工或设备自动完成的方式,把信息传送到符合需求的目的端的技术。20 世纪三四十年代的电话交换系统就是人工方式的,现在大家还能在电影中看到,但是通过人工方式的交换技术早已经被程控交换机所取代,交换的过程都是自动完成的了。

　　在计算机网络中,交换机(见图 1.11)是这样一种设备:两层的交换机(底层交换机)主要用于连接局域网中的计算机,交换机的每一个端口只能连接一台计算机,任意一台计算机发送信息,连接这台计算机的端口就会查找内存中的地址对照表以确定目的 MAC 地址(网卡的硬件地址)的 NIC(网卡)挂接在哪个端口上,通过内部交换矩阵迅速将数据包传送到目的端口。若目的 MAC 不存在,交换机就把该信息广播到所有的端口,与目的 MAC 地址相连的端口收到信息后并回应后,交换机会“学习”到这个新地址,并把它添入内部地址表中(这就是交换机的学习 MAC 地址的功能)。中高层的交换机(三层以上交换机)用于连接底层的交换机,将各个小网络整合成具有逻辑性、层次性的大网络,这些交换机除了具有底层交换机的功能外,一般还具有路由功能,甚至还具有安全特性。

图 1.11　Cisco 3560 系列交换机

1.2.3　网络安全设备

网络安全方面的威胁主要来自病毒、黑客以及员工有意或无意的攻击等,所以要防患于未然。等到公司的核心业务数据或财务信息被盗或破坏,或者公司的核心网络设备、服务器被攻击导致网络瘫痪,再进行补救,就已经晚了。要做到防患于未然,就要借助各种各样的安全设备,比如防火墙、VPN 设备及一些流量监测监控设备等,通过专业人员的设计与部署,建立合适的安全网络体系。

1. 防火墙

防火墙就像网络的安全屏障,能够对流经不同网络区域间的流量强制执行访问控制策略。就像单位门口的保安,只允许有工作证件的进入大门,就是一条强制执行的安全策略。防火墙可以是一台硬件设备(见图 1.12),它将公司内网与 Internet 进行隔离,从而避免公司内部资源受到来自外网的攻击;防火墙也可以是一个软件,公司内网的服务器一般存储着各种重要的信息,而安装在服务器操作系统上的软件防火墙可以抵御来自公司内部的攻击。

图 1.12　Cisco 5500 系列防火墙

2. VPN(Virtual Private Network,虚拟专用网)设备

专用网是采用本地专用 IP 地址的互联网,这些地址只能用于一个公司的内部通信,而不能用于和互联网上的主机通信。专用地址只能用作本地地址而不能用作全球地址。在互联网中的所有路由器对目的地址是专用地址的数据报,一律不进行转发。

一个很大的公司有许多部门分布在相距很远的一些地方,而在每一个地方都有自己的专用网。这些分布在不同地方的专用网之间需要经常进行通信。这时,可以有两种方法。第一种方法是租用电信公司的通信线路为本公司专用,这种方法的好处是简单方便,但线路的租金太高。第二种方法是利用公用的互联网作为本公司各专用网之间的通信载体,这样的专用网就称为虚拟专用网(VPN),因此,VPN 可以被理解为是一条穿越互联网的虚拟专用通道。防火墙虽然可以预防来自公司内外网的攻击,但如果有黑客在互联网上截获公司传递的关键业务数据,它就无能为力了。那么,解决这个问题的方法就是将所有通过互联网传送的数据进行加密。

VPN 设备可以对数据进行加密传输,数据传送到接收方会被解密,这样即使有人在数据传输途中截获数据,也无法了解到任何有用的信息。虽然专门的 VPN 设备性能很好,加密算法效率很高,但价格太高,所以,大多数公司都在网关设备(如路由器、防火墙设备)上实现(如图 1.13 所示的路由器 R1 和 R2)。部门 A 的计算机要在 Internet 上传输业务数据到部门 B 的计算机,在此过程中数据将始终被加密,这就好比在两个路由器之间建立一条安全的虚拟专用隧道,以便公司在 Internet 上安全地传输数据,而不被非法用户窃取。

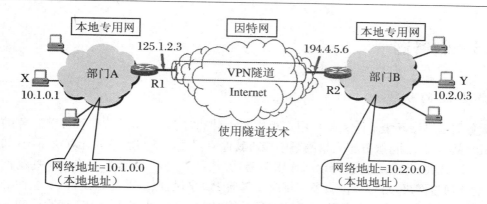

图 1.13　通过 VPN 技术实现虚拟专用网

1.2.4　无线网络设备

无线网络就是利用无线电波作为信息传输的介质构成的网络,与有线网络的最大区别在于传输介质,即利用无线电波取代网线。无线网络设备就是基于无线通信协议而设计的网络设备。常见的无线网络设备包括无线网卡、无线路由器(见图 1.14)等。

(a) 无线网卡　　　　　　　　　　　　　　　(b) 无线路由器

图 1.14　无线网卡和无线路由器

无线路由器实际上是无线 AP 和宽带路由器的一体设备。因为具有宽带路由器的功能,它可以实现家庭无线网络中的 Internet 连接,实现 ADSL 和办公区宽带的无线接入功能。无线 AP(Access Point,访问接入点)是指无线访问接入点,它不仅包含单纯意义上的无线 AP,也同样是无线路由器、无线网桥等设备的统称。

无线网桥可用于连接两个或多个独立的网络,这些网络一般位于不同的建筑物内,相距较远(几百至几千米),两个网络频繁地传输大量数据,而在两个网络之间很难通过有线的方式实现通信,因此,选择通过无线网桥连接两个网络。无线网桥一般不像无线 AP 那样单独出现,而且相对无线 AP 而言,无线网桥的功率大,传输距离远,抗干扰能力强。无线网桥需要配备抛物面天线实现远距离的点对点连接。

无线网卡目前主要分为 MINI-PCI、PC 卡和 USB 三种规格,前两种在笔记本电脑上应用较为广泛。其中,MINI-PCI 为内置无线网卡,其优点是无需 PC 卡插槽,且性能上优于自身集成天线的无线网卡(PC 卡)。

1.2.5 服务器

◎ 服务器的概念

服务器是网络环境下能为网络用户提供集中计算、信息发布及数据管理等服务的专用计算机。从广义上讲,服务器是指网络中能对其他机器提供某些服务的计算机系统(如果一个 PC 对外提供 FTP 服务,也可以叫作服务器)。从狭义上讲,服务器是专指某些高性能计算机,能够通过网络,对外提供服务。相对于普通 PC 来说,服务器在稳定性、安全性等方面都要求更高,因此,CPU、芯片组、内存、磁盘系统、网卡等硬件和普通 PC 有所不同。如图 1.15 所示。

(a)入门级服务器IBMx3250　　(b)企业级服务器IBM System z10　　(c)浪潮Nx7140d刀片服务器

图 1.15　几种服务器类型

服务器操作系统是指运行在服务器硬件上的操作系统。服务器操作系统需要管理和充分利用服务器硬件的计算能力并提供给服务器硬件上的软件使用。

◎ 服务器的分类

服务器大都采用部件冗余技术、RAID 技术、内存纠错技术和管理软件。高端的服务器采用多处理器、支持双 CPU 以上的对称处理器结构。在选择服务器硬件时,除了考虑档次和具体功能定位外,还需要重点了解服务器的主要参数和特性,包括处理器构架、可扩展性、服务器结构、I/O 能力和故障恢复能力等。可以按多种标准来划分服务器类型。

1. 根据应用规模档次划分

① 入门级服务器/工作组级服务器:最低档服务器,一般只配置 1~2 个 CPU,主要用于办公室的文件和打印服务,适于规模较小的网络,适用于为中小企业提供 Web、邮件等服务。

② 部门级服务器:中档服务器,配置 2~4 个 CPU,适合中型企业的数据中心、Web 网站等应用。

③ 企业级服务器:高档服务器,配置 4~32 个 CPU,具有超强的数据处理能力,适合作为大型网络数据库服务器。

2. 根据服务器结构划分

① 台式服务器:也称为塔式服务器,是最为传统的结构,具有较好的扩展性。

② 机架式服务器:安装在标准的 19 英寸机柜里面,根据高度有 1U(1U = 1.75 英寸)、2U、4U 和 6U 等规格。

③ 刀片式服务器:是一种高可用、高密度的低成本服务器平台,专门为特殊应用行业和

高密度计算机环境设计,每一块"刀片"实际上就是一块系统主板。

④ 机柜式服务器:机箱是机柜式的,在服务器中需要安装许多模块组件。

3. 根据 CPU 指令系统划分

① 非 x86 服务器:包括大型机、小型机和 UNIX 服务器,它们是使用 RISC(精简指令集)或 EPIC 处理器,并且主要采用 UNIX 和其他专用操作系统的服务器,精简指令集处理器主要有 IBM 公司的 Power 和 PowerPC 处理器,SUN 与富士通公司合作研发的 SPARC 处理器、EPIC 处理器主要是 HP 与 Intel 合作研发的安腾处理器等。这种服务器价格昂贵,体系封闭,但是稳定性好,性能强,主要用在金融、电信等大型企业的核心系统中。

② x86 服务器:又称 CISC(复杂指令集)架构服务器,即通常所讲的 PC 服务器,它是基于 PC 机的体系结构,使用 Intel 或其他兼容 x86 指令集的处理器芯片和 Windows 操作系统的服务器,如 IBM 的 System x 系列服务器、HP 的 Proliant 系列服务器等。

4. 根据功能划分

① 文件服务器:如微软的 Windows Server 2008。

② 数据库服务器:如 Oracle 数据库服务器、Microsoft SQL Server 等。

③ 邮件服务器:如 Microsoft Exchange、Lotus Domino 等。

④ 网页服务器:如 Apache、微软的 IIS 等。

⑤ FTP 服务器:如 Proftpd、Serv-U、VSFTP 等。

1.2.6 客户机

客户机又称为用户工作站,是用户与网络打交道的设备,一般由微机担任,每一个客户机都运行在它自己的并为服务器所认可的操作系统环境中。客户机主要享受网络上提供的各种资源,如使用服务器共享的文件、打印机、大容量存储器和其他资源。

客户机和服务器都是独立的计算机。当一台连入网络的计算机向其他计算机提供各种网络服务(如数据、文件的共享等)时,就称它为服务器。而将那些用于访问服务器资源的计算称作客户机。

1.2.7 网络设备生产厂家简介

1. Cisco 公司

思科系统公司(Cisco Systems, Inc.)是互联网解决方案的领先提供者,其设备和软件产品主要用于连接计算机网络系统。1984 年 12 月,思科系统公司在美国成立,创始人是斯坦福大学的一对教师夫妇,计算机系的计算机中心主任莱昂纳德·波萨克(Leonard Bosack)和商学院的计算机中心主任桑蒂·勒纳(Sandy Lerner),夫妇二人设计了叫作"多协议路由器"的联网设备,用于斯坦福校园网络(SUNet),将校园内不兼容的计算机局域网整合在一起,形成一个统一的网络。这个联网设备被认为是联网时代真正到来的标志。约翰·钱伯斯于 1991 年加入思科,1996 年,钱伯斯执掌思科帅印,是钱伯斯把思科变成了一代王朝。

Cisco 公司的产品主要有路由器、交换机、网络安全产品、语音产品、存储设备以及这些设备的 IOS 软件等,在网络设备市场的各个领域处于领先地位。

2．华为公司

华为技术有限公司是一家总部位于中国广东深圳市的生产销售电信设备的由员工持股的民营科技公司，于 1988 年成立于中国深圳，是电信网络解决方案供应商。华为的主要营业范围是交换、传输、无线和数据通信类电信产品，在电信领域为世界各地的客户提供网络设备、服务和解决方案。

华为是全球领先的电信解决方案供应商。华为技术有限公司的业务涵盖了移动、宽带、IP、光网络、电信增值业务和终端等领域，致力于提供全 IP 融合解决方案，使最终用户在任何时间、任何地点都可以通过任何终端享受一致的通信体验，丰富人们的沟通与生活。目前，华为的产品和解决方案已经应用于全球 100 多个国家，服务全球运营商 50 强中的 45 家及全球 1/3 的人口。华为已经成功跻身全球第三大设备商。

3．中兴公司

中兴通讯是全球领先的综合性通信制造业上市公司，是近年全球增长最快的通信解决方案提供商。2005 年，中兴通讯作为中国内地唯一的 IT 和通信制造企业率先入选全球"IT百强"，凭借在无线产品（CDMA、GSM、3G、WiMAX 等）、网络产品（xDSL、NGN、光通信等）、手机终端（CDMA、GSM、3G 等）和数据产品（路由器、以太网交换机等）四大产品领域的卓越实力，中兴通讯已成为中国电信市场最主要的设备提供商之一。早在 1995 年，中兴通讯就启动了国际化战略，是中国高科技领域最早、最为成功实践"走出去"战略的标杆企业，已经相继与包括葡萄牙电信、法国电信在内的众多全球电信巨头建立了战略合作关系，并不断突破发达国家的高端市场。

1.2.8　网络拓扑结构

网络拓扑结构是指用传输介质将各种设备互联的物理布局，也就是用什么方式连接网络中的计算机、网络设备。网络拓扑结构有星型结构、总线型结构、环型结构、网型结构等。目前，最为常见结构是星型拓扑结构和网型拓扑结构。

◎ 星型拓扑结构

星型结构是目前应用最广、实用性最好的一种拓扑结构。无论是在局域网中，还是在广域网中都可以见到它的身影，但主要应用于双绞线局域网中。如图 1.16 所示的是最简单的单台集线器或交换机（目前集线器已基本不用了，所以后面不再提及）星型结构单元。它采用的传输介质是常见的双绞线和光纤，中心连接设备是具有 RJ-45 端口，或者各种光纤端口的交换机。

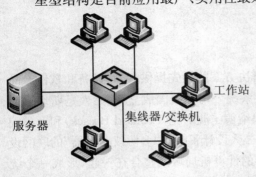

工作站

集线器/交换机

服务器

图 1.16　基本星型结构

在如图 1.16 所示的星型网络结构单元中，所有服务器和工作站等网络设备都直接连接在同一台交换机上。因为现在的交换机固定端口最多可以有 48 个，所以这样一个简单的星型网络完全可以适用于用户节点数在 40 个以内的小型企业或公司内部网。

复杂的星型网络就是在如图 1.16 所示的基础上通过多台交换机级联型成的，从而型成多级星型结构,满足更多、不同地理位置分布的用户连接和不同端口带宽需求。如图 1.17 所示的是一个包含两级交换机结构的星型网络,其中的二层交换机通常为不同档次的,可以满足不同需求,核心(或骨干层)交换机要选择档次较高的,用于连接下级交换机、服务器和高性能需求的工作站用户等,下面各级则可以依次降低要求,以便于最大限度地节省投资。

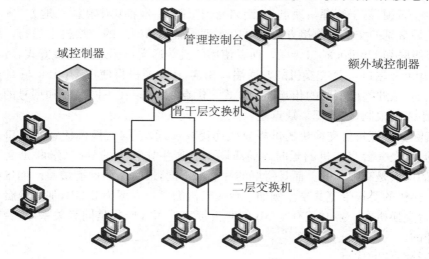

图 1.17　两级交换机结构的星型网络

当然,在实际的大中型企业网络中,其网络结构可能要比如图 1.17 所示的复杂得多,还可能有三级,甚至四级交换机的级联(通常最多部署四级)。

扩展交换端口的另一种有效方法是堆叠。有一些固定端口配置的交换机支持堆叠技术,通过专用的堆叠电缆连接,所有堆叠在一起的交换机都可作为单一交换机来管理,不仅可以使端口数量得到大幅提高(通常最多堆叠 8 台),而且还可提高堆叠交换机中各端口实际可用的背板带宽,提高了交换机的整体交换性能。在如图 1.18 所示的网络结构中,SS3 Switch 4400 位置就是由两台这样的交换机堆叠组成的。

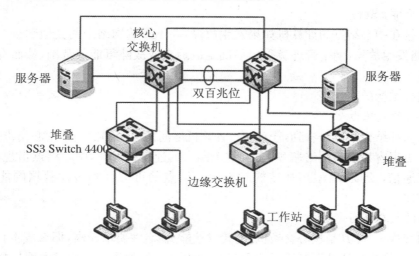

图 1.18　含有堆叠交换机的星型网络

堆叠,一般需要在同品牌甚至同型号之间通过专用的堆叠模块和堆叠线缆相连。通过厂家提供的一条专用连接电缆从一台交换机的"UP"堆叠端口直接连接到另一台交换机的"DOWN"堆叠端口。以实现单台交换机端口数的扩充。一般交换机能够堆叠4~8台。堆叠在一起的交换机可以视为一个整体的交换机进行管理。优点是:增加交换机的背板带宽,不会产生性能瓶颈,易于管理。缺点是:距离受到限制,一般都集中在同一地方。

级联是最常见的交换机连接方式。可以在不同品牌和型号的交换机上进行。级联又分为普通端口级联和 Uplink 端口级联。前者使用随机普通端口相连的连接方式,后者使用 A 交换机的 Uplink 端口与 B 交换机的普通端口相连,B 交换机再使用 Uplink 与 C 交换机的普通端口相连,依此类推型成的相互连接方式。优点是:可以在不同品牌和型号的交换机上实施,不受距离的限制,成本低。缺点是:可能产生级联性能瓶颈。

堆叠实际上是把每台交换机的母板总线连接在一起,不同交换机任意两端口之间的延时是相等的,就是一台交换机的延时。而级联就会产生比较大的延时(级联是上下级的关系)。级联的层次是有限制的。而且每层的性能都不同,最后层的性能最差。而堆叠是把所有堆叠的交换机的背板带宽共享。例如一台交换机的背板带宽为 2 GB,那么 3 台交换机堆叠的话,每台交换机在交换时就有 6 GB 的背板带宽。而且堆叠是同级关系,每台交换机的性能是一样的。

星型拓扑结构的优点:

(1) 易于实现

组网简单、快捷、灵活方便是星型拓扑结构被广泛应用的最直接原因。星型拓扑结构的网络都采用双绞线作为传输介质,而双绞线本身的制作与连接非常简单,因此星型拓扑结构被广泛应用于政府、学校、企业内部局域网环境。

(2) 易于网络扩展

假如公司内网有新员工加入,只需在中心结点上连接一条双绞线到该员工的计算机即可;假如公司内网需要添加一个新的办公区,只需将连接该办公区的交换机与公司内网的核心交换相连即可。

(3) 易于排查故障

每台连接在中心结点的计算机如果发生故障,并不影响网络中的其他部分。更重要的是,一旦网络发生故障,网络管理员很容易确定故障点或故障可能的范围,从而有助于快速解决故障。

星型拓扑结构的缺点:

(1) 中心结点压力大

从星型拓扑结构图可以看到,任意两台计算机之间的通信都要经过中心结点(交换机),所以中心结点很容易成为网络瓶颈,影响整个网络的速度。另外,中心结点出现故障,将导致全网不能通信,所以,星型拓扑结构对于中心结点的可靠性和转发数据的能力的要求较高。

(2) 组网成本较高

由于对交换机(尤其是核心交换机)的转发性能、稳定性要求较高,那么成本自然也就很高,有些核心交换机高达几万甚至几十万美元的价格。尽管为了节约成本而选择价格较低的设备,但是线缆以及布线所需的费用还是很难节省。星型拓扑结构要求每个分支结点与中心结点直接相连,因此需要大量的线缆,而且考虑到建筑物内的美观,线缆沿途经过的地方需要打墙孔,重新装修等,自然需要很多的附加费用。

◎　**网型拓扑结构**

网型拓扑结构中的各个结点至少与其他两个结点相连。这种结构最大的优点就是可靠性高,因为网络中任意两个结点之间都同时存在一条主链路和一条备份链路。网型拓扑结构分为两种类型:全网型拓扑结构和部分网型拓扑结构。

1. 全网型拓扑结构

全网型拓扑结构指网络中任一结点都与其余所有结点互联,如图 1.19 所示,这种网络结构真正能做到其中任何一个或几个结点出现故障,对其他结点都不会造成影响。但实际上,这种结构并不多见,主要是因为成本太高,而且确实没有必要。

2. 部分网型拓扑结构

部分网型拓扑结构是指除了全网型拓扑结构之外的所有网型拓扑结构,如图 1.20 所示,是目前较为常见的一种拓扑结构。由于核心网络的压力较大,一旦核心交换机出现故障,将会影响整个网络的通信,所以在这种结构中使用两台互为备份的核心交换机,而且任意一台分支交换机到核心交换机都有两条链路,因此即使其中一台核心设备或一条链路出现故障,也不会影响网络的正常通信。

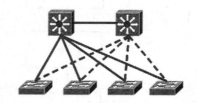

图 1.19　全网型拓扑结构　　　　　　　图 1.20　部分网型拓扑结构

至于其他的几种拓扑结构,在现在已经基本不再使用了,所以不再赘述。实际网络中需要灵活应用,可以将多个网络拓扑结构组合在一起形成混合型的网络拓扑,具体环境需要具体分析,不能认为哪种最好就都用哪种拓扑结构。

1.3　计算机网络的体系结构

1.3.1　分层的思想

我们在访问各种网页或者 QQ 聊天的时候,一般进行的操作就是双击图标,打几个字罢了。但对于计算机网络来说,这是一个相当复杂的过程。就好像邮寄一封信给远方的朋友,我们需要做的只是将这封信交给邮局并注明正确的地址,如果没有意外,这位朋友将在一周后收到。但是这封信中间经历了哪些复杂的过程,传递信件的双方就不得而知了。作为一名网络专业人员,我们必须理解和掌握网络传输的真正过程,这样才能分析排查网络的常见故障。要弄清楚这个复杂的过程,应首先建立分层模型。因为分层的思想就是把网络中相邻结点间通信这个复杂问题划分为若干个相对简单的问题逐一解决,而每个问题对应一层,每一层都实现一定的功能,并相互协作来实现数据通信这个复杂的问题。下面以邮政通信系统为例进行说明这一过程。

给朋友写信,一定要按照一个约定俗成的信件格式来写,例如,在开头对收信人的称呼、问候等,中间是信的内容,最后落款写自己的姓名、日期等。那么,这个书信格式实际上就是和朋友之间的协议,只有写成这个格式,对方才能读懂。

写好信,要将信装在信封中,在信封上要写收信人的地址和姓名等。再把信交给邮局。

邮局根据信件的目的地址,将信件再封装成大的邮包,交给运输部门发往目的城市。

运输部门将信件的邮包送达目的地的邮局,目的地邮局将信件送达到收信人的手上。

在这个寄信的例子中,传输一封信需要经过三个层次,如图1.21所示。首先,发信和收信的双方是这个过程的最高层,位于下层的邮局和运输部门是为最高层之间的通信服务的。寄信人与收信人之间要有一个协议,这个协议保证收信人能读懂发信人的信件。两地的邮局之间和运输部门之间有都有相应的协议,比如,邮包的大小、地址的书写方式、运输到站的时间等。

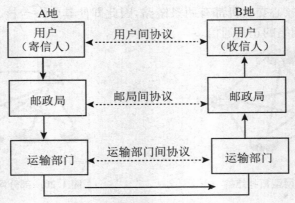

图1.21　邮政系统分层模型

邮局是寄信人和收信人的相邻的下一层,为上一层提供服务,邮局为寄信人提供服务时,邮筒就是相邻两个层之间的接口。

在计算机网络中,两台计算机之间的通信,实际上是指"一台计算机中的某个进程与另一台计算机中的另一个进程进行通信(进程是指正在运行的程序)",这种通信的过程与邮政系统通信的过程十分相似。用户进程对应于用户;通信进程对应于邮局;通信设施对应于运输部门。

为了降低网络设计的复杂性,按照功能将计算机网络划分为若干个不同的功能层。网络中同等层之间的通信规则就是该层的协议,如有关第N层的通信规则的集合就是第N层的协议;而同一计算机的相邻功能层之间的通信规则称为接口。如第N层和第N+1层之间的接口。也就是说,协议是不同机器的同等层之间的通信约定,而接口是同一机器的相邻层之间的通信约定。每一层的目的都是通过接口向其相邻的上一层提供特定的服务,服务就是网络中各层向其相邻上层提供的一组操作。这种服务是单向的,即下层是提供服务的,上层使用下层提供的服务。这样将计算机网络协议分解成多个层次,每个层次完成整个通信功能的一部分,每层的通信由相应的通信协议来完成,就形成了计算机网络体系结构。所谓计算机网络体系结构就是计算机网络的所有层和各层协议的集合。但是计算机网络的体系结构只是对计算机网络及其组成部分所应完成的功能的精确定义。

1.3.2　OSI/RM 体系结构

1. OSI 参考模型

开放系统互连参考模型(Open System Interconnection Reference Model,OSI/RM)是由国际标准化组织(ISO)制定的标准化的计算机网络体系层次结构模型。所谓开放系统就是指所有能够互联的系统,即所有遵循 OSI/RM 开发的系统。

OSI 参考模型由七个协议层组成(见图 1.22)。最低三层(1~3)是依赖网络的,涉及将两台通信计算机连接在一起所使用的数据通信网的相关协议,实现通信子网功能。高三层(5~7)是面向应用的,涉及允许两个终端用户用进程交互作用的协议,通常是由本地操作系统提供的一套服务,实现资源子网功能。中间的传输层为面向应用的上三层屏蔽了与网络有关的下三层的详细操作。

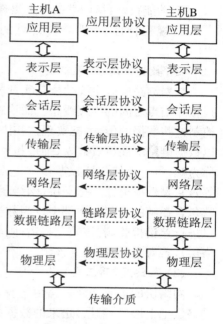

图 1.22　OSI/RM 体系结构

主机 A 和主机 B 都遵循 OSI/AM 标准,两主机中功能相同(如主机 A 的网络层和主机 B 的网络层)的层称为同等层或对等层,对等层遵循相同的协议,而不同层的协议不同,功能也不同,按照协议的定义,只能是对等层之间才能相互通信,但是主机 A 和主机 B 之间的信息传输要通过连接两主机的传输介质,所以对等层之间的通信是一种逻辑通信,信息的实际传输是从主机 A 的某层(如应用层)向下通过层间接口逐层传输,再通过物理层下面的传输介质到达主机 B 的物理层,然后再向上通过层间接口逐层到达对等层(应用层)。在同一主机中,各层通过执行本层的协议来完成本层的功能并向其相邻上层提供服务,同时该层利用其相邻下层提供的服务来实现与对等层通信。

2. 实体、协议、服务和服务访问点

实体(Entity)表示任何可发送或接收信息的硬件或软件进程。

协议是控制两个对等实体进行通信的规则的集合。

在协议的控制下,两个对等实体间的通信使得本层能够向上一层提供服务。要实现本层协议,还需要使用下层所提供的服务。

本层的服务用户只能看见服务而无法看见下面的协议。下面的协议对上面的服务用户是透明的。

协议是"水平的",即协议是控制对等实体之间通信的规则。

服务是"垂直的",即服务是由下层向上层通过层间接口提供的。

同一系统相邻两层的实体进行交互的地方,称为服务访问点(Service Access Point,SAP)。

3．各层的主要功能

(1) 物理层(第一层)

物理层是 OSI 参考模型的最底层,向下直接与物理传输介质相连接,在物理层传输的数据单元是比特流。物理层的主要功能就是为其上层(数据链路层)提供物理连接,完成相邻结点间比特流的透明传输。所谓透明就是客观存在的事物看起来好像不存在一样,在物理层是指不管什么样的比特流(甚至含有差错比特)都能通过物理层。物理层的任务是为实现这种功能提供与物理传输媒体之间的接口有关的四个特性:

① 机械特性:指明接口部件的尺寸、规格、插脚数和分布等;

② 电气特性:指明接口电缆的各条线上出现的电压范围;

③ 功能特性:指明某条线上出现某一电平的电压的用途;

④ 规程特性:指明接口部件的信号线在建立、维持、释放物理连接和传输比特流的时序。

(2) 数据链路层(第二层)

数据链路层的主要功能是实现相邻两个结点之间无差错数据帧的传输。所谓链路,是指相邻结点之间的物理线路。而当在链路上传输数据时,还必须有一些必要的通信协议来控制这些数据的传输,把实现这些协议的硬件和软件施加到链路上,就建立了数据链路。所以数据链路层还负责建立、维持和释放数据链路的任务。该层传输的数据单元是数据帧,简称为帧,每一个帧包括数据和一些必要的控制信息(包括同步信息、地址信息、差错控制信息等),它是数据链路层把上层(网络层)送来的数据加上首部和尾部封装成为帧的,控制信息就包含在帧的首部和尾部中。当数据链路层接收到对等层发送来的帧后,根据帧中控制信息进行差错检验,若该帧无差错,则剥去首部和尾部(这个过程称为拆装)后传送给上层(网络层),若有差错,则丢弃该帧。

(3) 网络层(第三层)

网络层的主要功能是路由选择。该层传输的数据单元称为分组或包、IP 数据报,它是网络层把上层(传输层)送来的数据添加上首部(包含有地址信息、分组长度信息等)封装成的;当网络层收到对等层发送的分组时,剥去首部交给上层(传输层)。所谓路由选择,就是根据一定的原则和路由选择算法,在有许多路由器和大量网络互连的通信子网中选择一条从源主机到达目的主机的最佳路径的过程。

(4) 传输层(第四层)

传输层的主要功能是实现两个不同主机中的应用进程之间的通信,也称为端到端的通信,也就是一台主机中的一个进程和另一台主机中的一个进程之间的通信。网络层和数据链路层负责将数据送达目的主机,而这个数据需要什么用户进程去处理,就需要由传输层来完成了。例如,用 QQ 发送消息,网络层和数据链路层负责将消息转发到收件人的主机,而接收人应该用 QQ 程序来接收还是用 IE 浏览器来接收,就是在传输层进行标识。由于大部分主机都支持多进程操作,所以在主机上会同时运行多个程序访问网络,这就是说将有多条连接进出这台主机,因此需要以某种方式区别报文属于哪条连接。识别这些连接的信息可以放入传输层的报文头中。除了将几个报文多路复用到一条通道上之外,传输层还必须管理跨网连接的建立和拆除。

(5) 会话层(第五层)

会话层的主要功能是提供应用进程间对话控制的规则。所谓会话就是为在两个层实体间建立的一次连接。组织和同步它们的对话及为管理它们的数据交换提供必要的手段。如对话双方的资格审查和验证、对话方向的交替管理、故障点定位及恢复等各种服务。

（6）表示层（第六层）

表示层的主要功能是在两个通信应用层协议实体之间的传送过程中负责数据的表示语法，其目的在于解决格式化数据表示的差别，如加密和解密、正文压缩、终端格式化转换等。

（7）应用层（第七层）

应用层的主要功能是通过管理和执行应用程序为用户使用网络提供接口服务。这些服务包括文件传送、访问和管理，以及诸如电子邮件这样的一般文档和信息交换服务。联网的目的在于支持运行在不同计算机中的进程之间的通信，而这些进程则是为用户完成不同任务设计的，可能的应用是多方面的，因此，应用层包含大量用户普遍需要的协议。

1.3.3　TCP/IP 体系结构

TCP/IP 是传输控制协议/网络互连协议（Transmission Control Protocol/Internet Protocol）的简称。早期的 TCP/IP 体系结构是一个四层结构，从下到上依次是：网络接口层、互联网层、传输层和应用层。在后来的使用过程中，借鉴 OSI 的七层参考模型，将网络接口层划分为物理层和数据链路层，就形成了一个五层体系结构，TCP/IP 五层体系结构应用更为广泛。如图 1.23 所示。

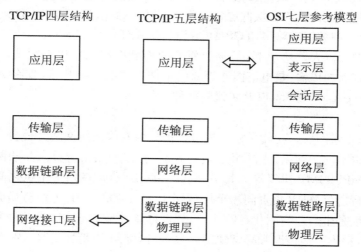

图 1.23　OSI 参考模型与 TCP/IP 体系结构

TCP/IP 五层体系结构的低四层与 OSI 参考模型的低四层相对应，其功能也相似，而应用层则与 OSI 参考模型的最高三层相对应。

值得注意的是，OSI 参考模型是由官方的 ISO 制定的国际标准，提供了一个相对完整的系统结构，在制定的过程中，吸收了当时已有的各个公司自己制定的网络体系结构。在 20 世纪 80 年代末和 90 年代初，许多专家认为 OSI 模型及其协议可以取代其他所有网络的体系结构，但是这没有成为现实，尽管 OSI 模型得到了各国政府部门和官方的大力支持。主要除了技术上的原因，比如在协议复杂、缺乏测试等方面因素，不适当的策略和时机也是一个重要的因素。

TCP/IP 体系结构就不一样了，它不是先给出模型而后再规定每层的协议，而是先有协议，网络运行之后再给出参考模型，根据实际的运行经验总结得出。核心协议 TCP 和 IP 被精心设计过，并且已很好地实现，所以，人们更多地应用 TCP/IP 分层体系结构来分析和解决实际工作中问题。虽然 TCP/IP 体系机构并不是一个官方的国际标准，但已经成为一种事实上的国际工业标准。TCP/IP 是一系列协议的集合，如图 1.24 所示，各层功能如下。

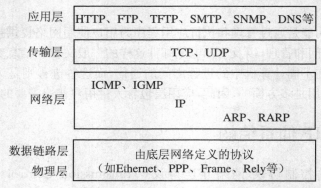

图 1.24 TCP/IP 五层协议族

1. 物理层和数据链路层

这是 TCP/IP 协议族的最底层，负责接收从网络层交来的 IP 数据报并将 IP 数据报通过低层物理网络发送出去，或者从低层物理网络上接收数据帧，抽出 IP 数据报，交给上面的网络层。在物理层和数据链路层，TCP/IP 并没有定义任何特定的协议。它支持所有标准的和专用的协议，例如以太网协议等，基本上所有的局域网都采用以太网技术。至于 PPP 协议，一般用于点到点的传输，是电信网通等部门早期采用的一种技术，现在 ADSL 技术中使用的 PPPoE、PPPoA 协议就是 PPP 协议的两种。

2. 网络层

网络层又叫互联网层。功能是使主机可以把分组发往任何网络并使分组独立地传向目标主机（可能经由不同的网络）。网络层负责寻址、打包和路由选择。互联网层的核心协议是 IP、ARP、ICMP、IGMP 协议等。其中，网际协议 IP 负责在两个主机之间的网络中的路由选择；地址解析协议 ARP 负责同一个局域网中每一主机的 IP 地址转换为各自主机的物理地址（因该地址是生产厂商固化在网卡中，故也称硬件地址或 MAC 地址）；网际控制报文协议 ICMP 负责提供差错情况和异常情况的报告；网际组管理协议 IGMP 负责让连接在本局域网上的多播路由器知道本局域网上的主机参加或退出某个多播组的情况。

3. 传输层

传输层的功能与 OSI 参考模型的传输层的功能是相同的，即在源主机和目的主机的两个进程之间提供端到端的数据传输。主机中往往有多个应用进程同时访问互联网，为区别各个应用进程，传输层在每一个报文中增加识别源主机应用进程和目的主机应用进程的标记（端口号）。另外，传输层的每一个报文均附带检验，以便接收方检查所收到的报文的正确性。

传输层提供了两个协议：一个是传输控制协议 TCP（Transmission Control Protocol），它是一个可靠的面向连接的协议，它将一台主机的数据以字节流形式无差错地发往互联网上的另一台主机。发送方的 TCP 将应用层交来的字节流分成报文段并传给网络层发送，而接收方的 TCP 将接收的报文重新组装交给应用层。同时,TCP 要处理流量控制,以避免快速发送方向低速接收方发送过多的报文而使接收方无法处理。另一个协议是用户数据报协议 UDP(User Datagram Protocol),它是一个不可靠的、无连接的协议,UDP 协议将可靠性问题交给应用程序解决。UDP 协议适用于小报文以及对可靠性要求不高但要求网络延迟较小的场合。

4. 应用层

这一层有很多上层应用协议,这些协议帮助实现上层应用之间的通信,例如 HTTP(超文本传输协议)用于从互联网上读取信息,FTP(文件传输协议)提供在两台主机之间进行有效的数据传输,DNS(域名服务)用于将网络中的主机的名字地址映射成网络地址等。

1.3.4　数据传输过程

TCP/IP 五层结构的每一层实现的功能都是非常复杂的,为了说明这个过程,下面以相邻两台计算机的通信为例进行说明。

1. 数据封装过程

数据的封装过程如图 1.25 所示。

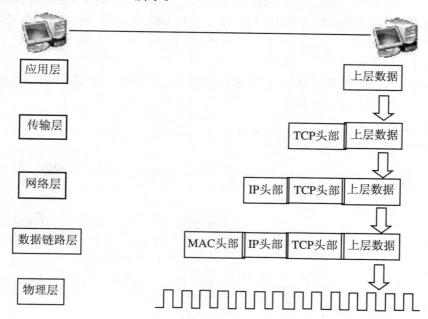

图 1.25　数据的封装过程

(1) 应用层传输过程

在应用层,要把用户要发送的数据转化为二进制编码数据,并把整个数据作为报文交给传输层。

(2) 传输层传输过程

在传输层,上层传下来的较大数据被划分成小的数据段,并给每个数据段封装 TCP 报文头部后交给下层。在 TCP 报文头部中有一个关键字段信息——端口号,它用于标识上层的协议或应用进程,确保上层应用进程的正常通信。计算机是可以多进程并发运行的,如图

1.25 中的例子,左边的计算机通过 QQ 发送信息的同时也可以通过 IE 浏览右边主机的 Web 页面,对于右边的主机就必须搞清楚左边主机发来的数据要对应哪个应用进程实施通信。但对于传输层而言,它是不可能看懂应用层传输具体数据的内容的,因此只能借助一种标识来确定接收到的数据对应的应用进程,这种标识就是端口号。

（3）网络层传输过程

在网络层,接收上层（传输层）被封装后的数据（含有 TCP 报文头部）,并封装上 IP 包头交给其下层（数据链路层）。在 IP 包头中有一个关键的字段信息——IP 地址,它是由一组 32 位的二进制数组成的,用于标识网络的逻辑地址,回想寄信的例子,我们要在信封上写上对方的和本地的详细地址,以保证收信人顺利收到信件。在网络层的传输过程与其类似,在 IP 包头中要封装有目的主机的 IP 地址和源主机的 IP 地址,在网络传输过程中的一些中间设备（如路由器）,会根据目的主机的 IP 地址来选择路由,找到正确的路径将数据转发到目的主机。如果路由器发现目的主机的 IP 地址根本是不可能到达的,它将会把该消息传回源主机。

（4）数据链路层的传输过程

在数据链路层,把上层（网络层）传下来的数据（含有 IP 包头和 TCP 报文头）封装一个 MAC 头部,并传给下层,MAC 头部中有一个关键字段信息——MAC 地址,它是由一组 48 位的二进制数组成的物理地址,它一般被固化在网卡中,具有全球唯一性。和 IP 头部类似,在 MAC 头部也要封装有目的主机的 MAC 地址和源主机的 MAC 地址。另外,本层其实还涉及尾部的封装。

（5）物理层传输过程

在物理层,把上层（数据链路层）传下来的所有二进制数据信息组成的比特流转换成电信号交给下面的传输介质进行传输。

2. 数据拆装过程

数据的拆装过程如图 1.26 所示。

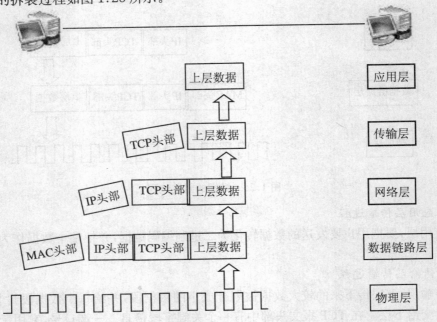

图 1.26　数据的拆装过程

数据被多次封装并通过网络传输到接收方后,将进入数据的拆装过程,这个过程是数据封装过程的逆过程。

在物理层,首先将电信号转换为二进制数据,并将数据送到数据链路层;在数据链路层将查看目的主机的 MAC 地址,判断它是否与自己的 MAC 地址相同,如果相同,就拆掉 MAC 头部,并将剩余的数据送到上一层(网络层);如果不相同,就把整个数据丢弃。在网络层与数据链路层类似,将查看目的主机 IP 地址是否与自己的 IP 地址相同,从而确定是否交给上一层(传输层);到了传输层,首先要根据 TCP 头部判断数据段是送给哪个应用层协议或应用进程的,然后将之前被分段的数据段组装成完整报文,再送往应用层,在应用层将报文还原为发送方所发送的最原始的信息。

3. 关于数据传输的基本概念

(1) PDU

PDU(Protocol Data Unit,协议数据单元)是指同等层次之间传递的数据单位。例如,TCP/IP 五层体系结构中,上层数据被封装 TCP 头部后,这个单元称为报文段,被封装 UDP 头部后,就称为用户数据报;在网络层被封装 IP 头部后,这个单元称为 IP 数据报(或包);在数据链路层被封装 MAC 头部和尾部后,这个单元称为帧;最后帧传送到物理层,帧数据称为比特流。

(2) 常见网络设备与五层体系结构的对应关系

网络设备对应五层体系的哪一层主要看这个设备主要工作在哪一层。一般来说,常用的个人计算机和网络服务器都是对应于应用层的设备,因为计算机包含五层体系所有层的功能;路由器是属于网络层的设备,因为路由器的主要功能是网络层的路由选择;传统的交换机(二层交换机)是属于数据链路层的设备,因为这种交换机的主要功能是基于 MAC 地址的二层数据帧交换;网卡一般意义上定义在物理层,虽然目前有些高端的网卡甚至涵盖防火墙的功能,但其最主要的、最基本的功能仍是物理层通信;防火墙应该是属于传输层设备的,因为它主要是基于传输层端口号来过滤上层应用数据的传输,但是需求永远都是发展的动力,如今的防火墙讲求整体解决方案的实现,对于病毒、木马、垃圾邮件的过滤已经成为防火墙的附属功能,而且已经得到广泛应用,因此,很多人愿意将防火墙归属于应用层。

4. 不同网络中的两台计算机之间的通信

在实际的网络环境中,最终的发送方和接收方往往相隔千山万水,中间会有很多的网络设备起到中转的作用。为了说明这个过程,我们以如图 1.27 所示的网络为例,在两台通信的计算机之间增加两台交换机和路由器,发送主机的数据将会经过这些中间设备,到达目的主机。过程如下:

① 发送主机 A 按照前面讲解的内容进行数据封装。

② 从发送主机 A 物理网卡发出的电信号通过传输介质到达交换机 S1,交换机 S1 将电信号转换成二进制数据送往它的数据链路层,因为交换机属于数据链路层的设备,所以它将可以查看数据帧头部的内容,但不会进行封装和拆装的过程。当交换机 S1 发现数据帧头部封装的 MAC 地址不属于自己的 MAC 地址时,它不会像终端设备那样将数据帧丢弃,而是根据该 MAC 地址将数据帧转发到路由器设备 R1,在转发前要重新将二进制数据转成物理的电信号。

③ 当路由器 R1 收到数据后会拆掉数据链路层的 MAC 头部信息,将数据送达到它的网络层,这样路由器 R1 就能看到 IP 的头部信息了。路由器 R1 将检查数据包头部的目的 IP 地址,并根据该地址进行路由选择,将数据报转发到下一跳路由器 R2,但在转发前要重新

封装新的 MAC 头部信息。之后 R2 同 R1 一样，S2 同 S1 一样，最终把数据传输给主机 B，在主机 B 中要进行数据的拆装。

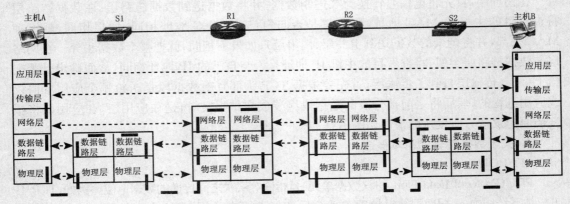

图 1.27　不同网络中的两台计算机之间的通信

从这个过程来看，数据在传输的过程中不断地进行封装和拆装，中间设备属于哪一层就在哪一层对数据进行相关的处理，实现着它们的功能。

1.4　计算机网络的传输介质

1.4.1　信号

1. 有关信号的概念

（1）数据

数据是指对现实世界事物的一种符号描述形式。在计算机领域，是指所有能输入计算机并被计算机接受、处理的符号的总称。具体可以是数值、文字、图形、声音、图像等。

（2）信息

信息是指数据所包含的意义，是对数据的解释。信息是以数据的形式存在的。

（3）信号

信号是数据的电气的或电磁的表现形式，如电流、电压、光波、声波等。

（4）信道

信道是指向某一方向传输信号的通道，由传输介质及其相连的网络设备组成的通信线路的内部通路。这种通信线路可以包含多条信道，一般包含一条发送信道和一条接收信道。

2. 信号的分类

信号可分为模拟信号和数字信号。

（1）模拟信号

如图 1.28 所示，模拟信号是信号参数（如振幅、频率等）大小随时间连续变化的电磁波。

（2）数字信号

如图 1.29 所示，数字信号是离散的、不连续的。数字信号使用几个不连续的波形来代表数字。最简单的数字信号是只有两种(分别代表 0 和 1 两个数字)波形的信号。这就是二进制编码信号。

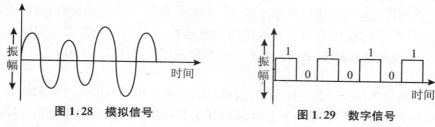

图 1.28　模拟信号　　　　　　　图 1.29　数字信号

3. 信号的指标

(1) 频率

频率是指在单位时间内信号幅度变化的次数,单位是 Hz(赫兹)。

(2) 带宽

带宽原本是指模拟信号在信道中传输可使用的最高频率与最低频率之差,单位也是 Hz。例如,电话信号的最低频率是 300 Hz,最高频率是 3 400 Hz。那么它的带宽就是 3 100 Hz。

对于数字信号来讲,它的频带非常宽,因此,一般不用这个参数来描述数字信号,而是使用比特率来描述数字信号单位时间能够携带比特的多少,但习惯上,仍然可以称为带宽。

(3) 比特率

比特率即数据传输速率,是指单位时间(每秒钟)内传输的比特个数。单位是比特/秒,记作 b/s 或 bps。例如,某信道一秒钟传输 1 k 比特,则它的比特率就是 1 000 b/s,而不是 1 024 b/s。

4. 信号在传输过程中产生的失真

信号在传输过程中,因为受到外界干扰或传输介质本身的阻抗等因素,会产生一定程度的失真。所谓失真就是指信号经过在传输介质中的传输,接收端收到的信号与发送端发送的信号之间会产生一定的误差。只要在接收端能从失真的波形识别出原来的信号,那么这种失真对通信质量就没有影响(见图 1.30);而如图 1.31 所示的情况就不同了,这种失真很严重,在接收端无法识别出原来的信号。信号产生失真的原因主要有噪声、衰减、串扰 3 个。

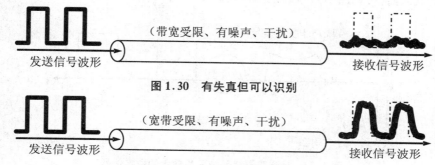

图 1.30　有失真但可以识别

图 1.31　失真严重无法识别

(1) 噪声

噪声是指信号在传输过程中受到来自传输线路自身和外部环境的干扰。其中,来自传输线路的自身的干扰(如电子的热运动等)称为热噪声;来自外部环境的干扰(如雷电、强电流产生的电场、磁场等)称为冲击噪声。噪声是有害的。

（2）衰减

影响信号传输的另一个因素就是信号的衰减，即随着信号传播距离的增加，能量逐渐减少。无论是模拟信号还是数字信号都有衰减。事实证明，信号传输的速度越高，或者传输距离越远，或者噪声干扰越大，或者传输线路的质量越差，在接收端的波形失真就越严重。所以，为了有效地传输更远距离，在传输过程中经常要对信号进行放大处理。

（3）串扰

串扰是指信号在传输通道上传输时，因电磁耦合而对相邻传输线产生的影响。串扰的大小不仅来自于线路本身，而且与连接线路的连接器和连接头以及制作连接的质量都有关系。串扰主要发生在双绞线中，串扰越小，传输质量越高。

5. 数字信号传输的优点

（1）抗干扰能力强

模拟信号在放大时，伴随的积累噪声也将被放大，这使得模拟信号的变形更加严重，影响通信质量，如图 1.32 所示。而数字信号是脉冲信号，接收端可以识别脉冲的有无，保证了通信的质量。

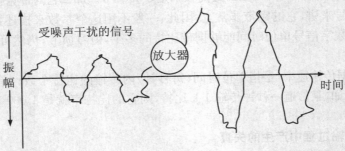

图 1.32　受噪声干扰而被放大的模拟信号

（2）有效传输的距离更远

由于数字信号放大采用的是信号再生的方式，能够识别和消除噪声，再生的数字信号与发送端发送的信号吻合，可继续有效地传输更远的距离，如图 1.33 所示，受噪声干扰的数字信号经再生放大后，可以高质量地远距离传输。

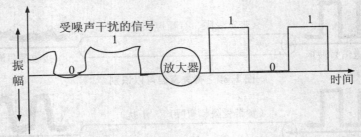

图 1.33　受噪声干扰而被再生放大的数字信号

1.4.2　网络传输介质

传输介质也称传输媒体，是指计算机网络中相邻结点之间的物理通路。在组建计算机网络时,只有选择合适的传输介质,才能保证网络通信的质量。传输介质分为有线介质和无线介质两类。有线介质将信号导向沿铜线或光纤在物理媒体之内传播,目前最常用的有线传输介质有双绞线和光纤。而无线介质就是指自由空间,常见的无线传输介质有无线电、微波、激光和红外线等。

◎ 双绞线

1. 双绞线的结构

双绞线是目前计算机网络布线中最常用的一种传输介质。双绞线将一对互相绝缘的铜导线,按逆时针方向相互绞合在一起,目的是使一根导线传输电磁波的辐射能被另一根导线上发生的电磁波所抵消,从而使电磁干扰最小。两根导线绞合程度越密,抗干扰能力就越强。双绞线也由此得名。双绞线有多对相互绝缘的铜导线组成并被包裹在一个绝缘套管中,一般由 4 对铜导线组成,也有 16 对、25 对、50 对的双绞线。

双绞线分为非屏蔽双绞线(Unshielded Twisted Pair,UTP)和屏蔽双绞线(Shielded Twisted Pair,STP)两大类。如图 1.34(a)和(b)所示。屏蔽双绞线是在双绞线外面有金属薄膜包裹,用作屏蔽,最外层是具有保护性绝缘套管。

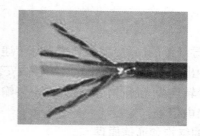

（a）非屏蔽双绞线　　　　　　　　　（b）屏蔽双绞线

图 1.34　双绞线的结构

2. 双绞线的标准

1991 年,美国电子工业协会 EIA(Electronic Industries Association)和电信工业协会 TIA(Telecommunications Industry Association)联合发布了一个 EIA/TIA-568 标准,它的名称是"商用建筑物电信布线标准"。这个标准规定了用于建筑物内传输数据的非屏蔽双绞线和屏蔽双绞线的标准。该标准定义了从 1 类线到 7 类线,类别号越大,性能越好,价格也越高。由于 1 类到 4 类的双绞线现在已经不再使用,所以下面只介绍 5 类以上的双绞线标准。

（1）5 类双绞线(Cat 5)

5 类双绞线比以前的双绞线增加了绞合密度,且外套管使用了高质量的绝缘材料,传输带宽为 100 MHz,用于百兆网络,常见标准有 10BASE-T 和 100BASE-T。

100BASE-T 指使用双绞线实现百兆网络,包括 100BASE-TX 和 100BASE-T4 两个标准。100BASE-TX 标准规定只用 8 根铜导线中的 4 根进行数据传输,其中两根用于发送数据,另外两根用于接收数据。100BASE-T4 标准规定使用 6 根铜导线传输数据,两根线用于冲突检测和控制信号的传输。目前 100BASE-T4 标准已经被淘汰。

（2）超 5 类双绞线(Cat 5e)

超 5 类双绞线在 5 类双绞线的基础上进行了优化。它的衰减更少,串扰更小,性能得到了提高,但其带宽仍然为 100 MHz,更适用于百兆网络。超 5 类双绞线可以实现千兆网络,但 1000BASE-T 是基于 4 对双绞线传输的网络,该技术的实现比百兆网络复杂得多,线对之间的串扰较为严重。

(3) 6 类双绞线

6 类双绞线提供比超 5 类双绞线更高的性能。其带宽最高可达 300 MHz,能够稳定地适用于千兆网络。在 6 类双绞线线缆中,通过中心的十字骨架把 4 对双绞线相互隔开,增加了 4 对线之间的物理距离,以减少串扰,但线缆更粗、更硬,增加了施工难度。

实际上,对于网络组建来说,最重要的是如何保证所安装的电缆系统的质量,而不论它是 5 类还是 6 类双绞线。因为电缆系统的性能除了产品本身的质量以外,还必须要精心地施工才能得到保证。施工的各个环节对电缆系统的影响都很大。否则,即使选择了高性能的线缆,如果施工粗糙,其性能也可能达不到它应有的指标。

(4) 7 类双绞线

7 类双绞线目前还没有得到广泛应用,它具有更高的传输带宽,可以达到 600 MHz。而且 7 类双绞线采用了双层屏蔽,它与传统的 RJ-45 接口完全不兼容。能提供更高的传输速率和更远的距离,适用于低成本的高速以太网的骨干线路。

◎ 光纤

光纤(光导纤维的简称)就是利用光纤传递光脉冲来进行通信的,有光脉冲出现表示 1,而没有光脉冲出现表示 0。光纤的两端必须安装光端机,在发送端,光端机负责把表示数字代码的电信号转换为光脉冲信号在光纤中传输,在接收端,光端机负责把接收光纤上光脉冲信号并还原出电信号。

1. 光纤的结构和通信原理

光纤是由非常透明的石英玻璃拉成丝,主要由折射率较高的纤芯和折射率低于纤芯的包层构成的通信圆柱体(见图 1.35)。当光线从折射率高的纤芯射向低折射率的包层时可以发生全反射(见图 1.36),即光线碰到包层时就会折射回纤芯,这样使光沿着纤芯不断发生全反射向前传输(见图 1.37)。

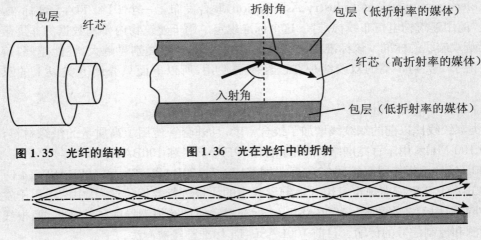

图 1.35　光纤的结构　　　　图 1.36　光在光纤中的折射

图 1.37　光脉冲在光纤中的传播

2．光纤的分类

根据传输模式的不同可将光纤分为多模光纤和单模光纤。

光脉冲在光纤中传输是利用了光的全反射原理，这样，光纤将被完全限制在光纤中，而几乎无损耗地传输。任何以大于临界值角度入射的光线，在介质边界都将按全反射的方式在介质内传播，而且不同的光线在光纤内部将以不同的反射角传播，模就是指光纤的入射角。如果光纤纤芯的直径较粗，则光纤中可以存在多种入射角度，将具有这种特性的光纤称为多模光纤（见图1.38）；如果将光纤纤芯的直径减少小到只有一个光波波长的大小，则光纤中只能传输一种模的光脉冲，这样的光纤称为单模光纤（见图1.39）。

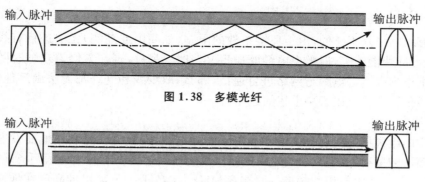

图 1.38　多模光纤

图 1.39　单模光纤

（1）多模光纤

多模光纤的纤芯较粗，其直径一般在 $50\sim100~\mu m$，制造成本较低。光源采用发光二极管，质量较差，且传输过程中的损耗也较大，因此，传输距离较近，一般在几百米至几千米。

（2）单模光纤

单模光纤的纤芯很细，其直径一般在 $8.3\sim10~\mu m$ 范围内，甚至更小。制造成本较高，同时单模光纤的光源采用较为昂贵的半导体激光器，而不能使用较为便宜的发光二极管，因此，单模光纤的光源质量较高，且在传输过程中损耗较小，在 10 Gb/s 的高速率下可传输几十甚至上百公里而不必中继。因此，单模光纤和多模光纤相比较：纤芯直径小，高速率，传输距离远，但成本也高。

由于光纤非常细，连包层一起，其直径也不到 0.2 mm。因此必须将光纤做成很结实的光缆。一根光缆少则只有一根光纤，多则可包括数十至数百根光纤，再加上加强芯和填充物就可以大大提高其机械强度。必要时还可放入远供电源线，最后加上包带层和外护套（见图1.40），就可以增强抗拉强度，完全可以满足工程施工的强度要求。

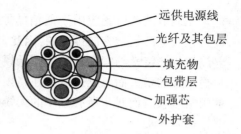

图 1.40　光缆的结构

3．光纤的优势

（1）高传输带宽

由于可见光的频率范围很大，所以光纤传输可以使用极大的带宽。目前，光纤传输技术带宽可以超过 50 000 GHz，今后还会更高。当前 10 Gb/s 的传输瓶颈是由光电信号转换的速率极限跟不上所导致的。

（2）传输距离远

光纤的传输距离要远远大于双绞线，其最大传输距离早已超过 100 公里。当然，不同种类的光纤的最大传输距离是不同的，而且传输速率、纤芯的直径等参数都会影响光纤的传输距离。

（3）抗干扰能力强

在各种传输介质中，光纤的抗干扰能力是最强的，因为，首先光纤本身是由绝缘材料构成的，不受电磁干扰，也不受雷电和高压产生的强磁场干扰的影响；其次，光纤传输的是光信号，不会像电信号那样产生磁场而产生串扰。

◎ 无线通信

只有有线网络是不够的，由于环境条件的限制（如高山或岛屿）无法进行有线传输线路的施工，或者即使能施工，但敷设电缆既昂贵又费时。另外，现在人们需求随时随地或在运动中通过笔记本或掌上电脑与网络进行通信，那么，双绞线和光纤都无法满足他们的要求，而利用无线传输介质可以解决上述问题。

1. 无线电

大气中的电离层是具有自由电子和离子的导电层，无线电就是利用地面发射的无线电波通过电离层的反射，或电离层与地面的多次反射而到达接收端的一种远距离通信方式，如图 1.41 所示。无线电使用的频率一般在 3 MHz～1 GHz。电离层的高度在地面以上数十公里至数百公里，可分为各种不同的层次，并随季节、昼夜以及太阳活动的情况而发生变化。由于电离层具有不稳定性，所以无线电与其他通信方式相比，在质量上也存在不稳定性。

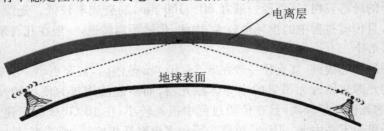

电离层

地球表面

图 1.41　无线电波被电离层反射传播

无线电波被广泛应用于通信的原因是它的传输距离很远，也可很容易地穿过建筑物。而且无线电波是全方向传播的，因此，无线电波的发射和接收装置不必要求精确对准。无线电波的传播特性与频率有关。在低频上，无线电波能轻易地绕过一般障碍物，但其能量随着传播距离的增大而急剧递减。在高频上，无线电波趋于直线传播并易受障碍物的阻挡，还会被雨雪吸收。而对于所有频率的无线电波，都容易受到其他电子设备的各种电磁干扰。

（2）微波

对于 1 GHz 以上的电波，其能量将集中于一点并沿直线传播，这就是微波，如图 1.42 所示。它使用的主要频率范围一般在 2～40 GHz，微波在空间上主要是沿直线传播的，所以微波的发射天线和接收天线必须精确对准，而地球表面是个曲面，如果两个天线塔相距太远，地球表面就会挡住微波的去路，而且长距离的传播会发生衰减。因此，每隔一段距离就需要一个中继站。两个中继站之间的距离一般为 50 km，若采用 100 m 高的天线塔，则传输的距离可增大到 100 km。

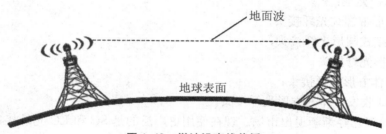

图 1.42　微波沿直线传播

　　微波通信在传输质量上比较稳定,但微波在雨雪天气时会被吸收,从而造成衰减。与相同带宽和长度的电缆通信相比,微波通信建设成本要低得多。微波通信的缺点就是保密性不如电缆和光缆好,对于保密性要求较高的应用场合需要另外采取加密措施。

　　此外,还有红外通信和激光通信。它们也像微波通信一样有很强的方向性,都是沿直线传播的,都需要在发送方和接收方之间有一条可视的通路,所不同的是红外通信和激光通信是把传输的信号分别转换为红外光和激光信号,直接在空间传播。

　　传输介质在网络工程中经常用到,而具体选择哪一种介质则需要对介质的成本、性能、优缺点等进行综合考虑。不同的传输介质有着不同的性能指标,应使所选介质适用于网络的安装。要求简单且造价低的网络使用双绞线更加合适,而要求较高的数据传输速率和传输距离时则可以考虑使用光缆。

1.4.3　传输介质的连接

1. 以太网接口

　　以太网中由于传输介质的不同,连接线缆的接口也就不同,这里主要介绍最常用的传输介质的接口,即双绞线和光纤的接口。

　　(1) RJ-45 接口

　　RJ 是用来描述公用电信网络的接口的(见图 1.43),常用的有 RJ-11 和 RJ-45,计算机网络使用的 RJ-45 是标准八位模块化接口的俗称。5 类、超 5 类和 6 类双绞线都使用 RJ-45 接口,俗称水晶头。它设有一个塑料弹片与 RJ-45 插槽卡住以防止脱落,如图 1.44 所示。这种接口在 10BASE-T 以太网、100BASE-T 以太网、1000BASE-T 以太网中都可以使用,传输介质都是双绞线。

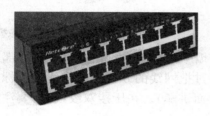

图 1.43　RJ-45 接口

图 1.44　水晶头

　　(2) 光纤接口

　　光纤接口俗称活接头,国际电信联盟 ITU 将其定义为用以稳定地但并不是永久地连接两根或多根光纤的无源组件。光纤接口是光纤通信系统中必不可少的无源器件。光纤接口主要有以下几种类型：

　　① FC 圆形带螺纹光纤接头；

　　② ST 卡接式圆形光纤接头；

　　③ SC 方形光纤接头；

　　④ LC 窄体方形光纤接头；

　　⑤ MT-RJ 收发一体的方形光纤接头。

　　ST 光纤接口已经渐渐退出市场。现在使用更广泛的是 SC 和 LC 光纤接口。这里主要介绍 SC 光纤接口。

　　SC 光纤接口在 100BASE-TX 以太网时代就已经得到了应用，不过当时由于性能并不比双绞线突出，而且成本较高，所以没有得到普及。随着千兆网的推广，SC 光纤接口重新得到重用。SC 光纤接口主要用于局域网交换环境，在一些高性能千兆交换机和路由器上提供了这种接口，它与 RJ-45 接口很相似，只是更扁一些，其明显的区别是里面的触片，如果是 8 条细的铜触片，则是 RJ-45 接口；如果是一根铜柱则是 SC 光纤接口。如图 1.45 所示。

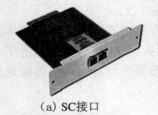 

　　（a）SC接口　　　　　　　　　（b）SC接头　　　　　　　　（c）MT-TJ接口

图 1.45　光纤接口

（3）信息插座

　　信息插座可以为计算机提供一个网络接口，它通常由面板（见图 1.46）、信息模块（见图 1.47）和底座组成。根据实际应用环境可以将信息插座分为墙上型、地上型和桌面型。其中墙上型最为常见。

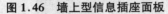 

　　图 1.46　墙上型信息插座面板　　　　　　**图 1.47　RJ-45 插座信息模块**

　　信息模块与面板是嵌套在一起的，埋在墙中的网线通过信息模块与外部网线进行连接；墙内铺设的网线与信息模块的连接是通过把网线的 8 条绝缘铜线按照标准卡入信息模块的对应线槽中来实现的（这部分将在后面讲解）。在压接双绞线时，要注意颜色标识的对应。

2. 双绞线的连接规范

　　双绞线的两端必须安装上 RJ-45 接头（水晶头），才能插在网卡、交换机或路由器的 RJ-45接口上进行连接。EIA/TIA 的布线标准中规定了两种双绞线的线序，即 T568A 和 T568B。其线序标准见表1.1。

表 1.1　双绞线的连接标准

线序号	1	2	3	4	5	6	7	8
T568B 标准	白橙	橙	白绿	蓝	白蓝	绿	白棕	棕
T568A 标准	白绿	绿	白橙	蓝	白蓝	橙	白棕	棕

双绞线与水晶头的连接方法主要有直通法、交叉法、反接法 3 种。

（1）直通法

直通法是指双绞线的两端遵循相同的标准，即要么都遵循 EIA/TIA 568B 标准，要么都遵循 EIA/TIA 568A 标准。直通法适用于双绞线在异种设备之间的连接，如计算机与交换机、一台交换机的普通端口与另一台交换机的级联端口、交换机与路由器连接等。如图 1.48 所示。

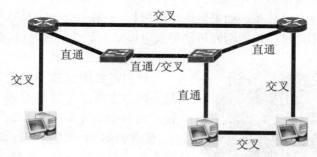

图 1.48　直通法和交叉法连接的使用场合

（2）交叉法

交叉法是指双绞线的一端遵循 EIA/TIA 568B 标准，另一端遵循 EIA/TIA 568A 标准。交叉法适用于双绞线在同种设备之间的连接，如两台计算机直接通过双绞线连接、交换机与交换机相连、路由器与路由器相连等。

（3）反接法

反接法是指双绞线一端的排列顺序与另一端的排列顺序完全相反。反接法不用于以太网的连接，主要用于主机的串口和路由器（或交换机）的 Console 口（控制口）连接的 Console 线。

3．双绞线的连接制作过程

必备工具：压线钳（见图 1.49）和测线仪（见图 1.50）。

图 1.49　压线钳

图 1.50　测线仪

双绞线连接制作步骤（按 T568B 标准以直通法为例）如下：

（1）步骤一：剥线

剪下所需要的双绞线长度，至少 0.6 m，最多不超过 100 m。然后再利用双绞线剥线器的剥线刀口将双绞线的外皮除去 2～3 cm（注意不要损伤铜芯的绝缘层）。有一些双绞线电缆上含有一条柔软的尼龙绳，如果在剥除双绞线的外皮（保护套）时，觉得裸露出的部分太短，而不利于制作 RJ-45 接头，可以紧握双绞线外皮，再捏住尼龙线往外皮的下方剥开，就可以得到较长的裸露线。

（2）步骤二：理线

我们需要把每对都是相互缠绕在一起的线缆逐一拆开。拆开后则根据 T568B 规则把几组线缆依次地排列并理顺，由于线缆之前是相互缠绕着的，线缆会有一定的弯曲，因此我们应该把线缆尽量拉直并尽量保持在同一水平面上。然后细心检查一遍排列顺序，再利压线钳的剪线刀口把线缆裁剪整齐，保留去掉外层保护套的部分约为 15 mm，这个长度正好能将各细导线插入到各自的线槽。如果该段留得过长，一来会由于线对不再互绞而增加串扰，二来会由于水晶头不能压住保护套而可能导致电缆从水晶头中脱出，造成线路的接触不良。

（3）步骤三：插线

我们需要做的就是把整理好的线缆插入水晶头内。需要注意的是要将水晶头有塑造料弹簧片的一面向下（见图 1.51），有针脚的一方向上，使有针脚的一端指向远离自己的方向，有方形孔的一端对着自己。此时，最左边的是第 1 脚，最右边的是第 8 脚，确保依次顺序排列：白橙、橙、白绿、蓝、白蓝、绿、白棕、棕。插入的时候需要注意缓缓地用力把 8 条线缆同时沿水晶头内的 8 个

图 1.51　把线插入水晶头中

线槽插入，一直插到线槽的顶端。我们可以从水晶头的顶部检查，看看是否每一根线缆都紧紧地顶在水晶头的末端。

（4）步骤四：压线

确认无误之后就可以把水晶头插入压线钳的压线槽内进行压线了（见图 1.52）。把水晶头插入后，用力握紧线钳，若力气不够，可以使用双手一起压，受力之后听到轻微的"啪"一声即可。压线之后水晶头凸出在外面的针脚全部压入水晶头内，而且水晶头下部的塑料扣位也压紧在网线的外层保护套上。

4. 双绞线的连通性测试

在双绞线连接制作过程中难免出现一些问题，

图 1.52　水晶头与压线槽

常见的问题有：线缆开路、线对错序、线缆接触不良。线缆开路是指双绞线中的一根或几根铜导线出现断路而导致无法连通的现象。造成线缆开路的主要原因可能是在剥去双绞线外保护套的时候造成里面铜线的损伤；也可能是因为铜导线没有排整齐而导致水晶头的铜片没有接触到铜线。线对错序是指双绞线两端没有按照标准，排错线序，导致无法通信的现象。线缆接触不良是指由于压线不紧或者铜导线受损而导致通信时断时续或信号很弱的现象。双绞线的连通性测试工具是测线仪，它由主检测体和次检测体组成。测试过程如下：

① 将已经制作好的双绞线的两端分别插入主检测体和次检测体的 RJ-45 接口内，并打开主检测体的电源开关。

② 观察主测试体和次测试体上的指示灯（见图1.53），如果是直通线，则主测试体和次测试体都按照1～8的顺序亮灯；如果是交叉线，主测试体按照1～8的顺序亮灯，而次测试体则按照3、6、1、4、5、2、7、8的顺序亮灯。如果检测过程发现某个线对所对应的指示灯没有亮，则说明该线对出现了开路问题，遇到这种情况，最好是剪掉水晶头，重新制作。

图 1.53　用测线仪测试双绞线的连接

1.4.4　线缆的标识

随着网络系统的使用，不可避免地要对线缆进行移动、添加、调整，再加上线缆数目较多，很难做到不出现混乱，从而使它的可管理性和可维护性大幅度降低。很可能为了找出某个办公室内的信息点连接到了交换机的哪一个端口，而不得不将整个所有的线缆全部测量一遍。所以，布线人员在布线时就应该在线缆的两端进行标识，一开始就应当养成良好的标识管理的习惯。EIA/TIA 标准制定了两种类型的线缆标识方法，即线缆标签和套管标签。

1. 线缆标签

线缆标签可直接缠绕粘贴在线缆上（见图1.54），一般以耐用的化学材料作为基材，这种材料的拉伸性能较好，具有防水、防油污和防有机溶剂等性能，不易燃烧。

2. 套管标签

套管标签的固定性和永久性较好（见图1.55），一般用于特殊的环境，由于其安装比较麻烦且必须在布线完成后使用（热缩套管必须使用加热枪使其收缩固定），所以，在实际的布线环境中很少使用套管标签。

图 1.54　线缆标签　　　　图 1.55　套管标签

这两种线缆标识的方法成本较高，目前国内一些中小型企业实际施工过程无法保证规范性。而实际采用的线缆标识方法是采用廉价的普通纸质标签代替专业标签或者是直接书写在线缆或跳线上。这些方法虽然经济，但会给后期的布线以及将来的网络维护带来不便，因为这种标签容易模糊、褪色或被污损，甚至不容易看懂，不适合长期耐用的要求。还是应该尽量采用标准规范的线缆标识。

1.5　网络层主要协议与应用

1.5.1　网络层概述

网络层位于 TCP/IP 体系结构的第三层。网络通信中,网络层负责寻址、打包和路由选择。网络层的核心协议有 IP、ARP、ICMP、IGMP 协议。其中,网际协议 IP 负责在两个主机之间的网络中的路由选择;地址解析协议 ARP 负责同一个局域网中每一主机的 IP 地址转换为各自主机的物理地址(因该地址是生产厂商固化在网卡中的,故也称硬件地址或 MAC 地址);网际控制报文协议 ICMP 负责提供差错情况和异常情况的报告;网际组管理协议 IGMP 负责让连接在本局域网上的多播路由器知道本局域网上的主机参加或退出某个多播组的情况。

数据链路层的 MAC 地址可以唯一地标识一块网卡,交换机转发时,就是利用查找 MAC 地址表实现数据的转发的,但是由于 MAC 地址没有层次结构的特点,只能适用于很小的网络环境。工作于网络层的 IP 地址具有利用子网掩码来实现层次化结构的特点,因此可以适用大的网络环境。以寄信为例,如果信封上只写收件人的姓名,不写其属于哪个城市和街道,即使没有重名,邮局也很难检索到这个人的位置。收件人的姓名就类似于 MAC 地址。而在其姓名前加上所属的国建、城市和街道,利用这种分层次的地址,就容易定位收信人的位置了。而带有国家、城市、街道和收信人姓名的地址信息,就类似于有层次结构的 IP 地址。

1.5.2　IP 地址

◎ IP 地址的定义

本书介绍的 IP 地址以 IPv4 为主。

(1) IP 地址的定义

IP 地址就是互联网上的每一个主机(或路由器)的每一个接口分配一个在全世界范围内唯一的 32 位的标识符。

(2) IP 地址的组成

IP 地址由 32 位二进制数组成,为了记忆方便,将 32 位的二进制数分成 4 段,每段 8 位,中间用小数点隔开,然后将二进制转换成十进制数,即 IP 地址由"点分十进制"表示,如 129.52.6.120。但每个数值不能超过 255。

IP 地址具有层次结构,由网络号和主机号组成,网络号表示主机所处的物理网络,主机号表示主机在该网络中的具体逻辑位置。如 IP 地址 129.52.6.120,其网络号为:129.52,主机号为:6.120。

(3) IP 地址的分类

IP 地址按照网络规模的大小,可以分为 A、B、C、D、E 五类。其中 A、B、C 三类由 Inter-

NIC(互联网信息中心)在全球范围内统一分配(见表 1.2),D(多播或组播)、E(保留)类为特殊地址。IP 地址采用高位字节的高位来标识地址类别。IP 地址编码方案及 A、B、C 类地址格式如图 1.56 所示。

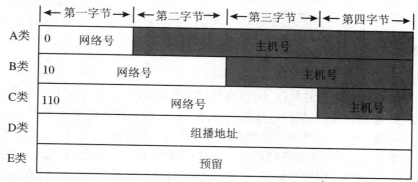

图 1.56　IP 地址编码方案及分类地址格式

A 类地址:第一个字节表示网络号,其中最高位固定为 0,只有 7 位可以使用,但可指派的网络号范围为 1～126(即 2^7-2),网络号字段全 0 的 IP 地址是个保留地址,表示"本网络"的意思;网络号位 127(即 01111111)保留作为本地环回测试本主机的进程之间的通信之用,所以网络号为 127 的 IP 地址(如 127.0.0.1)不是一个网络地址。A 类地址的主机号占 3 个字节,因此每一个 A 类网络中的最大主机数是 $2^{24}-2$,减 2 的原因是:主机号全 0 表示该 IP 地址是"本主机"所在网络地址(例如,一主机的 IP 地址为 12.13.89.29,则该主机所在的网络地址就是 12.0.0.0);而主机号全 1 表示该网络上"所有主机"。

B 类地址:第一、第二两个字节表示网络号,并规定第一字节的最高两位为 10,剩下 14 位可以进行分配,网络号部分也不可能出现全 0 或全 1,但实际上 B 类地址 128.0.0.0 是不分配的,可以分配的 B 类最小网络地址是 128.1.0.0。因此 B 类地址可分配的网络数位 $2^{14}-1$。B 类地址的每一个网络上的最大主机数是 $2^{16}-2$(去掉全 0 和全 1 的主机号)。

C 类地址:用前三个字节作为网络号,并规定第一字节的最高三位为 110,剩下 21 位可以进行分配,但实际上 C 类网络地址 192.0.0.0 也是不分配的,可以分配的 C 类最小网络地址是 192.0.1.0,因此 C 类地址可以分配的网络数位 $2^{21}-1$,C 类地址的每一个网络上最大主机数为 2^8-2(去掉全 0 和全 1)。

表 1.2　可分配的 IP 地址范围

网络类别	最大可分配的网络数	第一个可分配的网络号	最后一个可分配的网络号	每一个网络中的最大主机数
A	126(2^7-2)	1	126	16 777 214($2^{24}-2$)
B	16 383($2^{14}-1$)	128.1	191.255	65 534($2^{16}-2$)
C	2 097 151($2^{21}-1$)	192.0.1	232.255.255	254(2^8-2)

(4) 专用 IP 地址

专用 IP 地址是只能分配给一个单位内部网络中的主机而不能用作全球地址。在互联网中的所有路由器,对目的地址是专用地址的数据报一律不进行转发。专用 IP 地址有:

A 类:10.0.0.0～10.255.255.255(用于组建大型企业内部网络);

B 类:172.16.0.0～172.31.255.255(用于组建中型企业内部网络);

C 类:192.168.0.0～192.168.255.255(用于组建小型企业内部网络)。

这些专用地址仅在本单位内部使用,所以,不同单位的内部网络可以使用相同的专用 IP 地址。使用专用 IP 地址的互联网也称为本地互联网。

◎ 子网掩码

1. 子网的概念

一个拥有许多物理网络的单位,可以将所属的物理网络划分为若干个子网。划分子网属于一个单位内部的事情,本单位以外的网络并不知道这个网络由多少个子网组成,因此这个单位的整个网络对外仍表现为一个网络,它只有一个全球的网络地址。但这些子网必须通过路由器互联在一起(即一个子网对应一个路由器的端口)。凡是从其他网络发送给本单位某个主机的 IP 数据报,仍然是根据 IP 数据报的目的网络地址找到连接在本单位网络上的路由器。此路由器在收到 IP 数据报后,再按目的网络号和主机号找到目的子网,把 IP 数据报交付给目的主机。

划分子网的方法是从网络的主机号部分借用若干位作为子网号,当然主机号部分也就相应减少同样的位数。如图 1.57 所示,某单位的网络 145.13.0.0 划分 3 个子网,3 个子网的子网地址分为:145.13.3.0、145.13.7.0、145.13.4.0。但是该单位对外仍是一个网络。

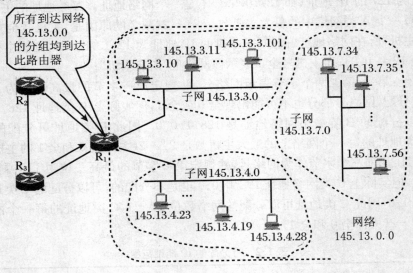

图 1.57 某单位的网络划分为 3 个子网的情况

划分子网可以使一个单位充分利用已有的网络地址,不必为每一个物理网络都购买一个全球网络地址,这样就节约了全球的 IP 地址。

2. 子网掩码

在网络中不同主机之间的通信情况可以分为两种:一种情况就是同一子网中的两台主机之间的相互通信;另一种情况就是不同子网中的两台主机之间的相互通信。

为了区分这两种情况,进行通信的主机必须要获得目的主机 IP 地址的网络号部分以做出判断。如果源主机的网络号与目的主机的网络号相同,则为同一子网中主机之间的通信;如果源主机的网络号与目的主机的网络号不相同,则为不同子网中的主机之间的通信;剩下的就按照前面讲述的数据传输过程进行。

现在的关键问题就是如何获取目的主机的 IP 地址的网络地址,这就要使用子网掩码了。

与 IP 地址一样,子网掩码也是由 32 位二进制数组成的,对应 IP 地址的网络部分用 1 表示,对应 IP 地址的主机部分用 0 表示。通常也用点分十进制数表示。当为网络中的结点分配 IP 地址时,也要给出每个结点所使用的子网掩码。使用子网掩码的好处就是:不管网络有没有划分子网,只要把子网掩码与 IP 地址进行逐位"与"运算,就能立即得出网络地址。现在互联网的标准规定:所有的网络都必须使用子网掩码。如果一个网络没有划分子网,那么该子网的子网掩码就使用默认子网掩码。

A 类地址的默认子网掩码是 255.0.0.0;B 类地址的默认子网掩码是 255.255.0.0;C 类地址的默认子网掩码是 255.255.255.0。

有了子网掩码后,只要把 IP 地址和子网掩码作逻辑"与"运算,所得的结果就是 IP 地址的网络地址。

例如:已知 IP 地址是 145.13.4.28,子网掩码是 255.255.255.0,将 IP 地址与子网掩码进行逻辑"与"运算就可以得出 IP 地址的网络地址,即网络号(含子网号)。如图 1.58 所示。

```
IP地址    145.13.4.28      10010001.00001101.00000100.00011100
子网掩码 255.255.255.0     11111111.11111111.11111111.00000000
                                          与
                          ─────────────────────────────────────
                          10010001.00001101.00000100.00000000
网络地址                       145    .   13   .   4   .   0
```

图 1.58 IP 地址的网络地址的计算过程

计算出网络号就可以判断不同的 IP 地址是否在同一个子网中了。

为了书写简便经常使用后缀形式表示 IP 地址,后缀形式就是在地址后加"/",其后是网络号的位数,即二进制掩码中"1"的个数。如 IP 地址 145.13.4.28,子网掩码为 255.255.255.0,可以表示为 145.13.4.28/24。

有了一个 IP 地址后,我们应该取多少位主机号作为子网号呢?答案取决于子网数目和子网内所需的最大主机数目。

设:需要的子网数目为 n,子网所需的最大 IP 地址数目为 m,原主机号为 k 位,取 x 位作为子网号,则有如下公式:

$$\begin{cases} 2^x \geqslant n \\ 2^{k-x} - 2 \geqslant m \end{cases}$$

例如:某单位的网络拓扑结构,如图 1.59 所示;现有一个 C 类网 192.16.12.0。我们可以根据上述公式计算机出每个子网的网络地址。

由图 1.59 可以看出,子网数目 $n=7$,每个子网中最大 IP 地址数目 $m=20$,C 类地址原主机号 k 为 8 位。代入公式可以求出:子网号 x 为 3 位;结合子网掩码定义得出子网掩码为 255.255.255.224。由此可以得出 8 个子网地址分别是:192.16.12.0/27,192.16.12.32/27,192.16.12.64/27,192.16.12.96/27,

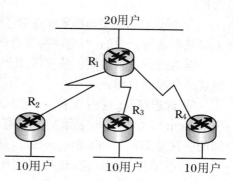

图 1.59 包含子网的网络

192.16.12.128/27,192.16.12.160/27,192.16.12.192/27,192.16.12.224/27。

1.5.3　IP 数据报的格式

网络层的 PDU 就是 IP 数据报,IP 数据报的格式能够说明 IP 协议所具有的功能。IP 数据报的格式如图 1.60 所示。

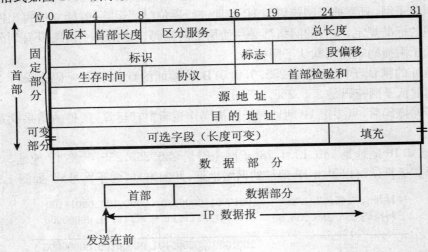

图 1.60　IP 数据报的格式

一个 IP 数据报由首部和数据两部分组成。首部的前一部分有固定的长度,共 20 个字节,是所有 IP 数据报都必须具有的。在首部的固定部分的后面是一些可选项,其长度是可变的。首部各字段的含义如下:

① 版本:占 4 位,指 IP 协议的版本,目前的 IP 协议版本号为 4（即 IPv4）。

② 首部长度:占 4 位,可表示的最大数值是 15 个单位(一个单位为 4 字节),因此 IP 的首部长度的最大值是 60 个字节。但是 IP 数据报的首部最短为 20 个字节。

③ 区分服务:占 8 位,该字段用于表示数据报的优先级和服务类型。通过在数据报中划分一定的优先级,用于实现 QoS(服务质量)的要求。

④ 总长度:占 16 位,该字段用以表示首部和数据两部分长度之和,单位为字节,因此数据报的最大长度为 65 535 字节。但是每个数据报的实际总长度要满足数据链路层所要求的长度。

⑤ 标识(Identification):占 16 位,它是一个计数器,用来产生数据报的标识。当 IP 对上层数据进行分段的时,它将给所有的段分配一组编号并放入标识字段中,以保证分段不会被错误地进行重新组装。该字段用于标识一个数据报所属的信息,以使得接收方可以重新组装被分段的数据。

⑥ 标志(Flag):占 3 位,目前只有前两位有意义。标志字段的最低位是 MF(More Fragment)。MF =1 时表示后面还有分段,MF =0 时表示这是最后一个分段。标志字段中间的一位是 DF(Don′t Fragment),只有当 DF =0 时才允许分段。

⑦ 段偏移:占 13 位,该字段用于表示较长的分组在分段后,某段在原分组中的相对位置。

⑧ 生存时间：占 8 位，记为 TTL（Time To Live）。该字段表示的是数据报在网络中可通过的路由器数的最大值。一个数据报每经过一个路由器，TTL 就减去 1，当 TTL 的值为 0 时，该数据报将被丢弃。

⑨ 协议：占 8 位，该字段用于指出此数据报携带的数据使用何种协议，是 TCP 协议还是 UDP 协议，以便目的主机的网络层将数据部分上交给哪个处理过程。

⑩ 首部检验和：占 16 位，该字段只检验数据报的首部，不检验数据部分。所有目的主机和路由器收到数据报时都要用相同的方法重新计算首部检验和。如果数据报在传输过程中没有被改动过，那么，接收方重新计算出来的首部检验和应该为 0。

⑪ 源地址和目的地址：都各占 4 字节，分别用于表示源主机的 IP 地址和目的主机的 IP 地址。

⑫ 可选字段：就是一个选项字段，用来支持排错、测量以及安全等措施，内容很丰富。选项字段的长度可变，从 1 个字节到 40 个字节不等，取决于所选择的项目。

⑬ 数据部分：就是指由传输层传递下来的上层数据。

1.5.4　ARP 协议

主机在发送数据时，需要在网络层封装目标主机的 IP 地址，还要在数据链路层封装目标主机的 MAC 地址。在网络层使用 IP 地址进行通信，而在数据链路层使用 MAC 地址通信，那么主机是如何实现 IP 地址与 MAC 地址的映射的呢？这要由 ARP 协议来实现。

◎ ARP 协议的工作原理

每一个主机都设有一个 ARP 高速缓存，里面有本局域网上的各个主机和路由器的 IP 地址到硬件地址的映射表。当主机 A 欲向本局域网上的某个主机 B 发送 IP 数据报时，就先在其 ARP 高速缓存中查看有无主机 B 的 IP 地址。如有，就可查出其对应的硬件地址，再将此硬件地址写入 MAC 帧，然后通过局域网将该 MAC 帧发往此硬件地址。如没有，可能是主机 B 才入网或者是其在主机 A 高速缓存中超过生存时间而被删除，也可能是主机 A 刚加电，其高速缓存是空的。在这种情况下，主机 A 按照以下步骤找出主机 B 的 MAC 地址：

① 主机 A 在本局域网上广播（一对多发送）发送一个 ARP 请求分组，该分组的主要内容是："我的 IP 地址是 211.0.0.8，MAC 地址是 00-00-C0-15-AD-E0，我想知道 IP 地址是 211.0.0.10 主机的 MAC 地址"。如图 1.61 所示。

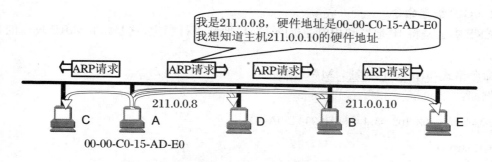

图 1.61　主机 A 广播发送 ARP 请求分组

② 在本局域网上的所有主机都能收到主机 A 发送的广播请求分组。而只有主机 B 向主机 A 单播发送（一对一发送）响应分组，并在响应分组中写上自己的 MAC 地址，其余所有主机都不响应主机 A 的请求，因为它们在主机 A 的请求分组中没有看到自己的 IP 地址。如图 1.62 所示。

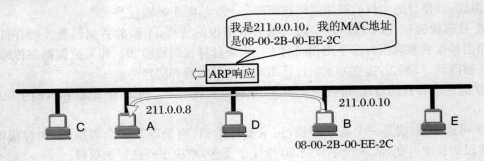

图 1.62　主机 B 向主机单播发送 ARP 响应分组

③ 主机 A 收到主机 B 的 ARP 响应分组后，就在其 ARP 高速缓存中写入主机 B 的 IP 地址到硬件地址的映射。

ARP 是解决同一个局域网上的主机或路由器的 IP 地址和硬件地址的映射问题。如果所要找的主机和源主机不在同一个局域网上，那么就要通过 ARP 找到一个位于本局域网上的某个路由器的硬件地址，然后把分组发送给这个路由器，让这个路由器把分组转发给下一个网络。剩下的工作就由下一个网络来做。

◎ Windows 操作系统提供的 ARP 命令

1. 查看 ARP 缓存命令
命令格式：arp -a。

例如：

c:\>arp -a

Interface：192.168.43.4 — 0x10003

Internet Address	Physical Address	Type
192.168.43.254	00-23-89-6d-10-ec	dynamic

c:\>_

2. ARP 绑定命令
ARP 绑定是将 IP 地址和相应主机的 MAC 地址进行绑定，这是防止 ARP 攻击的有效方法。

命令格式：arp -s IP 地址　MAC 地址。

例如：

c:\>arp -s 192.168.43.4　00-1E-90-7E-0A-6D

c:\>arp -a

Interface：192.168.43.4 — 0x10003

Internet Address	Physical Address	Type

| 192.168.43.4 | 00-1e-90-7e-0a-6d | static |
| 192.168.43.254 | 00-23-89-6d-10-ec | dynamic |

c:\>

其中,"static"表示静态绑定的 ARP 地址映射;"dynamic"表示动态学习到的 ARP 地址映射。静态绑定的映射一直存在,直到系统重启或者清除 ARP 缓存。动态的地址映射在生存期内如果没有收到任何该 MAC 地址主机的数据就自动删除。

3. 清除 ARP 缓存命令

命令格式:arp -d。

例如:

c:\>arp -a

Interface:192.168.43.4 — 0x10003

Internet Address	Physical Address	Type
192.168.43.4	00-1e-90-7e-0a-6d	static
192.168.43.254	00-23-89-6d-10-ec	dynamic

c:\>arp -d

c:\>arp -a

No ARP Entries Found

c:\>_

清除 ARP 缓存后,再查看 ARP 缓存会提示没有 ARP 条目了(即显示 No ARP Entries Found)。

1.5.5　ICMP 协议

作为网络管理员,必须要知道网络设备之间的连接状况,因此需要有一种机制来侦测或通知网络设备之间可能发生的各种情况,这就是 ICMP 协议的作用。ICMP(Internet Control Message Protocol)协议的全称是互联网控制信息协议,主要用在 IP 网络中发出控制信息,提供可能发生在通信环境中各种问题的反馈,管理员通过这些反馈信息就可以对发生的问题做出判断,然后采取适当的解决措施。

◎ ICMP 协议的主要功能

ICMP 是一个"错误侦测与回馈机制",是通过 IP 数据报封装的,用来发送错误和控制信息。其目的就是让网管员能够检测网络的连通状况。例如在图 1.63 中,当路由器收到一个不能被送达目的主机的数据报时,路由器就会向源主机发送一个目的主机不可达的信息。

ICMP 协议本身属于网络层的协议,因为传输 ICMP 报文的时候,要先封装网络层的 IP 头部,再交给数据链路层,也就是说 ICMP 报文对应网络层的数据。如图 1.64 所示。

◎ ICMP 的应用

在网络中 ICMP 协议的使用是通过各种命令来实现的。下面以 ping 命令为例,介绍 ping 命令的使用以及返回信息。

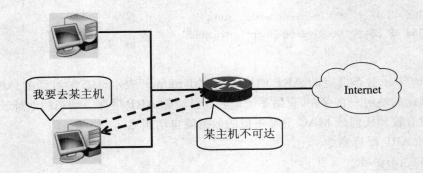

图 1.63　ICMP 的功能示意图

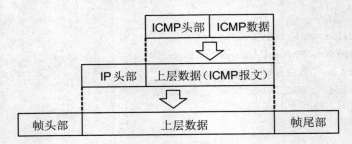

图 1.64　ICMP 的封装

ping 命令的基本格式：

c:\>ping　[-t]　[-l　字节数]　[-a]　[-i　TTL]　IP_Address target_name

其中，[　　]中的参数为可选参数。

1. 连通的应答

例如：

c:\>ping 192.168.43.254

Pinging 192.168.43.254 with 32 bytes of data：

Reply from 192.168.43.254：bytes＝32 time＝1ms TTL＝255

Reply from 192.168.43.254：bytes＝32 time＝1ms TTL＝255

Reply from 192.168.43.254：bytes＝32 time＝1ms TTL＝255

Reply from 192.168.43.254：bytes＝32 time＝1ms TTL＝255

Ping statistics for 192.168.43.254：

　　Packets：Sent＝4，Received＝4，Lost＝0(0% loss)，

Approximate round trip times in milli-seconds：

　　Minimum＝1ms，Maximum＝1ms，Average＝1ms

c:\>_

本例是从源主机向目标主机 192.168.43.254 共发送了 4 个 32 字节的数据 packets，从目标主机反馈回 4 个 32 字节的应答 packets，没有丢失，源主机和目标主机之间的连接正常。另外，可以根据 time 来判断两主机之间通信速度，time 值越小说明速度越快；如果发现 lost 的值不为 0，则可能是因为线路不好造成的丢包，要检查线路存在的问题；round trip time 表示来回时间，有最小值、最大值和平均值。

2．连接超时的应答

如果反馈信息为 Request time out，则表示在规定的时间内没有收到目标主机 192.168.4.5 反馈的应答信息。这说明本主机与目标主机之间不能通信。

例如：

c:\>ping 192.168.4.5

Pinging 192.168.4.5 with 32 bytes of data：

Request timed out.

Request timed out.

Request timed out.

Request timed out.

Ping statistics for 192.168.4.5：

　　Packets：Sent = 4，Received = 0，Lost = 4(100% loss)，

c:\>

3．连续向目标主机发送 ICMP 数据报

默认情况下，ping 命令只发送 4 个 packets，如果 ping 命令后面带上参数-t，系统将一直不停地 ping 下去，直到按"Ctrl + C"键，才能终止，用于调试故障或需进行持续连通性测试。

例如：

c:\>ping 192.168.43.254 -t

Pinging 192.168.43.254 with 32 bytes of data：

Reply from 192.168.43.254：bytes = 32 time = 1ms TTL = 255

Reply from 192.168.43.254：bytes = 32 time = 1ms TTL = 255

Reply from 192.168.43.254：bytes = 32 time = 1ms TTL = 255

Reply from 192.168.43.254：bytes = 32 time = 1ms TTL = 255

Ping statistics for 192.168.43.254：

　　Packets：Sent = 5，Received = 5，Lost = 0(0% loss)，

Approximate round trip times in milli-seconds：

　　Minimum = 1ms，Maximum = 1ms，Average = 1ms

Control-C

^C

c:\>

4．改变发送数据报的大小

默认情况下，ping 发送数据的大小为 32 个字节，有时为了检测大数据的通过情况，可以使用参数-l 改变发送数据的大小。比如把发送数据改为 2 000 个字节。

例如：

c:\>ping 192.168.43.254 -l 2000

Pinging 192.168.43.254 with 2000 bytes of data：

Reply from 192.168.43.254：bytes = 2000 time = 12ms TTL = 255

Reply from 192.168.43.254：bytes = 2000 time = 12ms TTL = 255

Reply from 192.168.43.254:bytes = 2000 time = 12ms TTL = 255

Reply from 192.168.43.254:bytes = 2000 time = 12ms TTL = 255

Ping statistics for 192.168.43.254:

    Packets: Sent = 4, Received = 4, Lost = 0(0% loss),

Approximate round trip times in milli-seconds:

    Minimum = 12ms, Maximum = 12ms, Average = 12ms

c:\>_

1.6　互联网接入方式

1.6.1　常见的互联网接入方式

1. 传统拨号接入方式

在宽带业务出现之前,普通用户接入互联网一般采用传统拨号的方式,即使用 56 kb/s 的 Modem 通过公共电话网接入互联网。传统拨号方式使用现有的电话线网络方便地接入互联网。但是,传统拨号接入仅提供 56 kb/s 的速率,并且在访问互联网时不能进行电话通信。目前,随着宽带技术的发展,使得传统拨号技术不得不退出市场。

2. ADSL 接入方式

ADSL(非对称用户数字线路)是目前使用最为广泛的互联网接入方式。ADSL 利用现有电话线网络,实现在一对电话线上提供宽带的数据传输服务,同时又不影响电话通信。如图 1.65 所示。

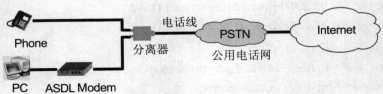

图 1.65　ADSL 接入互联网方式示意图

ADSL 主要具有以下特点:

① 高速传输。ADSL 能提供上、下行不对称的传输带宽,下行(用户下载)速率最高可达 8 Mb/s,上行(用户上传)速率最高可达 1 Mb/s,最大传输距离为 5 公里。

② 上网、打电话互不干扰。ADSL 的数据信号与电话音频信号互不干扰,可同时进行上网和打电话。

③ 安装快捷方便。无需另铺设线路,只需利用现有的用户电话线和电信提供的 ADSL Modem 即可。

④ 安全可靠。使用电话线网络,线路质量高,用户可独享带宽。

3. 无线接入方式

使用无线接入方式的最大优点是不受线路的影响,可以随时随地地接入互联网。但是,通信信号的强弱变化会影响数据传输速率。

4．光纤接入方式

相对于其他接入方式,光纤接入方式是一种快速、稳定、安全的互联网接入方式。如图1.66 所示。

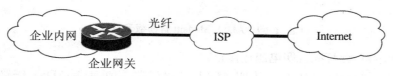

图 1.66　光纤接入互联网方式示意图

光纤接入方式主要具有以下特点:

① 高速传输。独享带宽,提供对称的上、下行速率,最高带宽可达 1 Gb/s 以上。

② 抗干扰能力强。由于传输信号是光信号,所以信号在传输过程中抗干扰能力强。

③ 传输距离远。由于光信号传输衰减较小,抗干扰能力强,所以传输距离远。

④ 价格较高,安装复杂。因为需要另外铺设光纤、添加光电转换设备,并且需要专门的安装连接设备,所以价格较高。

5．租用数字电路

ISP(互联网服务提供商)除了提供互联网接入业务外,还提供点到点、点到多点的电路租用业务。常见的数字电路租用服务是 SDH 数字电路租用,如图 1.67 所示。SDH 主要具有两点之间传输数据的安全性更强;提供高带宽,最高可以提供高达 10 Gb/s 的带宽;网络稳定性高,有冗余备份以减少故障率,抗干扰能力强等特点。

图 1.67　SDH 数字电路租用示意图

1.6.2　常见的 ADSL 设备

1．ADSL Modem

ADSL Modem 是 ADSL 的用户端接入设备,它将用户数据进行调制后在双绞线上进行传输,提供高速的 ADSL 上网服务。该设备的前面板指示灯和背面板接口分别如图 1.68 和图 1.69 所示。

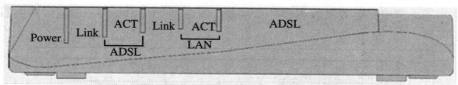

图 1.68　ADSL Modem 前面板示意图

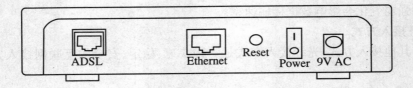

图 1.69　ADSL Modem 背面板示意图

Power 指示灯：此灯亮说明电源连接正常。

ADSL Link 指示灯：此灯常亮表明 ADSL 链路正常，闪烁表示 ADSL 链路正在激活。

ADSL ACT 指示灯：此灯闪烁表明 ADSL 链路有数据流量。

LAN Link 指示灯：此灯常亮说明以太网链路连接正常。

LAN ACT 指示灯：此灯闪烁表明以太网链路有流量，即 Modem 的以太网端口有流量。

ADSL 接口：用于连接 ADSL 电话线，连接分离器上的 Modem 口。

Ethernet 接口：用于连接到局域网或计算机。

Reser 按钮：Modem 复位键；一般为长按几秒，使设备恢复出厂设置。

Power 按钮：电源开关。

9V AC 接口：用于电源连接口（9 V 直流）。

2. ADSL 分离器

ADSL 分离器的作用是将 ADSL 电话线路中的高频数据信号和低频的电话语音信号分离，从而数据与语音在一根电话线上同时传输而互不干扰。ADSL 分离器通常只有 3 个接口：Line 接口用于插入进户用户线；Modem 接口用于连接 ADSL Modem 上 ADSL Line 接口；Phone 用于连接用户电话机。如图 1.70 所示。

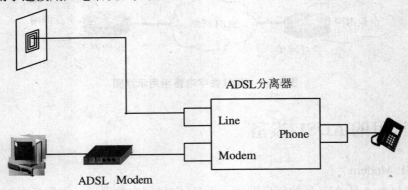

图 1.70　ADSL 分离器连接示意图

3. ADSL 宽带路由器

现在市场上宽带路由器品牌和型号非常多。现在以 TP-Link 的一款宽带路由器为例来介绍。宽带路由器的前面板指示灯和背面板的接口分别如图 1.71 和图 1.72 所示。

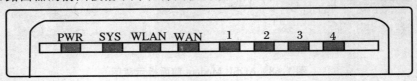

图 1.71　宽带路由器前面板的指示灯

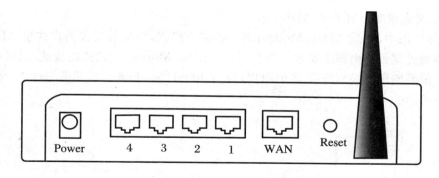

图 1.72　宽带路由器的背面板的接口

PWR 指示灯:电源指示灯。

SYS 指示灯:系统状态指示灯,常亮表示系统初始化,常灭表示系统故障,闪烁表示系统正常。

WLAN 指示灯:无线指示灯,常亮表示无线功能启用,常灭表示无线功能没有启用。

WAN 指示灯:广域网接口指示灯,常亮表示已经连接,闪烁表示端口上有流量传输。

1~4 指示灯:表示局域网接口指示灯,常亮说明连接正常,常灭说明没有连接,闪烁表示相应端口上有流量。

Power 接口用于连接电源;1~4 接口,是局域网接口,用于连接计算机或交换机;WAN 接口,是广域网接口,用于连接 ADSL Modem 的以太网口;Reset 是复位键,用于恢复出厂设置,天线用于无线信号收发。

1.6.2　ADSL 的接入方式

1. ISP 提供的 ADSL 接入服务

ISP 一般提供两种 ADSL 接入网络的服务,分别为 ADSL 专线方式和虚拟拨号方式。

（1）ADSL 专线接入方式

使用固定的公网 IP 地址,此 IP 地址为用户专用,并且对上网时间和流量没有限制,适用于小型企业接入互联网。其费用要比虚拟拨号贵。

（2）虚拟拨号接入方式

使用 ADSL 线路进行拨号上网,用户必须输入用户名和密码,进行身份验证。虚拟拨号方式使用动态分配的公网 IP 地址,即当用户拨号成功时会得到一个 IP 地址,当用户断开连接后,该 IP 地址将被收回留给其他拨号上网的用户使用,所以每一次上网使用的 IP 地址可能不一样。而且运营商可以对用户的上网时间、流量进行控制。虚拟拨号接入方式适用于家庭用户接入互联网。

2. ADSL 的组网方式

（1）个人用户使用虚拟拨号上网

大多数家庭都采用虚拟拨号方式上网。把计算机通过双绞线直接连接在 ADSL Modem设备的相应接口上,用户只要在计算机上通过操作系统自带的拨号软件进行操作,并输入用户名和密码即可连接互联网。

（2）使用宽带路由器共享 ADSL 上网

在实际应用中，如果 ADSL Modem 不支持路由模式，而又希望多用户共享 ADSL 线路上网，只能通过宽带路由器来实现。当然，如果 ADSL Modem 支持路由模式，也可以不用宽带路由器，但要使用交换机连接多个用户，因为 ADSL Modem 一般只有一个局域网接口。如图 1.73 所示。

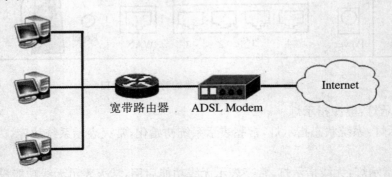

图 1.73　使用宽带路由器共享 ADSL 上网示意图

要按照宽带路由器的说明书对宽带路由器进行配置。首先，将一台 PC 连接到宽带路由器的局域网接口上，并配置该计算机的 IP 地址，使之与宽带路由器的 IP 地址（一般是192.168.1.1）处于同一个子网。其次，打开 IE 浏览器，在地址栏输入宽带路由器的 IP 地址（http://192.168.1.1），输入宽带路由器的用户名和密码（一般都为 admin），进入宽带路由器的管理配置页面。第三，配置 LAN 口设置，该项可以不改动；配置 WAN 口设置时，先选择 WAN 口类型：若是虚拟拨号就选择"PPPOE"类型，并输入上网账号和上网口令（由运营商提供）；若是 ADSL 专线就选择"静态 IP 地址"，并输入运营商提供的 IP 地址、子网掩码及DNS；若是不用拨号动态获得 IP 地址就选择"动态 IP"，只需要正常激活 ADSL Modem，并不需要配置。最后保存配置，重启宽带路由器即可。

1.7　WLAN 技术

1.7.1　WLAN 的概念

WLAN 是英文 Wireless Local Area Network（无线局域网）的缩写，指应用无线通信技术将计算机设备互联起来，构成可以相互通信和实现资源共享的网络体系。是有线联网方式的重要补充和延伸，并逐渐成为计算机网络中一个至关重要的组成部分。如图 1.74所示。

WLAN 通过 AP（Access Point，接入点）上联到交换机，下联到终端设备（电脑、手机等）。上联时是通过网线或者是光纤进行的光电信号的传输。而下联终端时，就是通过无线电波进行的信号传输。WLAN 的好处在于：联网自由，架网经济，使用方便，效率高，可以给有线网做个补充，而且还可以与有线网络环境互为备份。

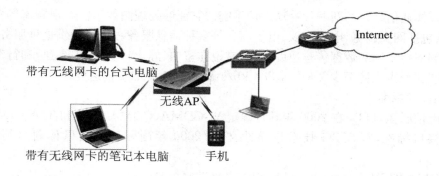

图 1.74　WLAN 在网络中连接

1.7.2　与 WLAN 相关的无线网络技术

1. 蓝牙技术

蓝牙是一种支持设备短距离通信的无线电技术，能在包括移动电话、PDA、无线耳机、笔记本电脑、相关外设等众多设备之间进行无线信息交换。比如手机之间互传通讯录、歌曲等。相对于 WLAN 更具移动性，更加便捷。但是该技术只支持近距离传输，最大传输距离为 10 m，带宽可达 1 Mb/s。

蓝牙技术最初由爱立信公司提出，1999 年索爱连同 IBM、Intel、诺基亚等业界巨头创立了 BSIG（蓝牙兴趣小组）。制定蓝牙技术标准。当时由于该项技术被无偿转让给世界而得到迅猛发展，有 2 000 多家企业加盟并在自己的产品中应用该项技术。IEEE 也成立了 IEEE 802.15 小组负责研究基于蓝牙的 PAN（个人局域网）技术。

蓝牙网络一般由主设备和从设备组成，主设备是主动提出通信要求的设备，从设备被动进行通信的设备。现在的规范允许 7 个从设备和 1 个主设备同时进行通信，从设备之间的通信是通过主设备转发来实现的。蓝牙网络不像 WLAN 必须配备一个无线接入点（AP）设备来作为其他无线设备通信的中继点，而是直接使用主设备作为无线网络的中继点。

2. WiFi 技术

WiFi（Wireless Fidelity，无线保真）技术是一个基于 IEEE 802.11 系列标准的无线网路通信技术的品牌。目的是改善基于 IEEE 802.11 标准的无线网路产品之间的互通性，由 Wi-Fi 联盟（Wi-Fi Alliance）所持有，简单来说，WiFi 就是一种无线联网的技术，以前通过网络连接电脑，而现在则是通过无线电波来联网。

因为 WiFi 主要采用 802.11b 标准，因此人们逐渐习惯用 WiFi 来称呼 802.11b 标准。从包含关系上来说，WiFi 是 WLAN 的一个标准，WiFi 包含于 WLAN 中，属于采用 WLAN 协议中的一项新技术。与蓝牙一样，同属于在办公室和家庭中使用的短距离无线技术。虽然在数据安全性方面，该技术比蓝牙技术要差一些，但是在电波的覆盖范围方面则要略胜一筹。WiFi 的覆盖范围则可达 300 英尺左右（约合 90 米），办公室更不用说，就是在小一点的整栋大楼中也可使用。

3. 3G 技术

3G 是英文 3rd Generation 的缩写，指第三代移动通信技术。相对第一代模拟制式手机（1G）和第二代 GSM、TDMA 等数字手机（2G），第三代手机一般是指将无线通信与国际互联网等多媒体通信结合的新一代移动通信系统。它能够处理图像、音乐、视频流等多种媒体形式,提供包括网页浏览、电话会议、电子商务等多种信息服务。为了提供这种服务,无线网络必须能够支持不同的数据传输速度,也就是说在室内(静止)、室外(中高速)和行车(高速)的环境中能够分别支持至少 2 Mb/s、384 kb/s 及 144 kb/s 的传输速度。

3G 的技术标准:

国际电信联盟(ITU)在 2000 年 5 月确定 W-CDMA、CDMA 2000 和 TDS-CDMA 三大主流无线接口标准,写入 3G 技术指导性文件《2000 年国际移动通讯计划》(简称 IMT-2000)。

W-CDMA 即 Wideband CDMA,也称为 CDMA Direct Spread,其支持者主要是以 GSM 系统为主的欧洲厂商,日本公司也参与其中,包括欧美的爱立信、阿尔卡特、诺基亚、朗讯、北电,以及日本的 NTT、富士通、夏普等厂商。而在 GSM 系统相当普及的亚洲对这套新技术的接受度相当高。因此 W-CDMA 具有先天的市场优势。

CDMA 2000 也称为 CDMA Multi-Carrier,由美国高通北美公司为主导提出,摩托罗拉、Lucent 和后来加入的韩国三星都有参与,韩国现在成为该标准的主导者。这套系统是从窄频 CDMA 标准衍生出来的。目前使用 CDMA 的地区只有日、韩和北美,所以 CDMA 2000 的支持者不如 W-CDMA 的多。

TD-SCDMA 该标准是由中国大陆独自制定的 3G 标准,1999 年 6 月 29 日,中国原邮电部电信科学技术研究院(大唐电信)向 ITU 提出。该技术具有低辐射的特点,被誉为绿色 3G。由于中国内的庞大的市场,该标准受到各大主要电信设备厂商的重视,全球一半以上的设备厂商都宣布可以支持 TD-SCDMA 标准。

4. 4G 技术

4G 是第四代移动通信及其技术的简称,是集 3G 与 WLAN 于一体并能够传输高质量视频图像(图像传输质量与高清电视不相上下)的技术产品。4G 系统能够以 100 Mb/s 的速度下载,上传的速度也能达到 20 Mb/s,并能够满足几乎所有用户对无线服务的要求。尽管第三代移动通信系统也能实现各种多媒体通信,但未来的 4G 通信能满足第三代移动通信尚不能达到的在覆盖范围、通信质量、造价上支持的高速数据和高分辨率多媒体服务的需要,第四代移动通信系统提供的无线多媒体通信服务将包括语音、数据、影像等大量信息透过宽频的信道传送出去,为此第四代移动通信系统也称为"多媒体移动通信"。

1.7.3　WLAN 部署

◎ 无线 AP 的部署

无线 AP 是一个与有线网络进行连接的设备,它可以充当交换机的功能将无线网络接入到有线网络中。Cisco、华为、H3C 都有相应的无线 AP 设备,但价格较高,而 TP-Link、D-Link、腾达等虽然在质量和功能方面稍逊一筹,但有价格优势。在部署无线 AP 时应该考虑以下几个因素。

1. 无线 AP 支持的标准

WLAN 常用的标准主要有:802.11a、802.11b、802.11g、802.11n。目前绝大多数的无线设备都支持 802.11b 和 802.11g,而 802.11a 已基本被淘汰。虽然支持 802.11n 的设备还没有成为市场的主流,而且支持的 802.11n 的设备价格很高,但由于它的传输速率、稳定性和兼容性方面的优势,相信 802.11n 的设备将很快取代其他产品而占领市场。

2. 环境因素

(1) 无线 AP 的覆盖范围

由于无线 AP 支持的标准和设备的功率不同,传输距离也不同,传输速率会随传输距离的增大而递减。例如 108 Mb/s 的 802.11g + 的设备在 3 m 范围内且无障碍物,其速率最高达 108 Mb/s,如果增大距离,它会自动降为 54 Mb/s,11 Mb/s 甚至到 1 Mb/s 左右。所以,一般认为,室内传输距离控制在 30 m,室外控制在 100 m(无障碍物阻挡),传输质量是可以保障的。

(2) 障碍物

无线 AP 在受到障碍物阻挡时传输距离会减少。一般来说,当 AP 和终端被水泥墙隔开时,AP 的传输距离将小于 5 m;当 AP 和终端被木板墙或者玻璃墙隔开时,AP 的传输距离将小于 15 m。

(3) 安装位置

无线 AP 最好安装在所有终端设备的中央高处位置(例如天花板上),如果面积太大或者接入终端数量较多,可以考虑安装两个 AP 或多个 AP,但应高处对角安装,还要考虑两个 AP 之间的距离,以避免相互干扰而无法通信。一般来说,相邻两个 AP 的频段相同时,应间隔 25 m;当相邻的两个 AP 的频段相邻时,应间隔 16 m;当相邻的两个 AP 的频段相隔时,应间隔 12 m。

3. 外界干扰

在室内环境中,干扰源不会太多,典型的有微波炉、空调以及大功率的电子设备。安装的 AP 应至少远离干扰源 2 m 以上。

◎ 无线 AP 的配置

1. 登录无线 AP

首先,将一台 PC 连接到宽带路由器的局域网接口上,并配置该计算机的 IP 地址,使之与无线 AP 的 IP 地址(一般是 192.168.1.1)处于同一个子网。其次,打开 IE 浏览器,在地址栏输入 AP 的 IP 地址(http://192.168.1.1),输入登录用户名和密码(一般都为 admin),进入 AP 的管理配置页面,设置 LAN 口 IP 地址使之不与 WLAN 中其他设备的 IP 地址冲突。

2. 设置登录用户名和密码

修改默认的登录用户名和密码。

3. 设置 SSID

SSID(Service Set Identifier,服务集标识)可以被认为是 WALN 的名字标识,是无线网络最基本的身份识别机制。如果同一区域内其他 WLAN 中有相同厂商的无线 AP,默认它们的 SSID 是相同的,这样客户端可能会连接到其他的 WLAN 上,为无线网络的通信带来不便。但对于同一个 WLAN 中的多个 AP,它们的 SSID 必须设置相同。

4. 保存设置

配置完成后,单击下方的“保存”按钮。设备将重新启动。

除此之外,为了 WALN 的安全性,最好进行用户密钥的设置和 MAC 地址的绑定。

实训 1　小型办公网络的组建

1．实训目的
① 掌握双绞线的连接头制作。
② 了解主机与交换机的连接。
③ 掌握简单星形拓扑网络的组建。

2．实训设备
双绞线、水晶头、交换机、计算机、压线钳、测线仪。

3．网络结构图
小型办公网络的结构图如图 1.75 所示。

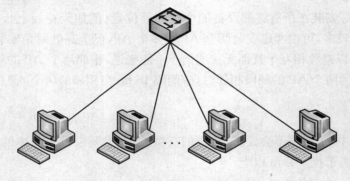

图 1.75　小型办公网络结构图

4．实训步骤
实训时,20 人分为一组。
① 每人制作一根双绞线(直通法)。
② 分别测试每人所制作的双绞线的连通性。
③ 按照图 1.75 所示把计算机与交换机进行连接。

实训 2　IP 地址配置

1．实训目的
① 熟练掌握配置主机的 IP 地址和子网掩码的方法。
② 熟悉 ping 命令和 ipconfig 命令的使用。

2．实训条件
"实训 1"组建的小型办公网络环境。

3．实训步骤
实训时,20 人分为一组。

　　① 每人启动自己的计算机。

　　② 在桌面上右击"网上邻居"并选择"属性",打开"网络连接"对话框。

　　③ 右击"本地连接"图标并选择"属性",打开"本地连接属性"对话框。

　　④ 在"本地连接属性"对话框中,从"此连接使用下列项目"栏中选择"Internet 协议(TCP/IP)",然后单击"属性"按钮。

　　⑤ 在"Internet 协议(TCP/IP)属性"对话框中,选择"使用下面的 IP 地址"选项,可以设置此连接的 IP 地址、子网掩码等各项内容(见图 1.76)。

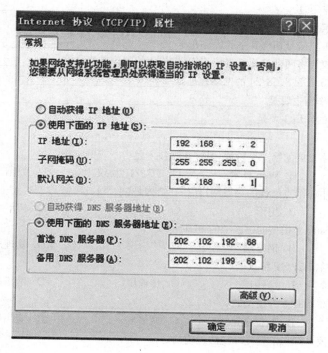

图 1.76　TCP/IP 属性对话框

　　说明:

　　① IP 地址是指手动分配的 IP 地址(按计算机编号,每个学生可以设置的 IP 地址从192.168.1.2~192.168.1.22)。

　　② 子网掩码的分配要和 IP 地址配套,以标识当前 IP 地址所属的子网。

　　③ 默认网关。如果本计算机与本子网的计算机通信,默认网关就无需设置(本实训就不需要设置此项)。当本计算机和其他网络通信时就必须设置默认网关的 IP 地址,通常设为和本子网相连的路由器端口的 IP 地址。

　　⑥ 每个学生在自己计算机上进入命令模式,然后用 ping 命令 ping 其他计算机的 IP 地址,观察命令执行结果。再执行 ipconfig 命令,ipconfig 命令用于查看本计算机的 IP 地址、子网掩码和默认网关的信息,如用 ipconfig/all 命令,则可以查看更多的信息。

习题

1. 填空题

(1) 计算机网络提供的共享资源包括_____ 、_____和_____。

(2) 按覆盖地理范围进行分类,计算机网络分为_____ 、_____ 、_____ 、_____。

(3) 计算机网络的拓扑结构主要有_____、_____、_____、_____。

(4) 子网掩码的作用是_____。

(5) 网络协议的三要素是_____、_____、_____。

(6) 数字信号与模拟信号相比其主要优势在于_____。

(7) 如果使用双绞线将两台计算机直接相连,应使用的制作方法是_____。

(8) IP 地址为 125.199.8.68/24 的网络地址是_____。

(9) ARP 协议的作用主要是_____。

(10) ICMP 协议的作用主要是_____。

2. 选择题

(1) 在计算机网络发展的第二个阶段,其标志性技术是(　　)的实现。

A. 三网融合   B. Web 技术   C. TCP/IP 协议   D. 数据交换技术

(2) 以交换机为中心结点组建的局域网,其拓扑结构是(　　)。

A. 环形   B. 星形   C. 总线型   D. 树形

(3) 数据帧是 OSI 参考模型的(　　)的 PDU。

A. 数据链路层   B. 网络层   C. 传输层   D. 物理层

(4) 路由器工作在 TCP/IP 协议的(　　)。

A. 物理层   B. 应用层   C. 传输层   D. 网络层

(5) 交换机工作在 OSI 参考模型的(　　)。

A. 传输层   B. 数据链路层   C. 网络层   D. 应用层

(6) 下列关于多模光纤与单模光纤说法正确的是(　　)。

A. 单模光纤的纤芯较粗

B. 多模光纤的光源质量好

C. 单模光纤传输损耗较少,传输效率较高

D. 多模光纤的价格高于单模光纤

(7) IP 地址共分五类,其中地址掩码长度为 24 位的是(　　)。

A. A 类   B. B 类   C. C 类   D. D 类

(8) 当电脑不能访问某文件服务器,ping 该文件服务器的地址 172.16.8.76。发现返回的信息是: Destination host unreachable,可能的原因是(　　)。

A. 网线断了   B. DNS 设置错误

C. 文件服务器有问题   D. 子网掩码设置错误

(9) 关于 ADSL 宽带路由器的配置错误的是(　　)。

A. 不同厂商的设备初始管理 IP 地址可能不同

B. LAN 口连接内网,WAN 口连接外网

C. PPPoE 提供一种身份验证机制,用户需要正确输入用户名和密码才能访问网络

D. 一般公司会通过 DHCP 服务为打印服务器提供 IP 地址

(10) 部署无线 AP 时需要考虑的环境因素是(　　)。

A. 覆盖范围   B. 障碍物的阻挡   C. 安装位置   D. 外界干扰

第2章 Windows Server 2008 服务器

 本章导读

通过第1章讲解的局域网基础知识,我们可以完成局域网的物理连接。下面将学习安装在计算机硬件上的第一个基本系统软件:操作系统(Operating System,OS)。目前广泛使用的网络操作系统包括 Windows Server 和 UNIX/Linux 等。本章讲解 Windows 中的 Windows Server 2008 系统。

在本章的学习中,要了解网络操作系统的相关知识。理解网络操作系统的作用与功能,是设计、部署和管理网络系统的基础。微软目前使用的网络操作系统是 Windows Server 系列。其中,Windows Server 2008 系统完全基于64位技术,在性能和管理方面的整体优势明显,虚拟化技术能够使组织最大限度实现硬件的利用率,合并工作量并节约管理成本。

通过本章内容的学习,要求能够在 Windows Server 2008 上搭建网络,实现 DHCP、DNS、WWW 和 FTP 服务等功能。

 本章要点

➢ Windows Server 2008 简介;
➢ 虚拟机 VMWare 的使用;
➢ Windows Server 2008 的安装和基本配置;
➢ Windows Server 2008 中的域、活动目录、组的概念和关系;
➢ Windows Server 2008 中 DHCP 服务器、DNS 服务器、Web 服务器、FTP 服务器的配置。

2.1 Windows Server 2008 简介

2.1.1 网络操作系统

网络操作系统(Network Operating System,NOS)是构建网络服务、实施网络资源管理的核心。目前,能够提供各种 Internet 标准服务平台的网络操作系统日趋完善。微软的 Windows 系统和 UNIX/Linux 系统都推出了面向构建网络服务平台的多个版本。

1. 网络操作系统的定义

网络操作系统运行于网络中的服务器(特定的计算机)上,提供网络应用服务、管理网络软件资源,并指挥和监控网络系统应用,是运行于网络用户与计算机网络之间的接口。

网络操作系统最主要的特征是运行于服务器上,用于构建网络服务平台。

2. 网络操作系统的任务

网络操作系统是计算机网络应用的核心,它管理网络的硬件和软件资源,支持网络通信和资源共享。

3. 常见网络操作系统

(1) NetWare

20 世纪 80 年代初,人们普遍需要一种能够提供"共享文件存取"和"共享打印"功能的服务器,使多台 PC 通过局域网同文件服务器连接起来,共享大硬盘和打印机。

1983 年,Novell 公司推出了 NetWare 局域网操作系统。之后 Novell 公司不断推出功能增强的 NetWare 版本。目前,Novell 公司产品线已转向 Linux 操作系统。

(2) Microsoft Windows NT/2000/2003/2008

1996 年微软公司推出了 Windows NT 4.0 版本。

2000 年微软公司推出了 Windows 2000,包括专业版 Windows Professional 2000 和服务器版 Windows Server 2000。

2003 年微软公司推出了 Windows Server 2003。

2008 年微软公司推出了 Windows Server 2008。

2009 年微软公司推出了 Windows Server 2008 R2。

微软公司的网络操作系统主要面向应用处理领域,特别适合于 C/S 模式。

(3) UNIX/Linux

UNIX 操作系统是一个通用的、交互作用的分时操作系统。

Linux 是一种能够在 PC 上执行类似 UNIX 的操作系统。它是一个完全免费的操作系统,用户可以在网络上下载、复制和使用,源代码也完全公开,用户也可以任意开发和修改。Linux 提供了一个稳定、完整、多用户、多任务和多进程的运行环境。该系统的使用将在本书的第 3 章中详细讲解。

2.1.2 Windows Server 2008 家族

Windows Server 系列是微软公司推出的面向服务器的操作系统。Windows Server 2008 继承于 Windows Server 2003,集成了更多的、功能完善的网络服务组件。根据各种规模的企业对服务器的不同需求,Windows Server 2008 家族发行了多种版本,主要包括以下 5 种。

1. Windows Server 2008 标准版

Windows Server 2008 Standard Edition 具备主流服务器所拥有的功能,具有更好的服务器控制能力并简化设定和管理工作,能节省时间、降低成本,是迄今最稳固的 Windows Server 操作系统,内置强化的 Web 和虚拟化功能。

2. Windows Server 2008 企业版

Windows Server 2008 Enterprise Edition 能够提供更高的可用性和可靠性。它提供企业级的平台,部署企业关键应用,能为高度动态、可扩充的 IT 基础架构提供良好的基础,具备群集和热添加处理器功能。

3．Windows Server 2008 数据中心版

Windows Server 2008 Datacenter Edition 提供的企业级平台，可在小型和大型服务器上部署企业关键应用及大规模的虚拟化，具备群集和动态硬件分割功能。此版本可支持2～64 颗处理器。

4．Windows Server 2008 Web 版

Windows Server 2008 Web Edition 是特别为单一用途的 Web 服务器而设计的，整合了重新设计架构的 IIS7.0、ASP.NET 和 Microsoft Net Framework。

5．基于安腾系统的 Windows Server 2008 版

Windows Server 2008 for Itanium-Based System Edition 用于高端应用，针对大型数据库、各种企业和自订应用程序进行优化，提供高可用性和多达 64 颗处理器的可扩充性。

Windows Server 2008 另外还有 3 个不支持 Windows Server Hyper-V 技术的版本，即 Windows Server 2008 Standard without Hyper-V、Windows Server 2008 Enterprise without Hyper-V、Windows Server 2008 Datacenter without Hyper-V。

提示　Hyper-V 是微软提出的一种系统管理程序虚拟化技术，能够实现桌面虚拟化。Hyper-V 设计的目的是为具有不同需求的用户提供更为熟悉以及成本效益更高的虚拟化基础设施软件，以降低运作成本、提高硬件利用率、优化基础设施并提高服务器的可用性。

微软公司于 2009 年 10 月发布了 Windows Server 2008 R2，它采用的内核是 Windows NT6.1，它是基于 Windows 7 的服务器操作系统，只有 64 位版。而我们学习的 Windows Server 2008 内核是 Windows NT6.0，它是基于 Windows Vista 的服务器操作系统，有 32 位和 64 位两个版本。

提示　Windows Server 2008 R2 并不是 2008 的升级版。

Windows Server 2008 的不同版本的主要差别可参照表 2.1 所示。

表 2.1　Windows Server 2008 不同版本的主要差别

功能/版本	标准版	企业版	数据中心版	Web 版	Itanium 版
支持的 CPU 个数	4	8	64	4	64
IIS7.0（Web）	支持				
Server Manager	支持				
Server Core	支持			不支持	
Hyper-V	支持			不支持	
虚拟机个数	1	不支持	无限制	不支持	
NAP（网络访问保护）	支持			不支持	
Remote APP	支持			不支持	
Active Directory	支持			不支持	
DHCP Server	支持			不支持	
DNS Server	支持			不支持	

2.1.3　虚拟机 VMWare 的使用

1．虚拟机的特点

虚拟机是通过软件来模拟计算机软、硬件环境的一种技术。使用虚拟机可以方便网络

操作系统的学习。在教学中,根据实验环境,在一台计算机(宿主计算机)上模拟出若干台计算机,即虚拟计算机。这样在一台计算机上就能同时运行多个操作系统,且虚拟机之间互不干扰。当然,宿主计算机的硬件配置最好比较高,如具有高主频 CPU、大容量内存、大容量磁盘等。通过构建多个服务器架构,模拟分布式部署,可以验证所学知识。

注意　虚拟机系统与真正的多系统环境不同。

多系统环境支持多系统启动,但在一个时刻只能运行一个系统,在系统切换时需要重启机器。虚拟机中的多个操作系统相当于标准应用程序。每个操作系统都可以进行虚拟的分区、配置,也可以通过(虚拟)网卡将几台虚拟机连接为一个局域网。虚拟机中发生问题时不会影响主系统中的数据。具体比较参照表 2.2。

表 2.2　虚拟机与多操作系统比较

比较	虚拟机	多操作系统
运行	一次可以同时运行多个系统	一次只能运行一个系统
系统间切换	直接切换	需要关闭一个后重启进入另一个
硬盘数据	操作不影响宿主计算机数据	有影响
组网	多系统之间可以通过虚拟网卡实现网络互联——组成局域网	不能组网

2. VMware 软件

VMware 是常用的一种虚拟机软件,用户可以通过它在一台 VMware 虚拟机中同时运行多个不同的操作系统。安装 VMware 软件比较简单,这里不做介绍。

VMWare 具有以下一些特性:

① 支持的客户操作系统包括 MS-DOS、Win3.1、Win9x/Me、WinNT、Win2000、WinXP、Win2003、Win2008、Win7、Win8、Linux、FreeBSD、NetWare6、Solaris x86 等。

② VMWare 模拟出来的硬件包括主板、内存、硬盘(IDE 和 SCSI)、DVD/CD-ROM、软驱、网卡、声卡、串口、并口和 USB 口,但不包括显卡。VMWare 模拟出来的硬件型号是固定的,与宿主操作系统的实际硬件无关。例如,在一台机器里用 VMWare 安装了 Linux,可以把安装的整个文件夹复制到其他安装有 VMWare 的机器里运行,不必重新安装。

③ VMWare 支持使用“.iso”文件作为光盘,从网上下载相关文件后,不需刻盘,可直接安装。

④ VMWare 有多种网络设置方式。

参照图 2.174,可以看到网络设置有 4 种方式。

(a) 桥接(Bridged 模式)。将虚拟主机系统的 IP 地址设置成与宿主操作系统在同一网段,这样虚拟主机相当于网络内的一台独立的机器,网络内其他机器可访问虚拟主机,虚拟主机也可访问网络内其他机器。注意,需要手工为虚拟系统配置 IP 地址、子网掩码。如果想利用 VMware 在局域网内新建一个虚拟服务器,为局域网用户提供网络服务,就应该选择桥接模式。

(b) NAT(网络地址转换模式)。NAT 模式是让虚拟系统借助 NAT 功能,通过宿主机器所在的网络来访问公网。在 NAT 模式下,虚拟系统的 TCP/IP 配置信息是由 VMnet8

（NAT）虚拟网络的 DHCP 服务器提供的，无法进行手工修改，因此虚拟系统无法和本局域网中的其他真实主机通信。

如果想利用 VMware 安装一个新的虚拟系统，在虚拟系统中不用进行任何手工配置就能直接访问互联网，建议采用 NAT 模式。

注意 在 NAT 方式下，可以实现宿主主机与虚拟主机的双向访问，但网络内其他机器不能访问虚拟主机，虚拟主机可通过宿主主机使用 NAT 协议访问网络内其他主机。

（c）Host-only（仅主机模式）。针对某些特殊的网络调试环境要求，需要将真实环境和虚拟环境隔离开，这时可采用 Host-only 模式。在该模式中，所有的虚拟系统可以相互通信，但虚拟系统和真实的网络是被隔离开的。

注意 虚拟系统的 TCP/IP 配置信息是由 VMnet1（Host-only）虚拟网络的 DHCP 服务器来动态分配的。

（d）Custom（自定义模式）。这是一个特殊的网卡，可以根据需要进行网络定制。其中，VMnet0 同桥接模式，VMnet1 同 Host-only 模式，VMnet2～VMnet7 和 VMnet9 用于定制网络，VMnet8 同 NAT 模式。

⑤ 虚拟机工具 VMWare-Tools 用于增强虚拟主机的显示和鼠标功能。安装虚拟主机操作系统时，VMWare 的状态栏会提示是否安装 VMware-Tools。

3. VMware 的使用

下面在 VMware Workstation 7.1 中文版虚拟软件环境下，以 Windows Server 2008 为例讲解在 VMware 上安装虚拟机的一般步骤。

启动 VMware 软件。选择"文件→新建→虚拟机"。在弹出的"新建虚拟机向导"选择"自定义（高级）"。之后选择虚拟机软件的版本和安装方式。再选择要安装的虚拟机系统，确定虚拟机名称与安装路径，设置 CPU 的个数、虚拟机内存的大小、网络方式、硬盘类型和大小、虚拟机文件名称等。具体参照图 2.1 中的小图及方框部分的说明，最后点击"完成"即可。

(a)

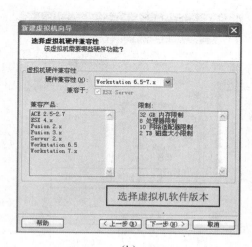

(b)

图 2.1 虚拟机中安装 Windows Server 2008 的前期设置过程

安装客户机操作系统
虚拟机就像物理计算机，它需要一个操作系统。你将如何安装客户机操作系统？

安装从：
○ 安装盘 (D)：
　选择"我以后再安装操作系统"
○ 安装盘镜像文件 (iso) (M)：
　D:\Program Files\vmware\windows.iso　　浏览 (R)...
⊙ 我以后再安装操作系统 (S)。
　创建一个虚拟空白硬盘。

(c)

选择一个客户机操作系统
哪个操作系统将安装到该虚拟机上？

客户机操作系统
⊙ Microsoft Windows
○ Linux
○ Novell NetWare
○ Sun Solaris　　选择要安装的操作系统版本
○ VMware ESX
○ 其他

版本 (V)：
Windows Server 2008
Windows 7
Windows 7 x64
Windows Vista
Windows Vista x64 Edition
Windows XP Home Edition
Windows XP Professional
Windows XP Professional x64 Edition
Windows 2000 Professional
Windows NT
Windows Server 2008 R2 x64
Windows Server 2008
Windows Server 2008 x64
Windows Server 2003 Standard Edition

(d)

命名虚拟机
你想要该此虚拟机使用什么名称？

虚拟机名称 (V)：
Win Server 2008
位置 (L)：
D:\vm2008\1　　浏览 (R)...
可以通过"编辑 > 参数"菜单来改变默认位置。

设置虚拟机名称与安装路径

(e)

处理器配置
指定该虚拟机处理器数量。

处理器
处理器数量 (P)：　　2
每个处理器内核数 (C)：　　1
处理器总核数　　2

设置CPU的数量和内核数

(f)

虚拟机内存
你想要该虚拟机使用多少内存？

请指定为该虚拟机分配的内存大小。该内存大小值必须是 4 MB 的倍数。

32 GB
16 GB
8 GB
4 GB
2 GB
1 GB
512 MB
256 MB
128 MB
64 MB
32 MB
16 MB
8 MB
4 MB

该虚拟机内存 (M)：　　1024　MB

▲ 推荐的最大内存：
　2892 MB

◁ 推荐内存：
　1024 MB

□ 推荐的最小内存：
　768 MB

设置虚拟机的内存大小

（g）

网络类型
你想要添加哪种类型的网络？

网络连接
○ 使用桥接网络 (R)
　允许客户机操作系统直接访问一个外部以太网网络。在外部网络中，客户机必须拥有自己的 IP 地址。
⊙ 使用网络地址翻译 (NAT) (E)
　允许客户机操作系统使用主机的 IP 地址访问主机电脑的拨号或外部以太网络连接。
○ 使用 Host-only 网络 (H)
　使用一个私有的虚拟网络将客户机操作系统与主机电脑进行连接。
○ 不使用网络连接 (T)

设置虚拟机的网络类型

（h）

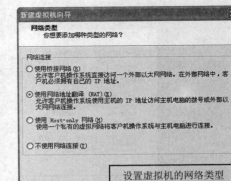

续图 2.1　虚拟机中安装 Windows Server 2008 的前期设置过程

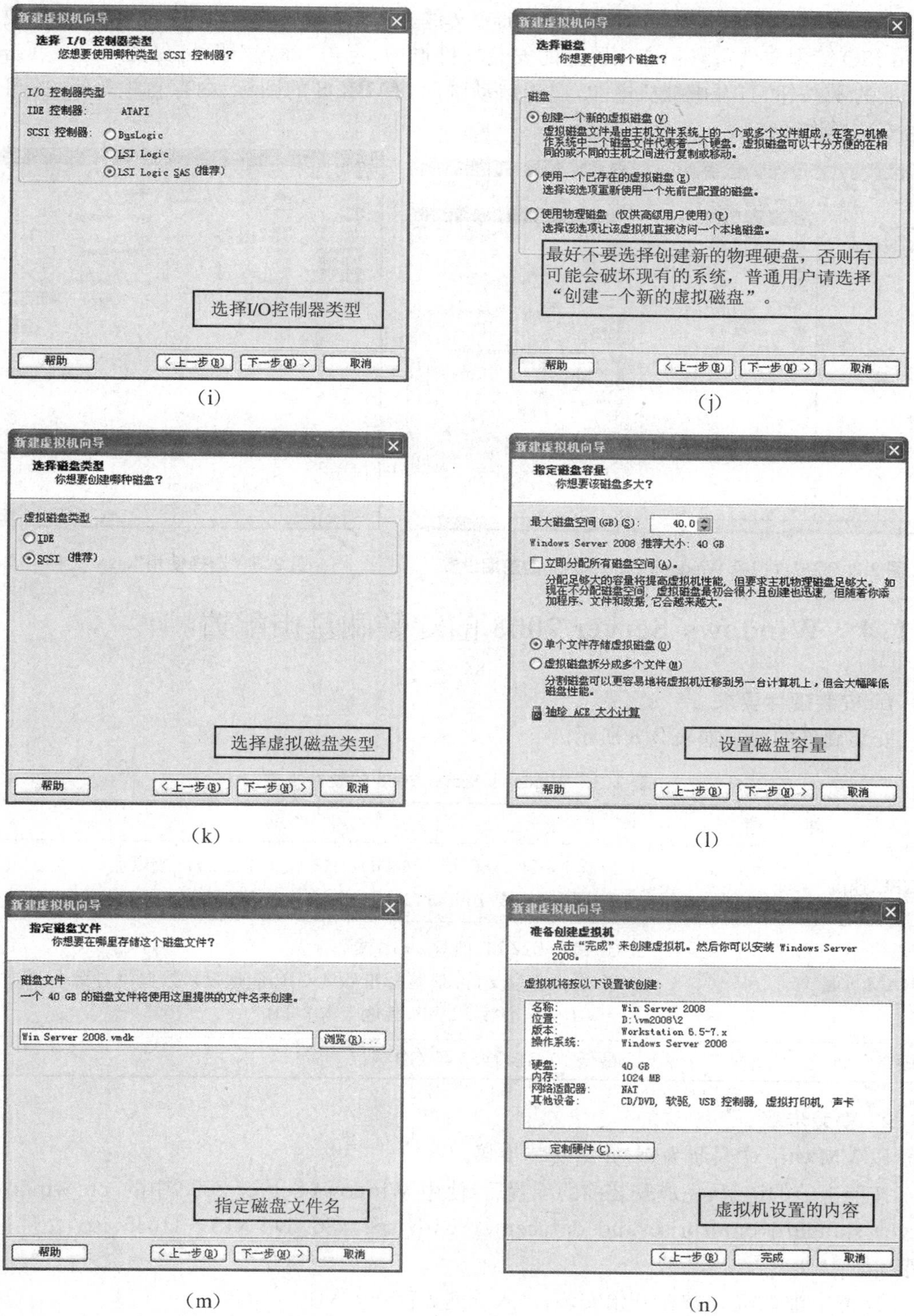

续图 2.1　虚拟机中安装 Windows Server 2008 的前期设置过程

安装新系统前,要准备启动光盘或".iso"文件。在图2.2中双击"CD-ROM",选择使用"使用 ISO 镜像文件",将相应位置上的安装文件选中,点击"确定"即可,见图2.3。点击工具栏上的 ▷ 按钮,打开虚拟机电源,出现启动画面,有 BIOS 的图标、内存自检等,至此可以开始安装操作系统。

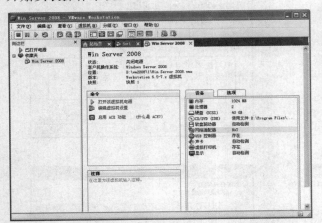

图2.2　完成虚拟机 Windows Server 2008 的前期设置

图2.3　选择使用".iso"文件

2.1.4　Windows Server 2008 的安装和基本配置

1. 安装硬件要求
安装硬件的要求如表2.3所示。

表2.3　Windows Server 2008 的硬件要求

硬　件	需　求
CPU 速度	最低 1 GHz(x86)或 1.4 GHz(x64),推荐 2 GHz 或以上 安腾版则需要 Itanium 2
RAM 容量	① 最小 512 M,推荐 2 GB 或以上。 ② 最大容量支持:32 位标准版 4 GB、企业版和数据中心版 64 GB; 　64 位标准版 32 GB,其他版本 2 TB
硬盘空间	最低 10 GB,推荐 40 GB 或以上

2. 安装步骤
以 VMware 中安装为例,介绍安装步骤。

按照上节的讲解,完成安装前的配置后,使用 Windows Server 2008 中的[cn_windows_server_standard_enterprise_and_datacenter_with_sp2_x86_dvd_x15－41045.iso]文件进行安装。

① 点击虚拟机 ▷ 按钮开始安装,进入欢迎界面。

② 根据提示,按图2.4的步骤进行操作系统的安装,注意图中方框内的说明。

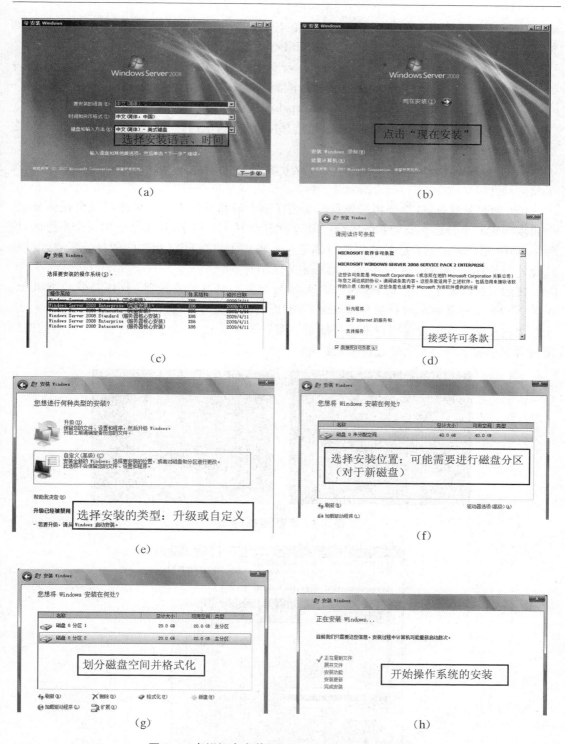

图 2.4　虚拟机中安装 Windows Server 2008 的过程

可以根据需要选择要安装的操作系统，注意区分。

（a）完全安装：传统的 Windows 安装模式，安装图形用户界面。

（b）核心安装：这是微软推出的革命性功能部件，不具备图形界面，采用纯命令行的模式,减小了受攻击面和对硬件资源的消耗。在 Server Core 中,操作都依靠命令来实现,例如打开注册表,需要使用命令"C:\Users\Administrator＞regedit"。关机和重启需要使用命令"C:\Users\Administrator＞shutdown /i"。若安装了图形用户界面,可通过"开始→运行→cmd",打开 cmd 窗口,输入上面的命令进行检测,如图 2.6 所示。

这里选择"Windows Server 2008 Enterprise(完全安装)",并选择"我接受许可条款"。

安装的类型选择时,若是升级安装,请选择"升级",这里选择"自定义(高级)"的安装,之后开始规划磁盘空间。

提示 只有 Windows Server 2003 可以升级到 Windows Server 2008,之前的操作系统不能直接升级。

(c) 创建磁盘分区:选择将操作系统安装在哪个磁盘分区上。如果磁盘没有任何分区,会要求新建一个分区。安装系统的分区推荐设定为 10 GB 以上,这里划分出两个主分区,均为 20 GB(用户可根据自己的规划进行调整),并格式化为 NTFS(新建的磁盘分区要经过格式化才能使用)。将操作系统安装在第一主分区中。

提示 NTFS 可利用 NTFS 权限和文件加密提高数据的安全性、数据存储的有效性。同时 NTFS 支持数据压缩和磁盘配额设定,可提高磁盘空间的利用率。

之后在图 2.5 中设置用户密码并确定。密码要求满足一定的复杂性要求,典型的密码要包含大小写字母、数字、标点符号,且不少于 8 个字符。

图 2.5　设置(更改)密码

图 2.6　操作系统核心使用命令完成操作

　　完成 Windows Server 2008 操作系统的安装后,正确登录进入系统中,会出现初始配置任务(见图 2.7)和服务器管理器窗口(见图 2.8)。刚安装的系统只有 60 天的使用时间,需要激活才能继续使用,如图 2.9 所示,选择"立即激活 Windows",激活时要保证计算机可以连接到 Internet 上。

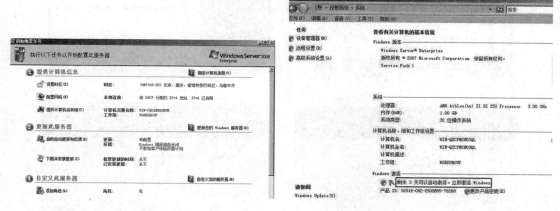

图 2.7　初始配置任务　　　　　　　　　　　　图 2.8　服务器管理器

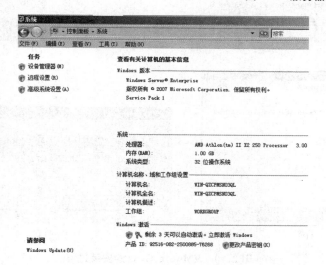

图 2.9　系统需要激活

　　③ 安装 VMware Tools。

　　如果未安装 VMware Tools,虚拟机下方会提示"确认是否你已登录到客户机操作系统,如果你未看到 VMware Tools 安装,在虚拟机中点击"开始>运行"并输入"D:\setup.exe"(D 是虚拟 CD-ROM 驱动器,根据硬盘划分不同,光驱盘符也不一样)。

　　通过 VMware 中"虚拟机"菜单中的"安装 VMware Tools"或按上面的提示输入 setup. exe 命令。过程如图 2.10 所示。

　　之后重启计算机,出现登录界面,如图 2.11 所示。输入"Administrator"的密码即可进入系统。

图 2.10　VMware Tools 的安装过程

图 2.11　重启后的登录

提示　图中提示按"Ctrl＋Alt＋Delete"组合键,但由于这个组合键对于宿主计算机也会起作用,因此,在虚拟机中,建议使用"Ctrl＋Alt＋Insert"组合键。

上面讲述的是在虚拟机中安装 Windows Server 2008 的过程。实际在真实机上安装此

系统时,要注意以下几个方面:

　　① 操作系统要安装在主分区上。

　　② 不要在正在使用的服务器上安装该系统。

　　③ 多操作系统环境下,要注意多系统的共存。

　　④ 安装过程如果出现故障,要进行故障的排查,包括硬件兼容、硬盘空间、用户权限、软件版本等问题。

2.2　Windows Server 2008 网络配置

　　Windows Server 2008 操作系统作为服务器,需要有基本的网络组件,并进行系统和网络的配置后才能发挥作用。Windows Server 2008 之前的 Windows 系列操作系统在安装过程中,会提示管理员提供计算机名、管理员账户、域和网络信息。Windows Server 2008 的"初始配置任务"功能,允许管理员推迟这些任务,在系统安装完成后再进行上述任务,从而提高整体的配置速度。

　　Windows Server 2008 安装完成并启动后,"初始配置任务"会自动打开,如图 2.7 所示。也可以通过"开始→运行",输入"oobe"命令打开该窗口。在其中,可以向服务器添加"角色"和"功能",可以修改系统安装进程配置的一些默认设置。

2.2.1　Windows Server 2008 基本配置

1. 桌面图标设置

　　桌面上右键,选择"个性化",在图 2.12 中选择"更改桌面图标"设置。

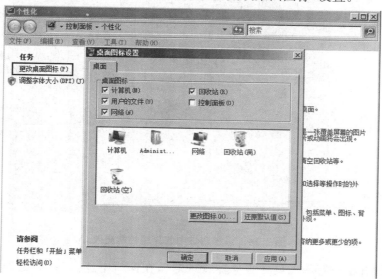

图 2.12　桌面图标设置

2．系统属性设置

桌面上选择"计算机"右键，选择"属性"，打开如图 2.13 所示的"系统"窗口。选择"高级系统设置"，打开系统属性，可设置计算机名、域、工作组等。"高级"选项卡还可以设置"性能"、"虚拟内存"等，如图 2.14 所示。

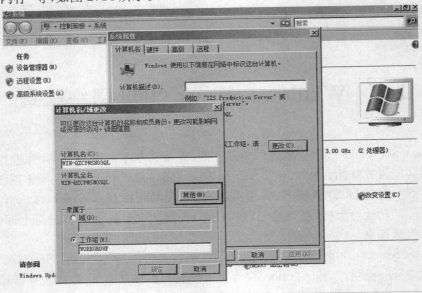

图 2.13　系统属性中的计算机名更改

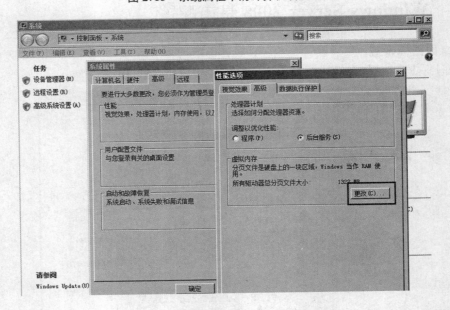

图 2.14　系统属性中的高级性能更改

也可通过"开始→管理工具→服务器管理器"，在窗口中选择"计算机信息"区域，单击"更改系统属性"链接，打开"系统属性"对话框。

在图 2.13 中，单击"计算机名/域更改"中的"其他"，可以查看 NetBIOS 名。这里要区分计算机名和 NetBIOS 计算机名。

① 计算机名称是在安装操作系统期间随机分配的。

② NetBIOS 名也是计算机的标识名,在 LAN 中该名字用于 LAN 中计算机之间的相互访问。

在"命令提示符"窗口,使用"hostname"可以查看计算机名,使用 nbtstat -n 命令可以查看本机注册的 NetBIOS 名,使用"nbtstat -a 目标 IP 地址"可以查看目标 IP 的 NetBIOS 名。使用 NetBIOS 名访问计算机主要有两种方法:

(1) 网上邻居

打开网上邻居,可以看到许多计算机名,这些名字就是 NetBIOS 名。

(2) UNC 地址

若已经知道某计算机的 NetBIOS 名,可以通过"开始→运行",输入"\\NetBIOS名\路径",打开指定计算机上的相应文件夹。

提示 UNC 地址不受网络的限制。如果你的计算机账户密码被别人所破解,其他人就可以用该地址远程登录你的计算机了。

本机的 NetBIOS 名字通常与本机的计算机名一样,所以两者经常被混为一谈。但 NetBIOS名字最长由 16 个字符组成,前 15 个字符由用户指定,最后一个字符表示一种服务。当计算机名长度少于等于 15 个字符时,NetBIOS 名字与计算机名一样,当计算机名超过 15 个字符时,NetBIOS 名字只取前 15 个字符。NetBIOS 名字只能使用字母、数字、_、-等字符,不能用汉字来命名。

提示 NetBIOS 名字不能直接更改,当我们修改计算机名时,它会自动更改。

在调整虚拟内存大小时,建议把当前系统内存容量大小的 1.5 倍设置为页面文件的初始大小,而页面文件的最大值设置得越大越好,建议设置为最小值的 2~3 倍。

3. 配置自动更新

默认情况下,系统的自动更新功能为关闭状态。单击"开始→控制面板→Windows Update"命令或在"服务器管理器"窗口的"安全信息"区域单击"配置更新"链接,可以打开"Windows Update"窗口。如图 2.15 所示。

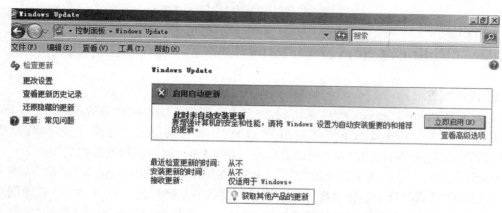

图 2.15 启用自动更新窗口

4. 服务管理

"开始→所有程序→管理工具→服务",打开图 2.16 的"服务"窗口,可以根据系统需要选择某服务,右键设置服务的启动、停止或暂停。注意有些服务之间存在依赖关系。

5. MMC 的使用

MMC(Microsoft Manage Console)是微软管理控制台,它允许管理员把常用管理工具组织在一起,用于管理计算机硬件、软件和系统的网络组件等。MMC 是个集成管理工具,在"开始→运行"中输入"mmc",回车后会打开控制台窗口,如图 2.17 所示。初始时根节点内容为空,从"文件"菜单选择"添加/删除管理单元",左边为可用的管理单元,可通过"添加"将管理单元加入到当前的控制台中。例如,选择"服务→添加",将弹出服务的设置窗口。在"控制台"窗口的"文件"中选择"选项",可设置控制台和磁盘清理。

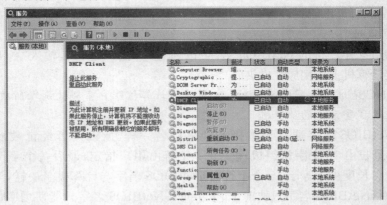

图 2.16　系统服务管理窗口

图 2.17　控制台窗口

2.2.2　Windows Server 2008 网络配置

1. 网络配置

安装了 Windows Server 2008 系统后,许多人会遇到不能连接网络的现象。究其原因,多半是由于系统在缺省状态下安装使用了 TCP/IPv6 通信协议。目前,许多网络设备对 IPv6 通信协议的支持不是很好,使用的意义不大,所以建议取消它的安装或关闭。

关闭的方法:右键单击桌面上的"网络"图标,在弹出的菜单中选择"属性"命令,进入服务器系统的网络和共享中心管理窗口。在该管理窗口的左侧列表区域中,单击"管理网络连接"图标,打开本地服务器系统的网络连接列表窗口,找到其中的目标本地连接图标,右击图标,选择"属性",打开如图 2.18 所示的窗口。

默认状态下系统会自动选中"Internet 协议版本 6(TCP/IPv6)"选项,此时,可以取消该选项前面的勾号,点击"确定"后,Windows Server 2008 系统内置的 TCP/IPv6 通信协议就会被停止使用了。如果本地服务器中没有共享资源需要共享或不想访问 LAN 中其他共享资源，建议取消"Microsoft 网络客户端"和"Microsoft 网络的文件和打印机共享"。如果只访问 Internet 网络，而不访问其他专有网络，建议取消"链路层拓扑发现映射器 I/O 驱动程序"和"Link-Layer Topology Discovery Responder"。

点击"Internet 协议版本 4(TCP/IPv4)"选项，点击"属性"，可打开如图 2.19 所示的窗口，在其中可以设置 IPv4 参数，包括 IP 地址、子网掩码、默认网关、首选 DNS 服务器地址、备用 DNS 服务器地址。

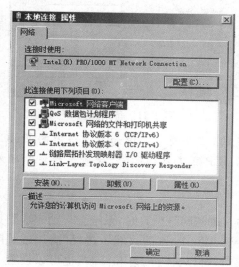

图 2.18　本地连接属性窗口　　　　　图 2.19　Internet 协议版本 4 的属性

网络连接默认设置所有网络连接都使用 DHCP 自动获取 IP 地址。用户可以指定静态的 IP 地址，也可以为网卡添加多 IP 地址，方法是点击图 2.19 中的高级部分，打开得到图 2.20。

设置 IPv4 参数的命令是"Netsh interface ip set address '本地连接' static 192.168.18.10　255.255.255.0　192.168.18.1"。

提示　查看接口名称的命令：Netsh interface show interface。

如果接口名称为中文，需要切换至中文输入法，但名称两侧的引号要使用半角字符。

设置 DNS 服务器的命令：

① 设置静态 DNS：Netsh interface ip set dnsserver "本地连接" static 192.168.18.1。

② 设置自动获得 DNS：Netsh interface ip set address "本地连接" dhcp。

在如图 2.19 所示的对话框中，可以选择"自动获得 IP 地址"，则计算机会自动搜索能提供 DHCP 服务的服务器并申请获得 IP 地址。对应的命令是"Netsh interface ip set address '本地连接'dhcp"。当选择自动获得时，为预防 DHCP 服务器宕机等情况，可在"备用配置"选项卡中设置相关参数，如果未能从 DHCP 服务器获取到 IP，可使用备用配置中的 IP 地址。设置方法见图 2.21。如果选择的是"自动专用 IP 地址"，则会在 DHCP 服务器出问题时，从 169.254.0.1/16～169.254.255.254/16 范围内为自身分配其中的一个专用地址。

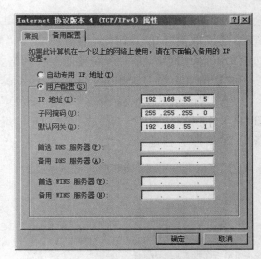

图 2.20 高级 TCP/IP 设置　　　　　　　图 2.21 备用配置

提示 自动获取 IPv4 的相关参数选项是默认的,比较简单。但如果网络中的 DHCP 服务器出现问题,计算机会一直尝试寻找可用的 DHCP 服务器,这样就会带来延迟和额外的网络流量。

2. 防火墙

Windows Server 2008 的防火墙默认是开启的。改变网络位置时,系统会自动完成防火墙的设置,以保证计算机的安全。"开始→控制面板→Windows 防火墙",选择"启用或关闭Windows 防火墙",打开 Windows 防火墙的设置窗口,可以进行配置和修改,也可以设置一些"例外"程序,如图 2.22 所示。

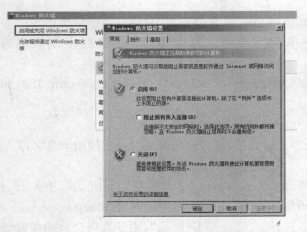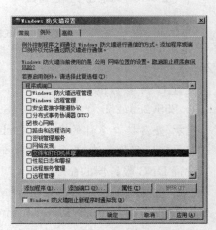

图 2.22 Windows 防火墙设置和防火墙的"例外"

3. 角色和功能

Windows Server 2008 系统采用"服务器管理器(Server Manager)"工具代替了 Windows Server 2003 中的"管理您的服务器",它去掉了"添加/删除 Windows 组件",默认没有安装任何组件,只提供了一个用户登录的独立网络服务器。用户根据需求,通过服务器管理器里的"角色"和"功能",可以实现几乎所有的服务器任务。DNS 服务器、文件服务器、打印服务等等都被视为一种"角色"存在,而故障转移集群、组策略管理等等这样的任务则被视为"功能"。

Windows Server 2008 是服务器版本的操作系统,如果要提供服务,系统必须安装相应的服务器角色。Windows Server 2008 中随附了 17 个角色。管理员可以选择整个计算机专用于一个服务器角色,也可在一台计算机上安装多个服务器角色,每个角色可以包括一个或多个角色服务。

所有的角色都可以通过"服务器管理器"操作,内容包括添加服务器角色、选择要安装的服务器角色、删除服务器角色。

从开始菜单中打开图 2.23 所示"服务器管理器"窗口,在左侧选择"角色",在右侧单击"添加角色",启动添加角色向导。这里以添加"打印服务"为例,步骤如图 2.24。

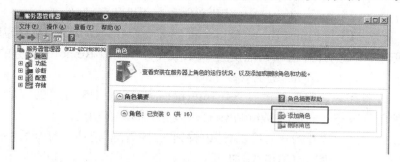

图 2.23　添加角色

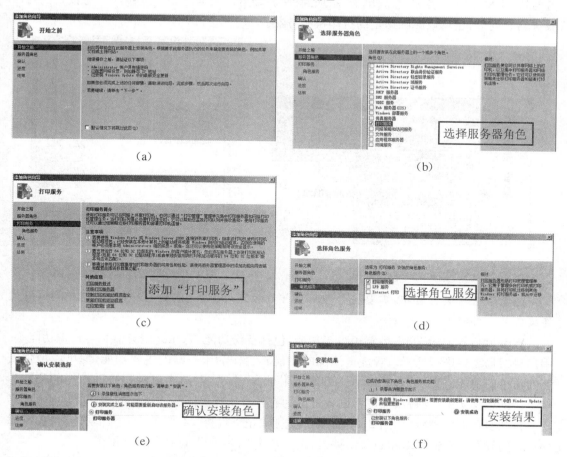

（a）　　　　　　　　　　　　　　　　　（b）

（c）　　　　　　　　　　　　　　　　　（d）

（e）　　　　　　　　　　　　　　　　　（f）

图 2.24　"添加打印服务"的过程

在 Windows Server 2008 网络中设置打印机时,有一定的硬件要求,如下:

① 至少有一台计算机作为打印服务器。

② 足够的 RAM。

③ 足够的磁盘空间。

在"打印服务"角色包含 3 个角色服务:

① 打印服务器。该项是必需的,它将打印服务角色添加到服务器管理器中,并安装"打印管理"管理单元。"打印管理"用于管理多个打印机或打印服务器,并从其他 Windows 打印服务器迁移打印机或向这些打印服务器迁移打印机。共享了打印机之后,Windows 将在具有高级安全性的 Windows 防火墙中启用"文件和打印机共享"例外。

② LPT 服务。LPT(Line Printer Daemon)服务安装并启动 TCP/IP 打印服务器服务。该服务使基于 UNIX 的计算机或其他使用 LPR(Line Printer Remote)服务的计算机可以通过此服务器上的共享打印机进行打印。

③ Internet 打印。该服务创建一个由 Internet 信息服务(IIS)托管的网站。

上面 3 种角色服务共同提供 Windows 打印服务器的所有功能。

安装完成后,可以在"开始→管理工具"中看到"打印管理"选项。打开后,在"打印管理"树中,右键单击"打印管理",再单击"添加/删除服务器",见图 2.25。在图 2.26 中的"添加服务器"文本框中键入名称,然后单击"添加到列表"即可。根据需要可以添加任意数目的打印服务器。同理,也可以删除指定的打印机服务器。

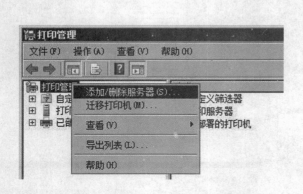

图 2.25　打印管理　　　　　　　　图 2.26　添加/删除打印服务器

提示　若要进行打印,需要将打印机直接连接到计算机(本地打印机)或创建到网络的连接或共享打印机。

Windows Server 2008 内置了很多功能,包括备份功能、Telnet 服务器和客户端功能等。用户可根据需要进行选择。管理员添加的功能不会作为服务器的主要功能,但可以增强安装的角色的功能。Windows Server 2008 随附了 35 个功能,这里以远程协助功能的安装为例。借助远程协助,支持人员或帮助者可以为有计算机相关问题或疑问的用户提供协助。

打开服务器管理器,如图 2.27 所示,在左侧单击"功能",右侧单击"添加功能",打开"添加功能向导"。在图 2.28 中选择"远程协助",单击"下一步",选择"安装"即可。

需要进行远程协助的两台计算机首先要使用 ping 命令(参照 2.2.3 的内容)测试是否

相通。其次要在被协助的计算机上启用远程协助,如图 2.29 所示。单击"高级",可打开如图 2.30 所示的远程协助设置。防火墙规则也会影响远程协助,打开防火墙的设置,在图 2.31 中将"远程协助"加入到"例外"中。

图 2.27　添加功能

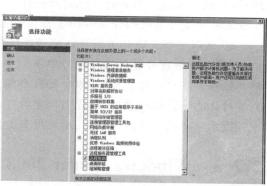

图 2.28　添加"远程协助"功能

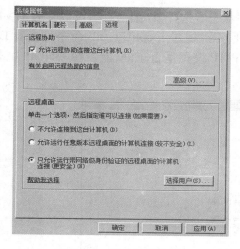

图 2.29　开启远程协助

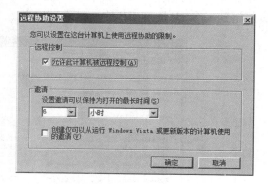

图 2.30　远程协助设置

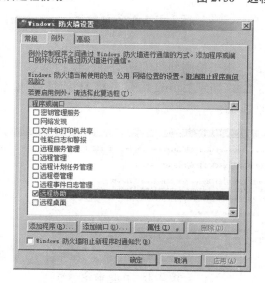

图 2.31　防火墙设置中的"远程协助"

补充 远程协助和远程桌面比较：

① 远程桌面是从另一台计算机远程访问某台计算机。可以访问所有的程序、文件和网络资源，就好像坐在工作计算机前面一样。在处于远程桌面连接状态时，远程计算机屏幕对于在远程位置查看它的任何人而言将显示为空白。

② 远程协助是进行远程提供协助或接受协助。朋友或技术支持人员可以访问你的计算机，以帮助你解决计算机问题或为你演示如何进行某些操作。你也可以使用同样的方法帮助其他人。在这两种情况下，你和他人都能看到同一计算机屏幕。如果决定与你的帮助者共享对你的计算机的控制，则你们二者均可以控制鼠标指针。

提示 角色与功能的联系：功能用来支持或增强角色/服务器的功能。

2.2.3 Windows Server 2008 常用网络测试工具

1. ipconfig 命令

在网络连接信息中，双击相关的图标可打开"状态"，选择"详细信息"，可以查看 IPv4 的参数，也可以使用命令 ipconfig 查看，如图 2.32 所示。通过 ipconfig /all 命令可查看 DNS 服务器地址。显示信息可以检测人工配置的 TCP/IP 设置是否正确、能否在 DHCP 方式下成功租用到一个 IP 地址、IP 地址是否冲突等。

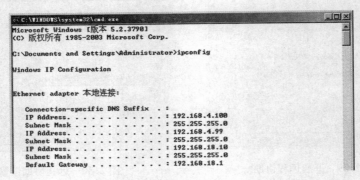

图 2.32 ipconfig 命令

2. ping 命令

ping 命令是 DOS 命令，用于检测网络的连通性。使用参数"-t"可持续 ping，使用"Ctrl+C"可以中断检测，如图 2.33 所示。ping 命令可接 IP 地址或域名。域名是否能够正确解析，与设置的 DNS 服务器有关。

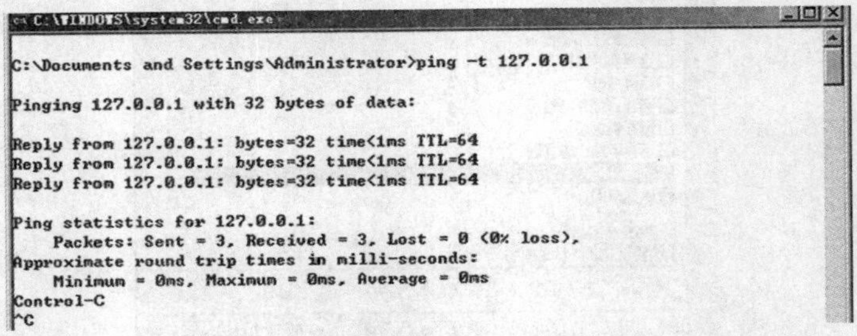

图 2.33 ping 命令

　　ping(Packet Inter Net Grope)是互联网包探测器,ping 发送一个 ICMP 回声请求消息给目的地并报告是否能收到所希望的 ICMP 回声应答。

　　提示　一些病毒木马会强行大量远程执行 ping 命令,这样就会抢占网络资源,导致系统变慢,网速变慢。在设置防火墙时,往往会禁止 ping 入侵。

　　3. Telnet 命令

　　Telnet 是常用的远程登录手段。在 Windows Server 2008 中,需要添加 Windows Server 功能中的 Telnet 客户端,才能在命令窗口中使用 Telnet 命令。否则命令无法执行。

　　提示　Telnet 不是内部或外部命令,也不是可运行的程序或批处理文件。这是因为默认没有 Telnet 客户端可供使用。如果 Telnet 成功创建了 TCP 连接,命令提示窗口将会清空,否则将会提示在 80 端口连接失败。

　　在图 2.28 中找到"Telnet 服务器"并安装。然后启用 Telnet 服务器(命令:net start | stop telnet)。同时在系统的防火墙上允许 Telnet 服务。

　　在图 2.28 中找到"Telnet 客户端"并安装。

2.2.4　配置市地用户和组

　　账户是计算机的基本安全对象。Windows Server 2008 本地计算机包含了两种账户:用户账户和组账户。

　　1. 用户账户

　　用户账户是计算机的基本安全组件,计算机通过账户来识别不同的用户身份。因此,Windows Server 2008 的安全与账户权限有关。通过严格定义各种账户的权限,可以阻止用户可能进行的危害性操作。当账户数量较多时,可以使用组规划来简化设置。

　　Windows Server 2008 支持两种用户账户:本地账户和域账户。本地账户只能登录到一台特定的计算机(创建该账户的计算机)上,并访问该计算机的资源。而域账户可以登录到域上,并获得访问该网络的权限。这里先讲解本地账户,域账户参照 2.3.2 的内容。

　　"开始→管理工具→计算机管理",打开图 2.34。展开左侧的"本地用户和组",选择"用户",可以看到右侧的显示。Windows Server 2008 默认只有两个账户:Administrator(可以执行计算机管理的所有操作)和 Guest(为临时访问计算机的用户设置的,默认为禁用)。用户登录后,可在 cmd 窗口输入命令:whoami /logonid 来查询当前用户账户的安全标识符,如图 2.35 所示。

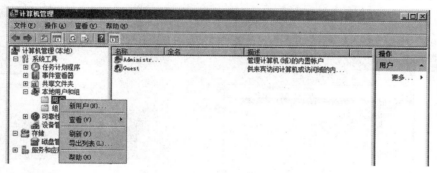

图 2.34　计算机管理

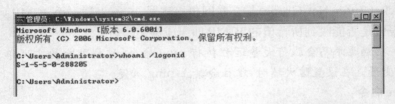

图 2.35　whoami 查询当前用户的 SID

提示　Administrator 账户可以对整台计算机或域配置进行管理,该账户名可以更改,但不能删除。使用 Guest 账户一般适用于安全要求不高的网络环境中,通常要分配给它一个口令。

创建本地用户账户时,系统仅在计算机位于"%systemroot%\system32\config"中的安全数据库(SAM)中创建该账户。Administrator 账户登录系统后,可以创建新的本地账户。在图 2.34 中右键单击"用户",选择"新用户"。打开图 2.36,输入新用户的相关信息。一般要注意以下两点:

① 命名约定:账户名唯一、不能包含非法字符、不超过 20 个字符。

② 密码设置:建议密码最小长度为 8 个字符,Administrator 账户的密码要复杂。对普通账号可指定一个唯一的密码,也可以设置用户第一次登录时设置自己的密码(图 2.36 中的复选框)。密码应由大小写字母、数字及合法的非字母数字字符组合。当设置密码复杂度不够时,会弹出提示(见图 2.37)。

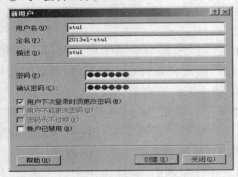

图 2.36　新增用户对话框

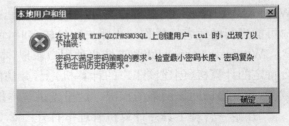

图 2.37　密码复杂度的限制

完成用户添加后,还可以设置其他一些属性。在图 2.38 的右侧栏中,右键单击某个用户名,选择"属性"打开该用户属性的对话框(也可直接双击用户名),如图 2.39 所示。还可以进行"删除"、"重命名"等操作。

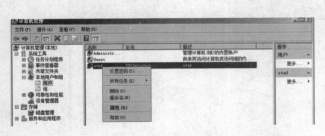

图 2.38　用户管理

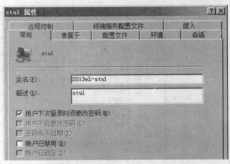

图 2.39　"用户属性"对话框

注意　系统的一些内置账户如 Administrator、Guest 等无法删除。

2. 组账户

组（Group）账户是用户账户的集合。组账户不能用于登录计算机，但使用组可以同时为多个账户指派一组公共的权限，简化管理。

在图 2.40 中，可以查看本地内置的所有组账户。参照用户的添加方法，右键单击左侧的"组"，可以新建组，在其中可以添加已经创建好的本地账户，如图 2.41 所示。

图 2.40　组管理

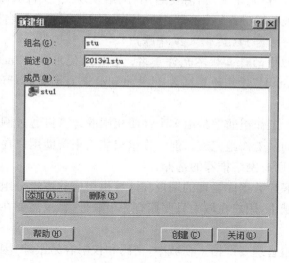

图 2.41　"新建组"对话框

已经创建的组可以删除，但是要注意以下两点：

① 每个组都有唯一的 SID（安全标识符），删除后，即使新建一个与原来的组同名、同成员，也不会与被删除组具有相同的特性和特权了。

② 管理员只能删除新增的组，不能删除系统内置的组。

2.3　部署 Windows Server 2008 的活动目录和域

虚拟场景需求：某公司已有 LAN，运行 150 台计算机，服务器使用 Windows Server

2008 操作系统,客户机使用 Windows 7 操作系统。目前工作环境采用的是工作组模式,员工一人一机办公。根据公司运营和管理的需要,公司决定重新部署企业网络,利用 Windows 域环境管理所有网络资源,提高网络安全和办公效率。

本节介绍 Windows Server 2008 中域的概念、域和域资源的管理。

2.3.1　理解域的概念

为了实现资源的共享,Windows 提供了两种网络资源管理模式:工作组(Workgroup)和域(Domain)。这里要区别工作组和域。

1. 工作组(Workgroup)

工作组是由地位相同的计算机成员组成的。处在同一工作组的计算机地位相等,可以相互使用彼此的资源。工作组将不同的电脑按功能放在不同的组中,以方便管理。

通过图 2.13,可以手工指定工作组及计算机名。如果输入的工作组名称是一个不存在的工作组,就相当于新建一个工作组,这时只有当前的这一台计算机在其中。修改工作组名称可以加入新的工作组,同时退出原有工作组。双击桌面上的"网络"图标,打开"网络"窗口,可以看到网上邻居。若无显示,则需要启用"网络发现"、"文件共享"、"打印机共享"等。如果资源分布在多台服务器(M 个服务器)上,工作组模式下要在每台服务器上分别为每一员工(N 个员工)建立一个账户(共 $M*N$ 个账户)。

提示　同一工作组中的计算机不允许重名。也可以使用命令"netdom renamecomputer localhost/newname:'amhll'"设置计算机名,其中 amhll 是自定义的新计算机名。

2. 域(Domain)

域和工作组不同。工作组通常是由多个性质相同的计算机通过网络连接组成的。如对等网创建可采用设置同一工作组完成。但工作组只能用来帮助用户在组内查找打印机和共享文件夹对象,而域是所有网络推荐的选择。

域是由集中共享账户数据库管理的用户和计算机组成的逻辑分组。如果服务器和用户的计算机都在同一个域中,用户在域中只要拥有一个账号,且只需要在域中登录一次就可以访问域中的资源。

域的管理比工作组管理要严格。在域中,密码和权限容易跟踪,因为域中有对应的中心数据库。所以域至少要有一台域控制器(Domain Controller,DC),用于控制用户的认证。DC 中保存着整个域的用户账户和安全数据库。

管理员如果要把自己的服务器用作 DC,就必须安装活动目录(Active Directory,AD)。在 Windows 域网络中,存储在 DC 上的用户账户有机会访问网络中的任何资源。

DC 相当于一个单位的门卫一样,该模式下,DC 中包含了域中的账户、密码、属于该域中的计算机信息构成的数据库,负责每一台要联入网络的电脑和用户的验证工作。即用户访问网络中其他主机制资源时,要求用户在计算机上拥有合法的账户。

域是 Windows 网络中独立运行的单位,域之间相互访问需要建立信任关系(Trust Relation)。信任关系是连接在域与域之间的桥梁。当一个域与其他域建立了信任关系后,两个域之间不但可以按需要相互进行管理,还可以跨网分配文件和打印机等设备资源,在不同的域之间实现网络资源的共享与管理。

3. 活动目录

域和 AD 密不可分,要创建 Windows 域,首先要理解活动目录的概念。AD 是Windows 网络中的目录服务,主要用于增加可扩展和调整的目录,它存储有关网络对象(如用户、组、计算机、共享资源、打印机和联系人等)的信息,并将结构化数据存储作为目录信息逻辑和分层组织的基础,使管理员和用户可以方便地查找并使用这些网络信息。

在一台计算机上,需要安装 AD 使其成为 DC。DC 通过 AD 来提供目录服务,如审核用户的账户、密码,维护 AD 数据库等。通过 AD,用户一次登录就可访问整个网络资源。

提示　DC 是物理上的一台计算机,而 AD 是运行在 DC 上的一种服务。一个域中可以包含多个 DC,从而提高网络系统的容错能力,域中所有 DC 是平等的。

AD 逻辑上是由对象、组织单位、域、域树和域林构成的层次结构。首先是一个单一的域,为了方便管理,将域划分成多个组织单位,AD 为每个域建立一个目录数据库副本,这个副本只存储用于这个域的对象。

当组织单位或其中的对象过大时,可能划分多个域,这些相互关系的域组成一棵域树(具有连续的域名空间的多个域)。如果将域树结合,可构成域林(由一个或多个域树组成)。

提示　AD 的域名遵循 DNS 域名的命名规则,域名空间采用分层结构,包括:根域、顶级域、二级域和主机名。

2.3.2　创建 Windows 域

1. 域控制器(DC)的条件

安装 Windows Server 2008 时,系统默认没有安装活动目录。用户要将自己的服务器配置成 DC,应该首先安装活动目录。如果网络没有其他 DC,可将服务器配置为 DC,并新建子域、新建域目录树或目录林。如果网络中有其他 DC,可将服务器设置为附加 DC,加入旧域、旧目录树或目录林。

安装 DC 的条件:

① 安装者具有本地管理员的权限。

② 本地磁盘至少有一个分区是 NTFS 文件系统且有足够可用的空间。DC 要安装在 NTFS 分区上。如果系统所在分区为 FAT32 格式,可以用"convert 盘符 /fs:ntfs"命令进行转换。

③ 有 TCP/IP 协议及配置的支持。

④ 规划好 DNS 域名,有相应的 DNS 服务器的支持。

⑤ 有足够的可用空间。

创建域必须先安装一台 DC,DC 上存储着域的资源信息。当用户在单位中创建第一个DC 时,同时也创建了第一个域、第一个林、第一个站点,并安装了 AD。

2. 在 svr(192.168.18.10)上安装活动目录

① 参照图 2.23,选择"添加角色"。也可以直接在"初始配置任务"中"添加角色"。

② 选择"服务器角色"中的"Active Directory 域服务"选项,如图 2.42 所示。单击"下一步"按钮,开始安装。

过程中会有"Active Directory 域服务"简介、安装的确认、安装的进度。在结果显示中,可能会有警告,如图 2.43 所示,注意查看是否影响 AD 域服务。

图 2.42　添加 AD 域服务

③ 按照图 2.43 的提示,选择"关闭该向导并启动 Active Directory 域服务安装向导"。也可以在"开始→运行"中输入"dcpromo",打开活动目录的安装向导。在图 2.44 中选择"使用高级模式安装"。

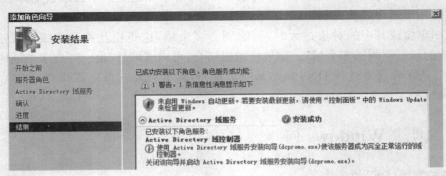

图 2.43　安装 AD 域控制器的结果

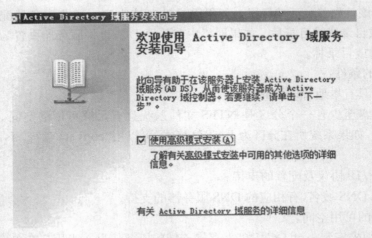

图 2.44　AD 域服务安装向导

④ 点击"下一步",会出现操作系统兼容性说明,如图 2.45 所示。

⑤ 点击"下一步",在图 2.46 中选择"在新林中新建域"。这里虽然是创建一个域,其实从逻辑上来说也同时创建了一个域林。

域树(Domain Tree)也就是域目录树,由一个以上的域所组成的层次排列,域树实现了连续的域名空间,域树上的域共享相同的 DNS 域名后缀。域林(Forest)是由多棵域树组成的,域林中的域树不共享连续的域名空间,它的每一域树都拥有自己的唯一的域名空间。

图 2.45　操作系统兼容性

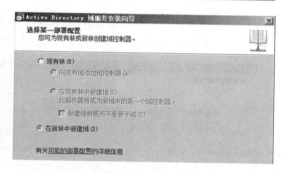
图 2.46　选择 DC 的部署配置

提示　域隶属于域树，而域树隶属于域林。

⑥ 点击"下一步"，命名林根域。这里使用"amwood.com"，如图 2.47 所示。

⑦ 点击"下一步"，弹出让用户输入新域的 NetBIOS 名称，可指定或接受系统默认名"AMWOOD"，如图 2.48 所示。若要使用活动目录，首先需要规划名称空间。Windows Server 2008 中，用 DNS 名称命名活动目录域。以单位保留在 Internet 上使用的已注册 DNS 域名后缀开始，并将该名称和单位中使用的地理名称或部门名称结合起来，组成活动目录域的全名。这种命名方法确保每个活动目录域名是全球唯一的。

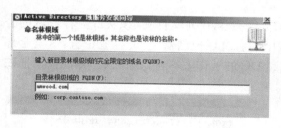
图 2.47　命名林根域

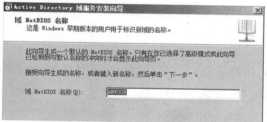
图 2.48　新域的 NetBIOS 名称

⑧ 点击"下一步"，在图 2.49 的林功能级别和域功能级别上，要考虑到以后添加对 OS 的限制，功能级别应根据网络中存在的最低 Windows 版本的 DC 来选择。这里都采用"Windows Server 2003"。

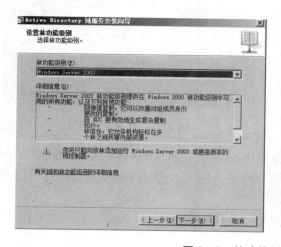

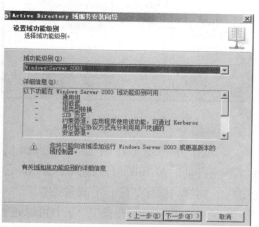

图 2.49　林功能级别和域功能级别

⑨ 点击"下一步",在图 2.50 中选择安装 DNS 服务器。安装 DNS 要求当前计算机必须有静态的 IP 地址,否则可能会出现图 2.51 的提示。参照图 2.57 的设置。

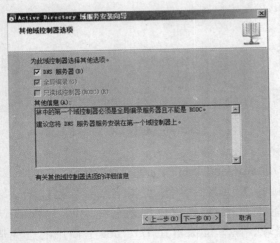

图 2.50　选择安装"DNS 服务器"

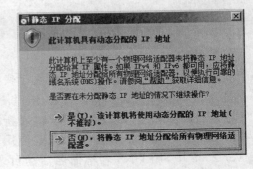

图 2.51　要求使用静态 IP

⑩ 点击"下一步",会弹出警告框,如图 2.52 所示。提示没有找到父域,无法创建 DNS 服务器的委派。点击"是",继续操作。

⑪ 在图 2.53 中,选择数据库文件夹、日志文件夹、sysvol 文件夹(该文件夹存放域的公用文件的服务器副本,它的内容将被复制到域中的所有域控制器上)的存放位置,这里全部采用默认设置。在一些大型的网络中,为了提高 DC 的工作效率,可以将数据存放在其他磁盘控制器或 RAID 上。

图 2.52　弹出的警告框

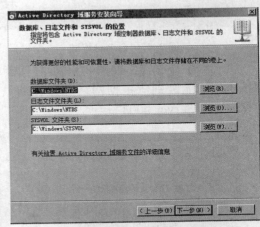

图 2.53　存放位置选择

⑫ 点击"下一步",在图 2.54 中设置目录服务还原模式(DSRM)的 Administrator 密码。系统启动时按"F8"可以进入 DSRM,它是一种安全模式。这时就需要使用在这里设置的密码。同样,密码要有一定的复杂性。

⑬ 点击"下一步",在图 2.55 中可以进行"导出设置"。

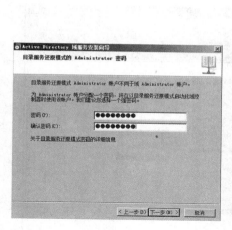

图 2.54　设置密码

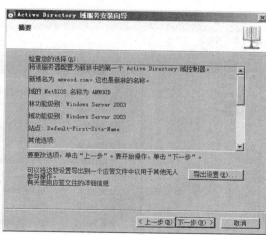

图 2.55　摘要与导出

⑭ 点击"下一步",开始等待 DNS 安装完成。这里可以选择"完成后重新启动",也可以手动重启。如图 2.56 所示,完成 AD 域服务安装向导。点击"完成"后,选择立即重启系统。

⑮ 验证。重启之后,以域管理员账户登录。由于本系统尚未安装 DNS,所以首先要设置 DNS 服务器的地址才能检测。在 IP 地址设置中,将 DNS 服务器地址修改为本机的固定 IP 地址或直接使用"127.0.0.1"(见图 2.57),并重新启用 IP 地址。然后,打开服务器管理器验证,如图 2.58 所示,确认活动目录及 DNS 服务是否已经被正确安装。

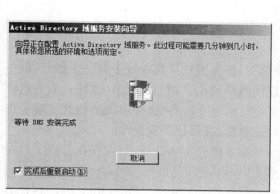

图 2.56　等待 DNS 安装完成

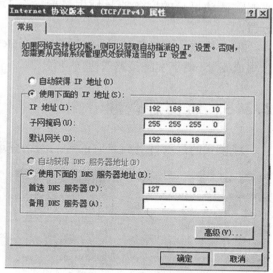

图 2.57　设置 DNS 服务器地址

注意　在活动目录安装之后,不但服务器的开机和关机时间变长,而且系统的执行速度也会变慢。所以,如果用户对某个服务器没有特别要求或不把它作为域控制器来使用,可将该服务器上的活动目录删除,使其降级为成员服务器或独立服务器。在"开始→运行"中输入"dcpromo"命令,打开图形化的向导程序,按照向导完成降级即可。

在删除或降级过程中,系统会提示当前 DC 是否为此域的最后一台 DC。如果要删除活动目录的服务器不是域中唯一的 DC,则删除活动目录将使该服务器成为成员服务器;如果

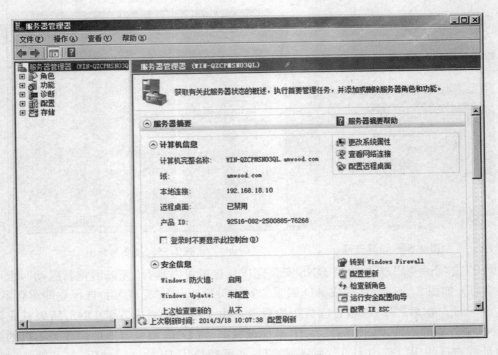

图 2.58　检测服务器的变化

要删除活动目录的服务器是域中最后一个 DC,则删除活动目录将使该服务器成为独立服务器。

很多其他的网络服务,如 DNS 服务、DHCP 服务和证书服务等,都可以在以后与活动目录集成安装,便于实施策略管理等功能。

2.3.3　域资源管理

域模式的最大好处就是它的单一网络登录能力,任何用户只要在域中有一个账户,就可以漫游域网络。域目录树中的每一个节点都有自己的安全边界,这种层次结构既实现了细粒度管理,又保证了安全性。

在系统安装 AD 后,会发现在管理工具中多了 3 项内容(见图 2.59):Active Directory 域和信任关系、Active Directory 用户和计算机、Active Directory 站点和服务。

1. Active Directory 用户和计算机

选择"Active Directory 用户和计算机",打开图 2.60。这时对隶属于某域的用户和计算机进行管理。也可将其他的服务器和客户机加入到域中。一般客户机加入域时会在域中自动创建计算机账号。

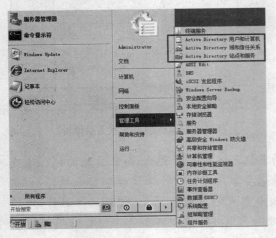

图 2.59　管理工具的变化

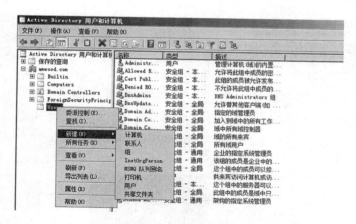

图 2.60　在域中新建

右键单击域中的"Users",选择"新建"中的"用户",设置用户名和密码,如图 2.61 和图 2.62 所示。

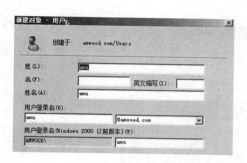

图 2.61　在域中新建用户设置

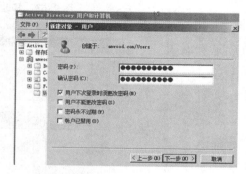

图 2.62　设置域用户的密码

提示　域用户账户集中存储在 DC 上,而不是每台成员计算机上。

创建域用户时要注意下面几个问题:

① 账户的命名规则。统一的命名规则有利于管理。在域中域用户账号名在其所在的组织单位(OU)中必须是唯一的。

OU 是 AD 中的对象也是 AD 的容器,包含用户、组等对象,它采用逻辑的等级结构来组织域中所有的对象。

② 创建新用户账号时,需要设置密码。注意密码区分大小写。

③ 注意区分图 2.62 中复选框的意义。

右击账户名,选择"属性"。在如图 2.63 所示的属性窗口,选择"账户"选项,单击"登录时间",设置哪些时间段允许登录或拒绝登录。单击"登录到",可以定义账户登录的计算机范围列表。"账户选项"与之前创建用户时一样,可以修改。"账户过期"可规定用户账号过期的时间等。

AD 中也可以新建组,在图 2.60 中选择"新建"中的"组",打开图 2.64。

域中组的类型包括:

(1) 安全组

安全组用于设置用户权限,也可用于电子邮件通信。管理员日常管理中,通常是使用安

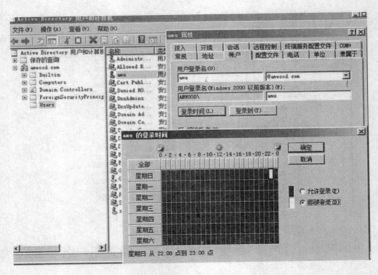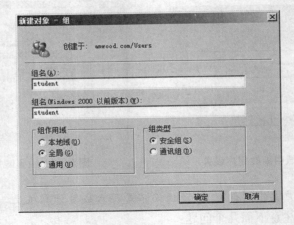

图2.63　修改域中用户的属性

图2.64　AD中添加组

全组而不是为用户账户单独设置权限来进行网络的维护和管理。将用户账户加入到相应的安全组中即可使安全组中包含的用户拥有一样的权限。

（2）通讯组

通讯组没有安全方面的功能，只能用于电子邮件的通信，里面存储联系人和用户账户。

域中组的作用域包括：

（1）域本地组

本域中起作用，成员可以是任何域的用户账户、全局组、通用组，也可以是本地域的其他域本地组。

（2）全局组

在整个林以及信任域中起作用，成员只能来自于本域的用户账户和其他全局组。全局组一般只用于组织本域的用户账号，而不用于授权。

（3）通用组

在整个林以及信任域中起作用，成员可以是任何域中的用户账号、全局组或其他通用组。实现多域成员访问多域资源。

　　某台计算机加入域之前要保证网络的连通（物理连通、IP 地址、网络连通）并配置首选的 DNS 服务器。如图 2.65 所示，计算机（pc1）IP 地址为 192.168.18.11，服务器 IP 地址为 192.168.18.10（svr）。

　　在客户机的系统属性的"计算机名"选项卡中，"更改"打开图 2.66 的对话框。输入域名，输入有权限加入域的账户名和密码（这里输入安装了 DC 的计算机上的管理员用户和密码）即可。重启系统。

　　提示　如果更改计算机名，需要重启系统。加入域后，也要重启才能生效。

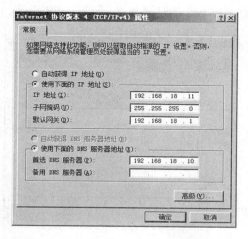

图 2.65　配置客户机的 TCP/IP 属性

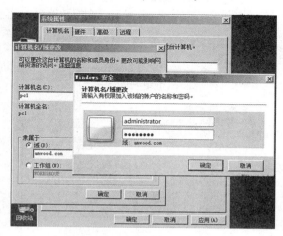

图 2.66　修改客户机隶属的域

　　如果在图 2.62 中选择了"用户下次登录时须更改密码"，则客户端加入域后，首次登录时必须重置登录系统的密码，否则不能登录到指定的域中，如图 2.67 所示。按要求设置新密码后，可以正常登录到域中。

图 2.67　在 pc1 使用"amu"和设置的密码登录，提示必须更改密码

　　展开图 2.60 的左侧 amwood.com 中的"Computers"，可以查看到加入到此域的计算机。用户如果不想隶属于某个域，可以在图 2.66 中选择加入其他域或工作组，输入原域有

权限修改的用户名和密码,重启后生效。

2. Active Directory 域和信任关系

子域建立后,会自动与父域建立双向的信任关系。域模式网络中有两种情况会自动建立双向信任关系:"父－子"情况和"树－根"情况。下面举例说明。

根据之前的讲解,在 192.168.18.10(svr)这台计算机上已经创建好第一台 DC1,是 amwood.com 域。在 192.168.18.22(pc2)上创建子域 cat.amwood.com。在根域 amwood.com 和 cat.amwood.com 子域之间建立信任关系。

(1) 配置 pc2 的 IP 地址信息

如图 2.68 所示,配置 pc2 的 IP 地址。确认或更改 pc2 的计算机名,如图 2.69 所示。

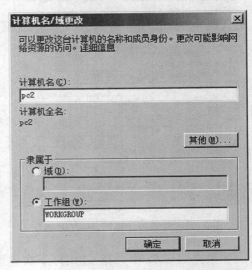

图 2.68　配置 pc2 的 IP 地址　　　　　图 2.69　确认或更改 pc2 的计算机名

注意　配置完成后,要通过"禁用"和"启用"本地连接使生效,否则可能会在后面的操作过程提示出错。

(2) 创建 cat.amwood.com 子域

在 pc2 上,"开始→运行"中输入"dcpromo"命令,打开 AD 的安装向导。与在 svr 上安装 AD 的步骤一样,参照图 2.42～图 2.46,在图 2.46 中选择"在现有林中新建域",如图 2.70 所示。点击"下一步",在图 2.71 的"网络凭据"界面,输入父域的域名(amwood.com),选中"备用凭据",单击"设置",输入用户名和密码。

在图 2.72 的"命名新域"中,输入子域的名称"cat",点击"下一步"。确定 NetBIOS 名,这里使用默认(见图 2.73),点击"下一步"。在"域功能级别"上采用默认的"Windows Server 2003"(见图 2.74)。在"请选择一个站点"中,为此域选择一个站点,也使用默认(见图 2.57),点击"下一步"。在"其他域控制器选项"中,根据实际情况来选择是否要安装 DNS 服务器和全局编录,如图 2.76 所示。这里不安装。点击"下一步"会弹出 DNS 警告,直接点击"是"。在"源域控制器"中,选择父域的域控制器。这里只有一台(见图 2.77),所以直接选中(如果有多台 DC,根据实际情况来选择)。之后是相关文档的位置(见图 2.78)、目录还原模式的 Administrator 密码设置(见图 2.79)、摘要(见图 2.80)及较为漫长的安装过程。可以选择"完成后重新启动"(见图 2.81)或手动重启。

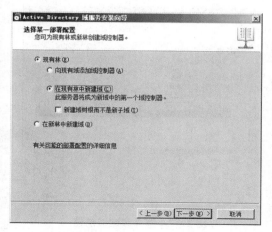

图 2.70 在现有林中新建域

图 2.71 设置网络凭据

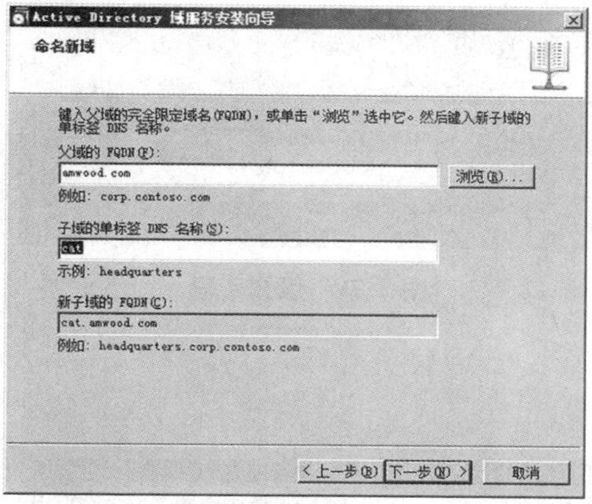

图 2.72 命名新域

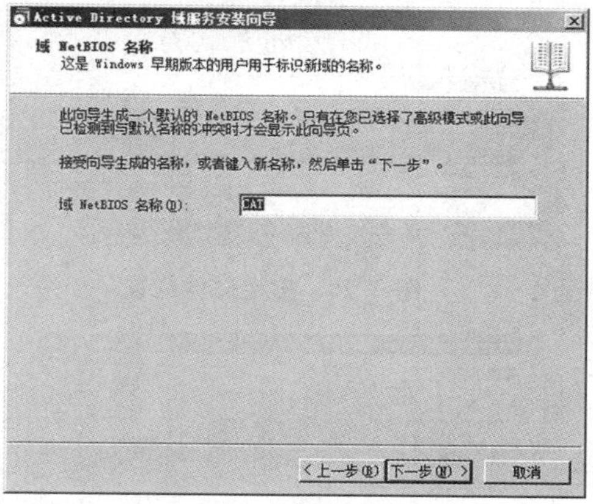

图 2.73 NetBIOS 名称

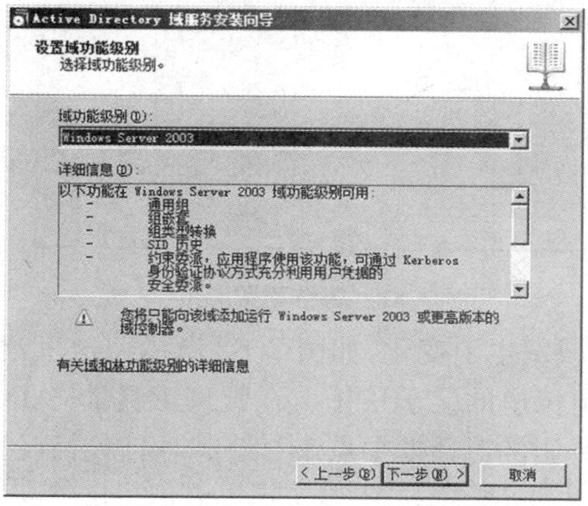

图 2.74 设置域功能级别

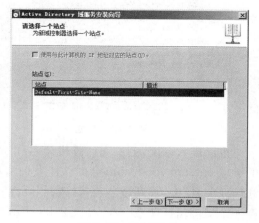

图 2.75 选择站点

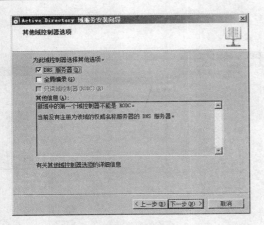

图 2.76 选择其他 DC 选项

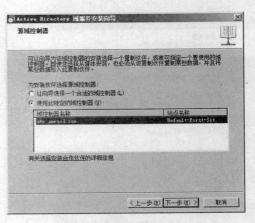

图 2.77 选择源域控制器

图 2.78 指定文件位置

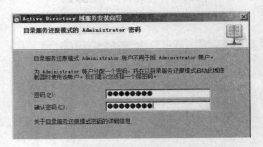

图 2.79 设置密码

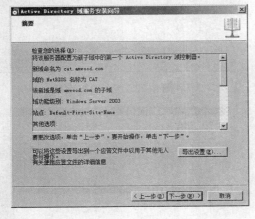

图 2.80 摘要

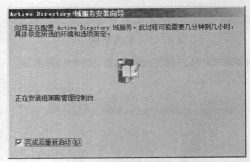

图 2.81 等待配置完成

重启进入系统,会发现计算机全名和所属的域发生了变化,如图 2.82 所示。这里建立的子域 cat.amwood.com 会默认建立一个可双向传递的父子信任。在管理工具的"AD 域和信任关系"中,找到域名,右键选择"属性"。在弹出的对话框中点击"信任",可以看到已经有一个父子信任关系存在,如图 2.83 所示。

说明 VMware 环境下,如果 pc2 是从 svr1 克隆而来的,可能会出现原计算机上已经安装 DC 的提示。解决办法:重新设置 pc2 的计算机名和 SID。在 pc2 上"开始→运行",输入"sysprep",打开后得到如图 2.84 所示的窗口,选择右侧的 sysprep,选择"进入系统全新体验(OOBE)"及"通用",关机选项部分选择"重新启动"。这样系统重启后,会出现如图 2.85

所示的窗口,按照提示完成即可。

进入系统后,再参照上面的讲解,创建 cat. amwood. com 子域,查看默认的信任关系。

提示　查看 SID 的命令 whoami /user。

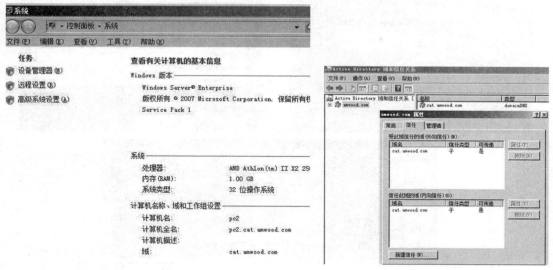

图 2.82　计算机基本信息　　　　　　　　　图 2.83　域和信任关系

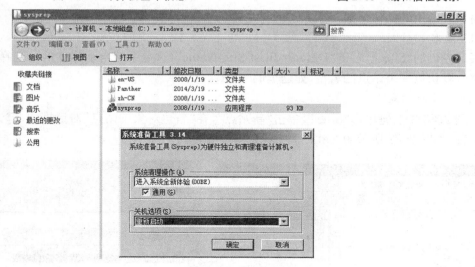

图 2.84　修改 SID

3. Active Directory 站点和服务

站点与域不同,站点表示网络的物理结构,而域表示组织的逻辑结构。物理计算机之间存在快速链路和慢速链路,采用域方式时不能优先选择快速链路。将物理上相近的多个计算机加入到站点中,实现高速相连。站点是一组连接状况良好的子网,它考虑了网络中的速度因素。因此,微软的构思是:将站点和域结合,实现物理和逻辑两个角度的管理。

在 AD 中,站点表示网络的物理结构或拓扑。AD 使用拓扑信息来建立最有效的复制拓扑。使用"Active Directory 站点和服务"可以定义站点和站点链接。

在"开始→管理工具"中选择"Active Directory 站点和服务",打开后得到如图 2.86 所

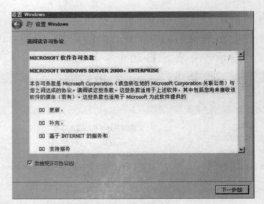
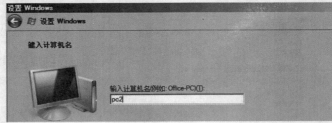

图 2.85　重新设置 Windows 的过程

示的窗口。常用的操作包括：

（1）改名

展开左侧的"Sites"，右键"Default-First-Site-Name"（这是系统自动建立的），选择"重命名"，修改默认第一个站点的名字，如这里的"cat1"。

（2）创建新站点

在图 2.86 中右键单击"Sites"，单击"新站点"，在"新建对象—站点"对话框中，键入新站点的名称，如图 2.87 所示的"cat2"。接着会出现摘要。

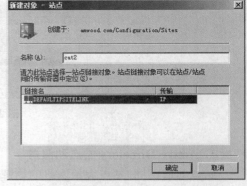

图 2.86　修改站点名　　　　　　　　　　　　图 2.87　新建站点

（3）在站点内移动计算机

如图 2.86 所示，展开"cat1"中的"Servers"，右键单击要移动的计算机名（见图 2.88），选择"移动"。在弹出图 2.89 中选择站点"cat2"，确定即可。

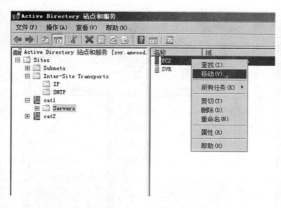

图 2.88　移动计算机

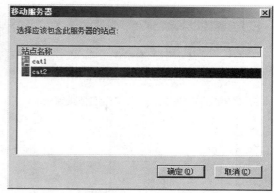

图 2.89　移动服务器

（4）使用子网

站点是通过网络连接好的一组计算机。同一站点内的所有计算机通常位于一个 LAN 内。单一站点由一个或多个 IP 子网组成。在图 2.86 的左窗格中右键"Subnets"，选择"新建—子网"。输入子网的前缀并选择站点对象，如图 2.90 所示。

（5）建立站点链接

在两个或多个站点之间创建站点链接是一种影响复制拓扑的方式。通过创建站点链接，可以为 AD 提供有关可用连接、首选连接以及可用带宽等信息。AD 将使用此信息来选择可提供最佳复制性能的时间和连接。

对于计划在多个站点之间进行的复制，每两个进行复制操作的站点之间都必须协商一种通信传输协议。通常，站点链接基于 IP 协议。

在图 2.91 中，右键"Inter-Site Transports"中的"IP"，选择"新站点链接"。在图 2.92 中输入名称，点击"确定"。在"IP"站点链接的右窗格双击新建的链接，在图 2.93 中修改描述和复制频率。这样，在图 2.94 中删除"DEFAULTIPSITELINK"后，cat1 和 cat2 之间的复制就会每 24 小时使用 IP 协议通过当前的站点链接执行一次。

图 2.90　新建子网

图 2.91　站点链接

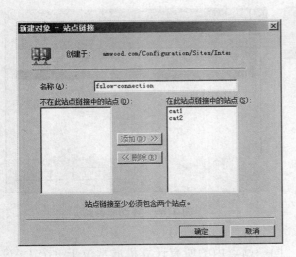 

图 2.92　新建站点链接　　　　　　图 2.93　站点链接的属性

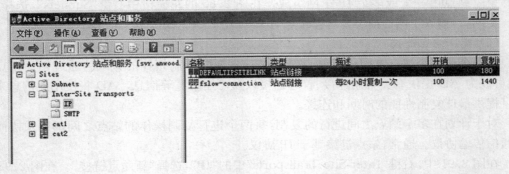

图 2.94　站点链接

2.4　DHCP 服务器

前面 3 个小节我们主要学习了 Windows Server 2008 的安装、配置及域的使用。选用 Windows Server 2008 作为网络操作系统，主要是因为它的网络服务功能。网络服务主要包括 DHCP、DNS、Web、FTP。

2.4.1　DHCP 简介

当网络规模较大时，计算机数量较多，作为管理员，是否有耐心有必要去一台一台地配置静态 IP 地址呢？当设置静态 IP 地址时，提示网络中 IP 地址冲突，如何知道修改什么地址才不冲突呢？当可分配的 IP 地址不够用时，通过什么方法能提高 IP 地址的利用率呢？

1. DHCP

DHCP(Dynamic Host Configuration Protocol)是动态主机配置协议，它基于 TCP/IP 网络，通过使用 DHCP 服务器为网络上启用了 DHCP 的客户端动态分配 IP 地址和其他相关配置。通过该协议可以简化 IP 配置管理。其优点表现在：

① 减小管理员的工作量。

② 减小输入错误的可能性。

③ 避免 IP 冲突，提高 IP 地址的利用率。

④ 当网络更改 IP 地址段时，不需要重新配置每台计算机的 IP。

⑤ 计算机移动不必重新配置 IP。

⑥ 可以指派地址租约时间。

DHCP 服务器要负责为客户机动态分配 TCP/IP 信息，包括：IP 地址、子网掩码、默认网关、首选 DNS 服务器，其中 IP 地址和子网掩码是必须提供的。

下面举例讲解。实现目标如下：

① 在服务器 svr(192.168.18.10)上配置静态 IP 地址。

② 在 svr 上安装 DHCP 服务器，设置作用域为"little"，可分配的 IP 地址范围为 192.168.18.50～192.168.18.150，排除 IP 地址范围为 192.168.18.85～192.168.18.100 和 192.168.18.55。租约时间为 15 天。

③ 在客户端 pc2 上设置"自动获得 IP 地址"，并在 pc2 上检测所获得的 IP 地址。关闭 svr 上的 DHCP 服务，pc2 能否获得 IP 地址？ 或者能获得什么 IP 地址？

2.4.2　配置 DHCP 服务器

1. 配置 DHCP 服务器的条件

配置 DHCP 服务器需要满足下面 4 个要求：

① 静态 IP 地址、子网掩码和其他的 TCP/IP 参数；

② 添加 DHCP 服务角色；

③ 授权 DHCP 服务器；

④ 配置作用域。

2. 搭建 DCHP 服务器

首先要设置 IP 地址。服务器 svr 上使用静态的 IP 地址，如图 2.95(a)所示，客户端 pc2 上要设置为"自动获得 IP 地址"，如图 2.95(b)所示。

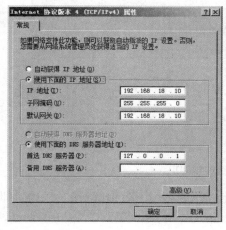
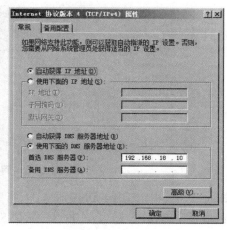

(a) 服务器　　　　　　　　　　　　　　　(b) 客户端

图 2.95　配置 TCP/IP 属性

打开如图 2.23 所示的"添加角色"窗口,安装"DHCP 服务器",如图 2.96 所示。点击"下一步",弹出 DHCP 服务器简介窗口(见图 2.97),可以在这里了解它的作用及做好安装前的准备工作。点击"下一步",弹出图 2.98 网络连接的绑定。如果之前没有设置静态 IP 地址,这时弹出警告。这里实际是指定使用 DHCP 服务的网卡。

图 2.96　添加 DHCP 服务器

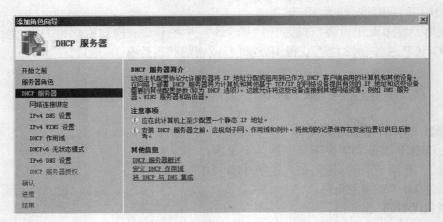

图 2.97　DHCP 服务器简介

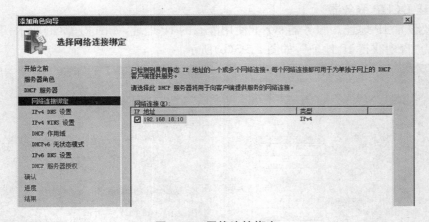

图 2.98　网络连接绑定

在图 2.99 中,指定 IPv4 DNS 服务器,指定客户端将用于名称解析的父域名,即 DHCP 服务器的 DNS 参数。图 2.100 是 WINS 设置。WINS(Windows Internet Naming Server),即 Windows Internet 命名服务,它提供一个分布式数据库,为 NetBIOS 名字提供名称注册、名称更新、名称查询、名称释放等。这里选择不需要。

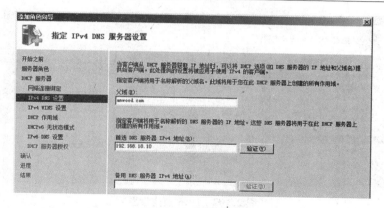

图 2.99　DNS 设置

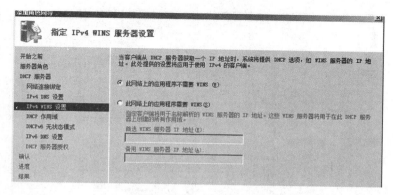

图 2.100　WINS 设置

在图 2.101 中,单击"添加"按钮,配置作用域(地址池)的名称(Little)、起始地址(192.168.18.50)和结束地址(192.168.18.150)、子网掩码、默认网关、子网类型(这里选有线,默认租约时间为 6 天)等内容,激活此作用域并确定。点击"下一步",在图 2.102 中选择禁用 DHCPv6模式(前面已经禁用 IPv6 协议)。点击"下一步",会弹出图 2.103 的授权窗口,选择使用当前凭证。之后弹出确认安装选择并开始安装(见图 2.104),完成后给出安装结果,如图 2.105 所示,可能会有警告信息,但不会影响使用。

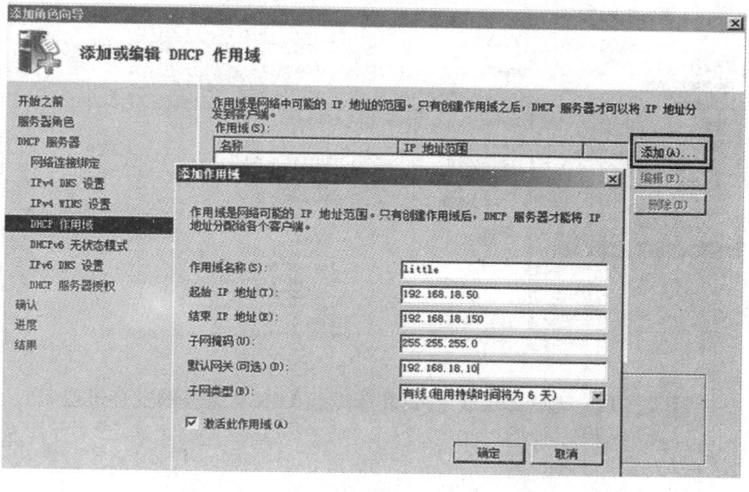

图 2.101　添加或编辑 DHCP 作用域

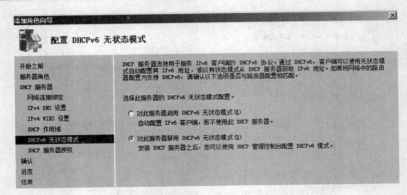

图 2.102　IPv6 模式设置

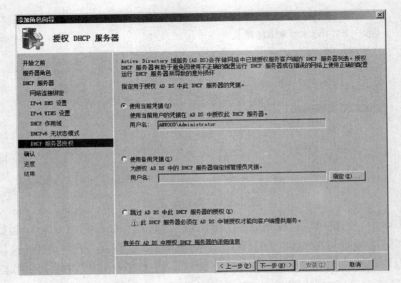

图 2.103　授权 DHCP 服务器

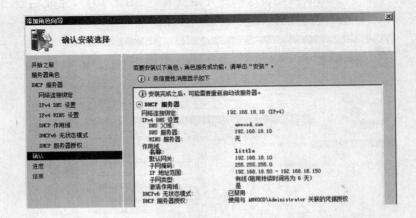

图 2.104　确认 DHCP 的安装选择和 DHCP 服务器安装进度

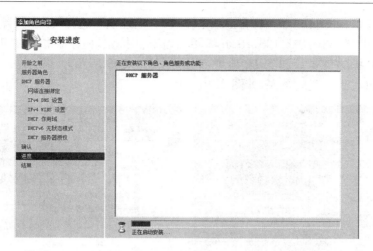

续图 2.104　确认 DHCP 的安装选择和 DHCP 服务器安装进度

成功安装 DHCP 服务后,在"管理工具"中会看到 DHCP 选项,如图 2.106 所示。单击可以打开 DHCP 控制平台,在图 2.107 中可以查看、修改 DHCP 服务器。

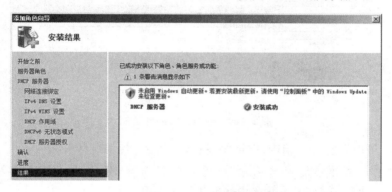

图 2.105　DHCP 的安装结果

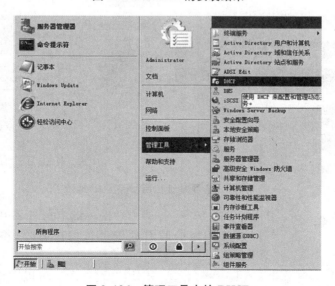

图 2.106　管理工具中的 DHCP

　　按照任务要求,在图 2.107 中,右键单击左侧的"地址池",选择"新建排除范围",首先排除区域:192.168.18.85～192.168.18.100,单击"添加"按钮,再添加指定的 192.168.18.55 的排除(单个 IP 排除只要写起始 IP 地址部分,如图 2.108 所示)。再单击"添加"后关闭。在地址池中可以看到设置的结果,如图 2.109 所示。

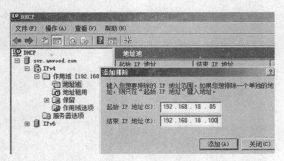

图 2.107　IP 地址范围排除　　　　　　　　图 2.108　指定 IP 地址排除

图 2.109　查看设置的地址池

　　根据需要,可以在此查看租用、保留等信息,如图 2.110 所示。

　　提示　对于一些特殊的客户端,可以考虑为其保留 IP 地址。这时需要将客户端的 MAC 地址与 IP 地址绑定,这样客户端每次都能获得同一 IP 地址。

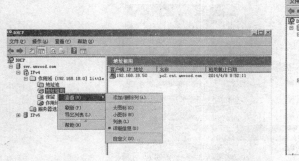
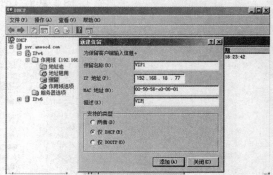

图 2.110　查看地址租用和保留 IP 地址

　　租约时间默认为 6 天,实验要求为 15 天,修改方法是右键单击图 2.109 的方框部分,选择"属性",打开图 2.111。可以对作用域的原有设置进行修改,这里将租用期限限制为 15 天。

　　在图 2.112 中,右键单击 IPv4,选择"新建作用域",根据向导可以完成新的作用域的添加,包括作用域的名称、IP 地址范围、子网掩码的长度、添加排除、租约期限、默认网关、域名称、DNS 服务器、WINS 服务器并激活作用域。参照图 2.113 的显示,尝试完成(实验中无要求,不再详细图解)。

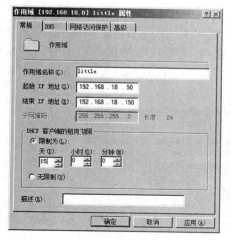

图 2.111　修改作用域的设置

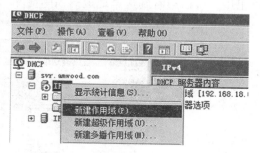

图 2.112　新建作用域

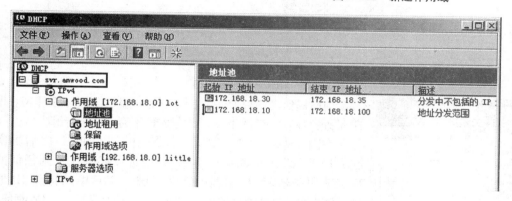

图 2.113　新建的作用域内容

DHCP 的常用设置还包括 DHCP 服务的备份和恢复。在图 2.113 中,右键单击方框部分,选择"备份",备份到指定文件夹中。实验时,可以将当前的作用域先"删除"再从备份文件中"还原"。在替代的服务器上只安装 DHCP 服务,然后将前面备份的文件复制到当前计算机中。在 DHCP 窗口中,也可还原完成相同地址池的配置等。

3. 启动 DHCP 服务器

打开"DHCP"窗口,在图 2.114 中查看到是否授权,在"所有任务"中对 DHCP 服务器选择"启动"、"停止"、"暂停"、"继续"或"重新启动"。

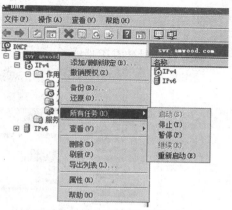

图 2.114　DHCP 服务的启动

2.4.3 配置 DHCP 客户机并检测

在客户机 pc2 上配置 IP 为 DHCP 方式(见图 2.95)。之后重新启用网卡,检测是否分配到动态的 IP 地址。这里要注意,如果是使用虚拟机,需要在虚拟机设置中关闭虚拟机的 DHCP 服务。检测到的结果如图 2.115 所示,地址为 192.168.18.50。单击图 2.113 中的"地址租用",可以查看到这个地址的租用情况。

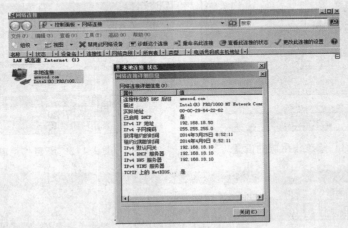

图 2.115   DHCP 客户端检测

前面提到,尝试关闭 svr 上的 DHCP 服务,检测 pc2 能否获得 IP 地址? 或者能获得什么 IP 地址? 以下对问题进行解决。

在图 2.114 中,单击"所有任务"中的"停止"。之后再次在客户机 pc2 上检测所获得的 IP 地址。如果找不到任何的 DHCP 服务器,客户端就可能获得图 2.116 中的特殊 IP 地址。实验时,如果测试的不是类似 169.254.X.X 的 IP 地址,要设置下面两种情况中服务保持关闭状态:

① 虚拟机软件中的 DHCP 服务是否关闭。

② 宿主机中的 VMware DHCP Server 服务是否关闭(见图 2.117)。

图 2.116   特殊的 IP 地址

图 2.117   关闭宿主机上 VMware DHCP Server

这里可以把 DHCP 服务的过程比作租房子。开始租客向网络发送广播包(DHCP Offer),找房东(DHCP 服务器)。房东如果正好有空闲的房子(IP 地址)可租,则广播回复租客。如果 DHCP 服务器的数量比较多,客户端会接收到多个 DHCP 信息,这时就根据先到先服务的原则选取。服务器收到使用信息,从地址池中分配一个 IP 并给客户端发送 ACK 确认信息(包括 IP 地址、子网掩码、网关、DNS 等)。

DHCP 服务器向客户机提供的 IP 地址是有租约期限的,不是永久的。当房子快到期时,要提前向房东续约,否则将不能再使用。当 DHCP 客户机租期到 50%时,客户机向为它提供 IP 信息的 DCHP 服务器发送 DHCP Request 重新更新租约。在租期到 87.5%时,客户机再次发送 DHCP Request 以更新租约,如果没有响应,则进入重新申请状态,客户机向网络中所有服务器发送 DHCP Discover 包。这就相当于原房东不愿意续约,租客只能再找房子了。如果到期时还是找不到,租客只能去临时避难所了,获得 169.254.X.X 的 IP 地址,这样的地址是受限制的(如果是电脑对电脑传送信息,可以使用这段 IP 地址,路由器不会阻止,但不能跨越路由器)。在没有 DHCP 服务器可用的网络中,如果客户端进行了"备用配置"的设定,则客户端会自动启用备用配置中的 IP 地址信息。

使用命令 ipconfig/release 释放 IP 的租约。一旦释放,DHCP 服务器就可以将释放的 IP 分配给网络中的其他计算机。使用命令 ipconfig/renew 重新获取 IP。在租约期内,如果 DHCP 服务器没有响应,客户机将继续使用当前的配置。

在实际工作环境中,并不是每个使用客户端的人员都会使用命令来完成 IP 租约的释放。因此,管理员可以根据实际情况设置比较短的租约期限。

下面说明一下 DHCP 过程中发送的广播包:

(1) DHCP Discover 包

客户机开始没有 IP 地址,就使用源 IP 地址:0.0.0.0,目的 IP 地址:255.255.255.255,该包还包含客户机的 MAC 地址(网卡地址)和计算机名。DHCP 客户端等待 1 s 时间,如果没有收到提供的 IP 地址,会将该请求重新广播 4 次,广播时间间隔 2 s、4 s、6 s、8 s。如果 4 次请求后,还是不能收到 IP 地址,就采用 169.254.X.X 的 IP 地址。以后每隔 5 min,该客户机会继续尝试发现一个 DHCP 服务器。

(2) DHCP Offer 包

DHCP 服务器接收到 DHCP Discover 包后,会回答一个 DHCP FFER 消息。包含:DHCP 客户机的 MAC 地址,DHCP 服务器提供的合法 IP 地址、子网掩码、租约的期限、服务器标识符(DHCP 服务器的 IP 地址)和其他可选参数(如网关、DNS 服务器地址)。

(3) DHCP Request 包

DHCP 客户机在接收到第一个 DHCPFFER 后,会广播一个 DHCP Request 消息响应,标识接受该提供。包含的信息有为该客户机提供 IP 配置的服务器的服务标识符(IP 地址),该消息包含 IP 地址的有效租约和其他可能配置的信息。这样所有其他 DHCP 服务器将收回它们的提供,并将 IP 地址保留给其他 IP 租约请求使用。

(4) DHC Pack 包

发出接受提供消息的 DHCP 服务器将广播一个 DHCP 确认消息(DHCP Pack),用于确认这一成功的租约。

2.5　DNS 服务器

2.5.1　DNS 简介

1. DNS 的定义

DNS(Domain Name System)是域名解析服务，一种组织成域层次结构的计算机和网络服务命名系统。DNS 命名用于 TCP/IP 网络，实现通过"友好的用户名"（方便记忆）定位计算机和服务。用户在应用程序中通过输入 DNS 名称，由 DNS 服务器将此名称解析成相应的 IP 地址。

域名空间结构包括：根域、顶级域（组织域、国家域/地区域、反向域）、二级域和主机。其中，"主机名. DNS 后缀" = FQDN。

提示　FQDN(Fully Qualified Domain Name)指完全合格域名/全称域名。这是一种完全表示形式，可以从逻辑上准确地表示出主机所在的位置。

DNS 的解析流程是：首先查找本机的 hosts 表，如果没有查找到，就转向网络连接设置中的 DNS 服务器解析。

客户机向 DNS 服务器查询 IP 地址有 3 种模式：

（1）递归查询

主机向本地域名服务器的查询一般都是采用递归查询。如果主机所询问的本地域名服务器不知道被查询域名的 IP 地址，那么本地域名服务器就以 DNS 客户的身份，向其他根域名服务器继续发出查询请求报文。

（2）迭代查询

本地域名服务器向根域名服务器的查询通常是采用迭代查询。当根域名服务器收到本地域名服务器的迭代查询请求报文时，要么给出要查询的 IP 地址，要么告诉本地域名服务器"你下一步应当向哪一个域名服务器进行查询"。然后让本地域名服务器进行后续的查询。

（3）反向查询

大部分的 DNS 查找中，客户机都是执行正向查找。但 DNS 也提供反射查找过程，即允许客户机在名称查询期间根据已知的 IP 地址，反向查找计算机名。

2. 配置 DNS 服务器的条件

① 有固定的 IP 地址；

② 安装并启动 DNS 服务；

③ 配置下列条件之一：有区域文件、配置转发器、配置根提示。

2.5.2　配置 DNS 服务器

1. 安装 DNS 服务

以管理员账户登录 Windows Server 2008 系统，打开如图 2.23 所示的"服务器管理器"窗口，查看是否已经安装 DNS 服务器。如果没有安装，就单击"添加角色"，选择安装"DNS

服务器"，按照配置向导完成安装，如图 2.119 所示。

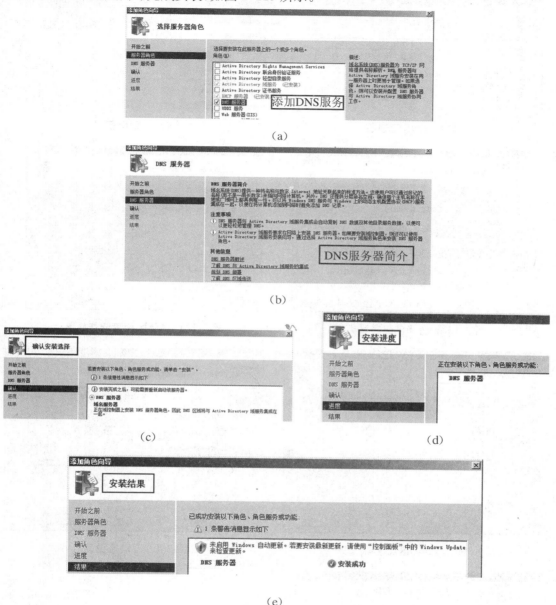

（a）

（b）

（c）　　　　　　　　　　　　　（d）

（e）

图 2.119　DNS 的安装过程及结果

2. 为正向查找区域建立主机

通过"开始→管理工具→DNS"打开如图 2.120 所示的 DNS 管理器。为了使 DNS 服务器能够将域名解析为 IP 地址，必须首先在 DNS 区域中添加正向查找区域。在图 2.121 中，可以查看到前面讲解中创建的正向查找区域。也可以再右键"正向查找区域"，单击"新建区域"。在图 2.122 中选择要创建的区域类型。在图 2.124 区域名称对话框中，输入在域名服务机构申请的正式域名，这里输入"new.com"。

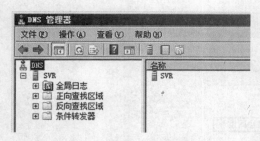

图 2.120　DNS 管理器

图 2.121　新建区域

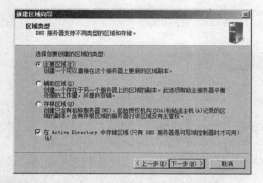

图 2.122　选择创建区域类型

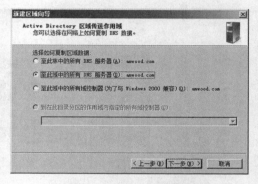

图 2.123　AD 区域传送作用域

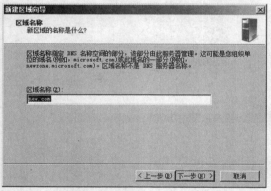

图 2.124　区域名称

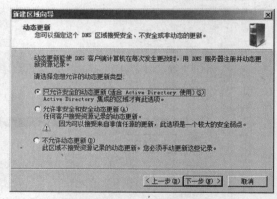

图 2.125　动态更新

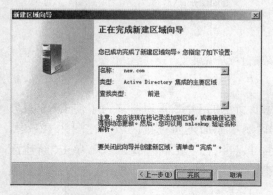

图 2.126　完成区域向导

图 2.127　新建主机

在图 2.128 中输入主机名和 IP 地址。这里名称部分输入"www"，IP 地址输入"192.
168.18.10"，单击"添加主机"即可。同理创建 FTP 主机的 IP 为"192.168.15.20"，完成后，
在图 2.129 中可以查看。

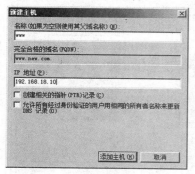

图 2.128　新建"www"主机

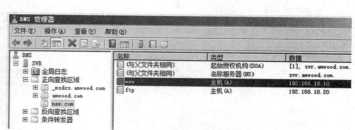

图 2.129　查看 new.com 中的主机记录

对于不再需要使用的区域可以右键单击，选择"删除"。尝试删除刚才建立的 new.com
区域。再尝试在"amwood.com"中建立正向解析的主机记录。查看时，会显示图 2.130 中
的结果。

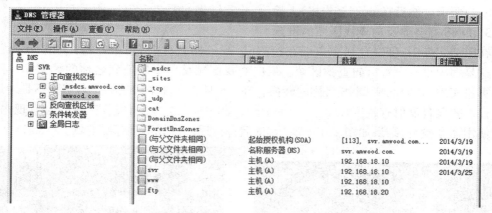

图 2.130　查看 amwood.com 中的主机记录

2.5.3　配置 DNS 客户机并检测

完成了 DNS 服务器的相关配置或修改了相关配置，DNS 服务器都要重新启动，如图
2.131 所示。

DNS 的检测可以在本机和客户机上检测，常用的命令是 nslookup 命令。

1. DNS 客户端的配置

DNS 客户端上要设置与 DNS 服务器在同一网络并指定 DNS 服务器的 IP 地址，如图
2.132 所示。这里按前面的实验设置，svr 是 DNS 服务器，pc2 是客户机。

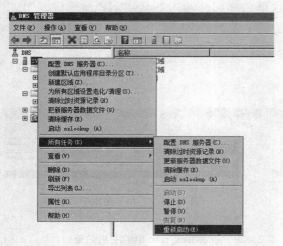

图 2.131　重新启动 DNS 服务

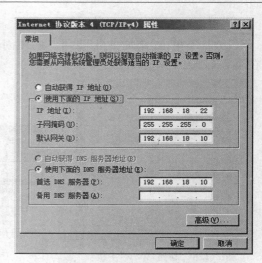

图 2.132　设置 DNS 客户端 IP 属性

2. 检测 DNS 服务器(正向解析)

在 svr(DNS 服务器)上先检测,打开 cmd 窗口,使用 nslookup 命令,检测结果如图 2.133(a)所示。然后在 pc2(客户机)上检测,检测结果如图 2.133(b)所示。

3. DNS 服务器反向查找区域的设置

在图 2.133 中,可以看到客户端在检测时,服务器名称上有"服务器:Unknown"的提示。这是因为没有设置反向查找区域。反向查找区域是一个地址到名称的数据库,可以帮助计算机实现 IP 地址到 DNS 名称的转换。在 IIS 日志文件中记录的是名字而不是地址,因此往往需要设置反射查找区域。在 svr 的图 2.130 中,点击"反向查找区域",会发现内容为空。使用命令检测,结果如图 2.134 所示,最后一行返回说找不到存在的域。

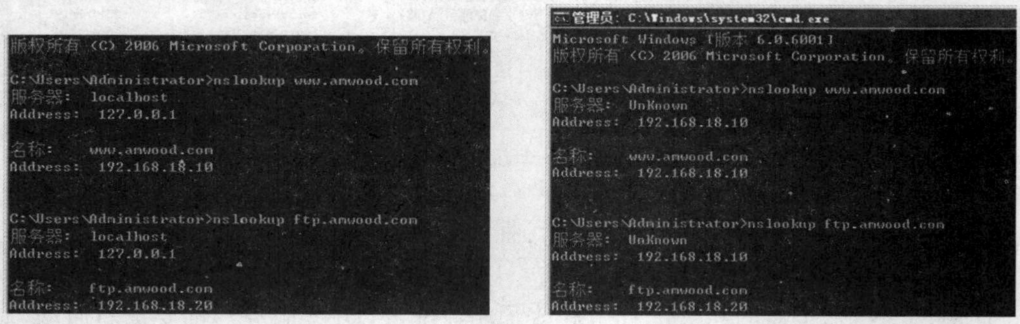

版权所有 (C) 2006 Microsoft Corporation。保留所有权利。

C:\Users\Administrator>nslookup www.amwood.com
服务器: localhost
Address: 127.0.0.1

名称: www.amwood.com
Address: 192.168.18.10

C:\Users\Administrator>nslookup ftp.amwood.com
服务器: localhost
Address: 127.0.0.1

名称: ftp.amwood.com
Address: 192.168.18.20

管理员 C:\Windows\system32\cmd.exe

Microsoft Windows [版本 6.0.6001]
版权所有 (C) 2006 Microsoft Corporation。保留所有权利。

C:\Users\Administrator>nslookup www.amwood.com
服务器: UnKnown
Address: 192.168.18.10

名称: www.amwood.com
Address: 192.168.18.10

C:\Users\Administrator>nslookup ftp.amwood.com
服务器: UnKnown
Address: 192.168.18.10

名称: ftp.amwood.com
Address: 192.168.18.20

（a）svr 上　　　　　　　（b）pc2 上

图 2.133　DNS 解析检测

反向查找区域的设置方法类似正向查找区域。AD 与 DNS 在同一台服务器(svr)上,大部分采用默认设置。打开图 2.135 中的"新建区域",过程中要注意在图 2.136 中选择第一项"IPv4 反向查找区域",在图 2.137 中输入 DNS 服务器所在的网段(192.168.18)。完成后同样重启 DNS 服务。

通过 nslookup 命令检测,会发现还是不行。这时我们还需要对反向区域设置 PTR 指针。设置方法有两种:

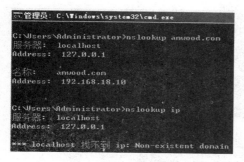

图 2.134　创建反向查找区域

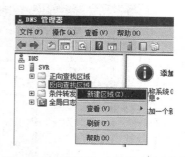

图 2.135　设置 IPv4 反射查找区域

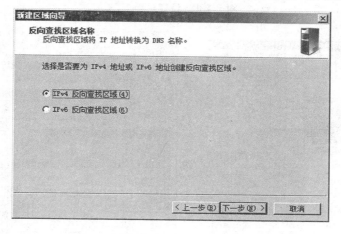

图 2.136　IPv4 反向查找区域

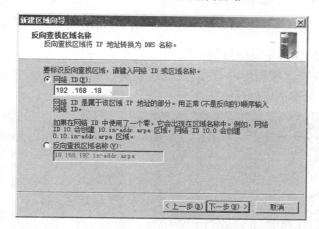

图 2.137　DNS 所在网络号

① 打开正向查找区域中主机名的属性,勾选下面的"更新相关的指针(PTR)记录"。在图 2.138 中,打开"www"的属性,并勾选。其他主机名也会自动更新相关的 PTR 指针。

② 手动给反向区域添加 PTR 指针,适用于添加域中其他 WWW、邮件、FTP 服务器的方法。先撤销刚才的勾选,使反向失效,再手动设置。右键单击反向查找区域名,如图 2.139 所示,点击"新建指针(PTR)",之后手动添加主机地址,可以通过"浏览",打到域名和相关正向区域记录。确定添加即可。

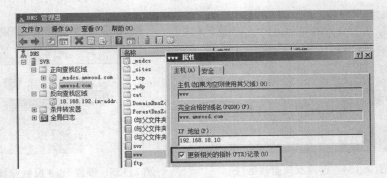

图 2.138 设置更新 PTR

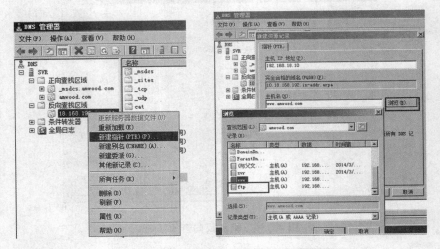

图 2.139 手动建立 PTR 指针

4. 检测 DNS 服务器(正反向解析)

设置完成正向查找区域和反向查找区域后,要重启 DNS 服务。之后在客户机上检测。如图 2.140 所示,实现了正反向的解析。

图 2.140 DNS 正反向解析检测

补充　如果需要完成本地 DNS 服务器对外网的解析,则需要附加设置转发器。右键单击图 2.141 中的"SVR",选择"属性",在弹出的对话框中选择"转发器"选项卡,可以进行编辑(添加外网 DNS)。这里不再详细讲解。

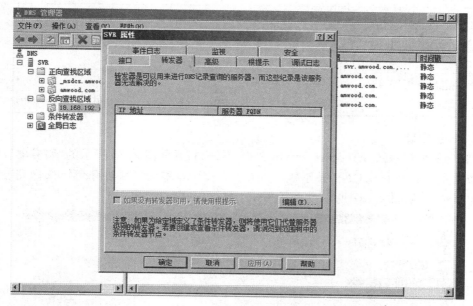

图 2.141　设置 DNS 转发器

2.6　Web 服务器

随着计算机网络的发展,信息共享的方法也多种多样。在共享信息的同时,许多企业和个人对信息的快速反应能力提出了更高的要求。传统的共享信息方式包括设置共享文件夹、NFS 等已经不能满足人们的需要了。目前最佳的路径是建立 Internet 信息服务器。IIS (Internet Information Server)主要提供 Web、FTP、SMTP、NNTP 等服务。本节学习它的主要的功能之一——Web 功能。通过将客户端 HTTP 请求连接到 IIS 中运行的网站上, Web 服务(万维网发布服务)向 IIS 最终用户提供 Web 发布。Web 服务管理是 IIS 的核心组件,这些组件处理 HTTP 请求并配置和管理 Web 应用程序。

Web 服务也称 WWW(World Wide Web)服务,即万维网服务,主要是提供网上信息浏览服务。它工作于应用层,使用 HTTP 协议,采用 HTML 文档格式,通过 URL(统一资源定位器)浏览。常用的 Web 服务软件包括:Windows 系统中的 IIS 和 Linux 系统中的Apache。

2.6.1　IIS 的简介与安装

1. IIS 简介
IIS 主要提供 Web、FTP、SMTP、NNTP 等服务。具体功能如表 2.4 所示。

表 2.4   IIS 组件与功能

组 件 名 称	功 能
万维网(Web)服务	使用 HTTP 协议向客户提供信息浏览服务
文件传输协议(FTP)服务	使用 FTP 协议向客户提供上传和下载文件的服务
SMTP Service	简单邮件传输协议服务,支持电子邮件的传输
NNTP 服务	网络新闻传输协议服务
Internet 信息服务管理器	IIS 的管理界面
Internet 打印	提供基于 Web 的打印机管理并能通过 HTTP 打印以共享打印机

2. IIS 的安装

以管理员账户登录 Windows Server 2008 系统,打开如图 2.23 所示的"服务器管理器"窗口,查看是否已经安装 DNS 服务器。如果没有安装,就单击"添加角色",选择安装"Web服务器(IIS)"。如图 2.142 所示。

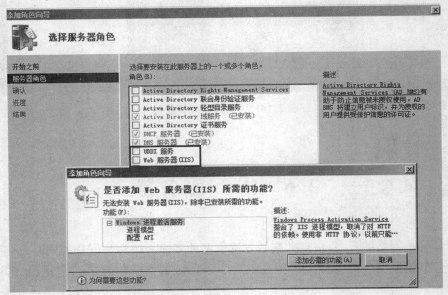

图 2.142   添加"Web 服务器"角色

可能会有"添加必需的功能"提示,要添加,否则不能继续安装。然后按照配置向导,均采用默认完成安装,与之前添加角色步骤类似,这里不再列图说明。

完成后,从"开始→管理工具→Internet 信息服务(IIS)管理器"中打开 IIS 管理器。展开相关的节点,可以看到如图 2.143 所示的窗口。图的左边是网站目录,中间是操作目标,右边是操作栏。网站的基本配置、权限和限制,都可以在这里实现。

2.6.2   安装和配置 Web 站点

1. Web 站点的创建

建立和配置 Web 站点主要包括:配置 IP 地址和 TCP 端口,配置物理路径和连接限制,配置默认文档。

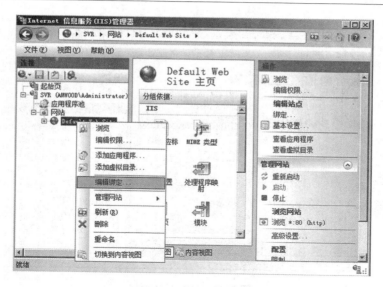

图 2.143　IIS 管理器

实验目标：在 svr(192.168.18.10)上创建 Web 服务器，设置主页内容(index. html 文件)并在本机和客户机上测试。

Web 服务的设置可利用"Internet 信息服务(IIS)管理器"窗口设置。在图 2.143 中，右键单击目标网站名，选择"编辑绑定"。在"网站绑定"界面，单击"添加"，选择一个具体的 IP 地址或选择全部为分配，这里选择 192.168.18.10，端口默认为 80，如图 2.144 所示。

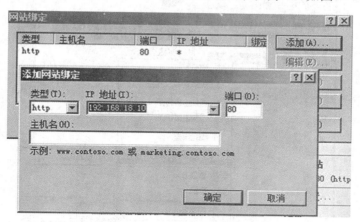

图 2.144　编辑绑定

点选目标网站名，双击中间窗口的"默认文档"，显示系统默认的文档。通过右边窗口中的"添加、删除、上移、下移"编辑默认文档响应请求的次序。如图 2.145 所示，将 index. html 放在最上面。

右键单击目标网站名，选择"管理网站"中的"高级设置"，如图 2.146 所示。在图 2.147 中，可以设置网站的物理路径、连接超时、最大并发连接数、最大带宽。所有的网站都必须要有主目录，可以用 IIS 管理器更改网站的主目录。默认的主目录是"LocalDrive：\Inetpub\ wwwroot"，这里修改为"C：\mysite"。在该目录中使用记事本创建一个测试用主页文件 index. html(注意保存时的类型)，内容如图 2.148 所示。一般网站的目录和文件我们不建

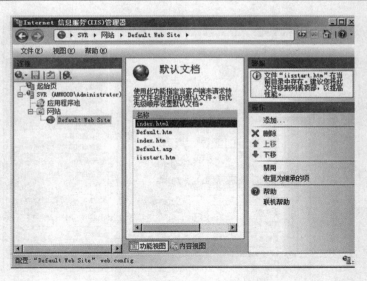

图 2.145　IIS 默认文档

议存放在系统盘上,建议放在逻辑盘上,如 E:。这里只是实验测试,所以没有修改。

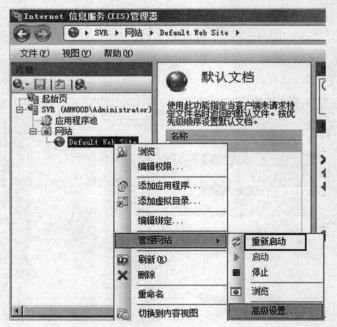

图 2.146　网站"高级设置"

　　设置完成后,参照图 2.146 示,选择"重新启动"。之后可以进行测试,结果如图 2.149 所示。这里也可以使用 IP 地址进行测试。因为之前已经完成 DNS 的配置,所以能够完成从域名到 IP 地址的解析。

　　提示　用户主要使用 HTTP 协议访问互联网中的 Web 网站资源。

图 2.147　网站高级设置

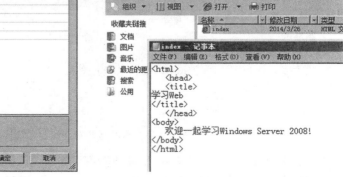

图 2.148　编辑 index.html 文件

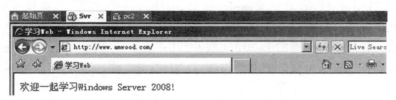

（a）svr 上测试

（b）pc2 上测试

图 2.149　Web 访问测试(1)

也可以建立新的网站，在图 2.150 中，右键单击"网站"，选择"添加网站"。输入网站名称及物理路径（目录已经存在，并设置好主页内容），对其进行 IP 地址的及端口的绑定。因为前面的 80 端口已经被占用，这里要进行修改，图中使用了"1080"。默认已经勾选"立即启动网站"。如果确定后未启动，参照图 2.146，选择"重新启动"。测试时，在 IP 地址后要加上端口号（http://192.168.18.10:1080/），如图 2.151 所示。如果不能访问，要考虑防火墙的设置（关闭防火墙或打开 1080 端口）。

提示　使用 IIS7.0 的虚拟主机技术，通过分配 TCP 端口、IP 地址和主机头名，可以在一台服务器上建立多个虚拟 Web 网站。

利用虚拟目录和虚拟主机可以优化 Web 服务器。

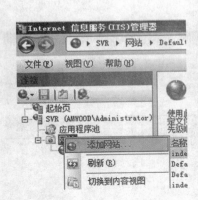
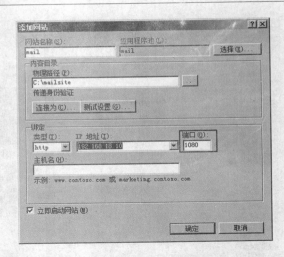

图 2.150　添加网站并编辑添加的网站

　　虚拟目录类似磁盘映射,当 Web 服务器安装的目录所在磁盘容量不够时,可以通过虚拟目录将所需要的目录放在别的磁盘中。方法是在图 2.146 中,右键单击网站名,在弹出菜单中选择"添加虚拟目录",在其中添加别名和物理地址即可。访问时,在地址后加上别名。

　　虚拟主机是把一台运行在互联网上的服务器划分成多个"虚拟"的服务器。每一个虚拟主机都具有独立的域名和完整的 Internet 服务器(支持 www、ftp、e-mail)。虚拟目录是 IIS 中指定并映射到本地或远程服务器上的物理目录的目录名称。

　　目前常用的虚拟主机技术有 3 种:

　　① 使用不同的 IP 地址架设多个 Web 站点,适用于一台 Web 服务器上创建多个网站,为了使每个网站域名都能对应独立的 IP 地址。

　　② 使用不同端口号来架设多个 Web 站点,适用于 IP 地址资源紧张,只好借助端口号来架设网站。

　　③ 使用不同的主机头架设多个 Web 站点,适用于搭建多个具有不同域名的 Web 网站,与①相比,更为实用。

　　上面的讲解中,就是利用了不同的端口号来实现多个 Web 站点。

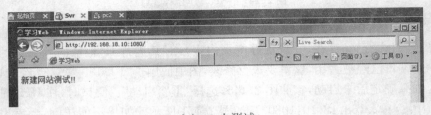

(a) svr 上测试

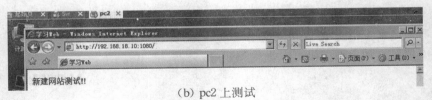

(b) pc2 上测试

图 2.151　Web 访问测试(2)

2.6.3　Web 站点的安全性

Windows Server 2008 中的 IE7 具有"增强的安全配置",但是 IIS6.0 默认没有安装有关安全的角色服务。

1. 安装安全角色服务

打开服务器管理器(见图 2.152),点击左侧的 Web 服务器,在右侧看到默认已安装了 15 个角色服务。单击"添加角色服务"。下一步,在图 2.153 中,选中"安全性"下所有的可选项。按向导提示步骤完成后,可查看到角色增加为 22 个。

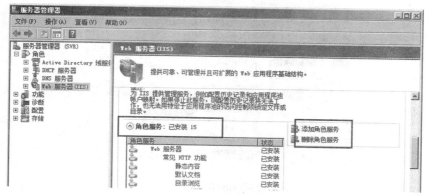

图 2.152　IIS 中添加角色服务

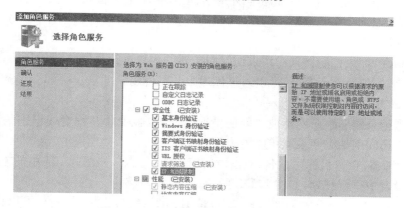

图 2.153　IIS 中添加"安全性"角色服务

2. 身份验证

在 IIS 管理器中,点选目标网站名,双击中间窗口的"身份验证",如图 2.154 所示。展开后可以看到有 4 种验证方式。右键单击某验证方式,可以启用、编辑。

(1) 匿名身份验证

这是默认启用的身份验证模式,用户无需输入用户名或密码便可以访问 Web 站点,自动映射到 IUSR(内置用户)。

(2) Windows 身份验证

使用 NTLM 或 Kerberos 协议对客户端进行身份验证,适用于 Intranet 域环境。

(3) 基本身份验证

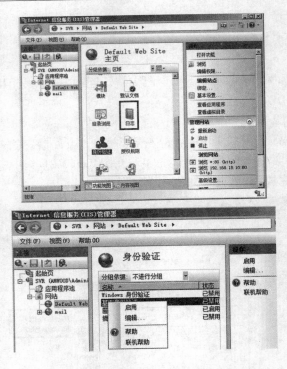

图 2.154　IIS 中的"身份验证"

要求用户提供有效的用户名和密码才能访问,在网络上传输弱加密的密码,可以跨防火墙和代理服务器工作。

(4) 摘要式身份验证

使用 Windows 域控制器来对请求访问服务器的用户进行身份验证,密码不是以明文形式发送的,比基本身份验证安全,可以通过代理服务器使用。

3. 配置日志

启用日志记录能够跟踪网站被访问的情况、评估内容受欢迎程度或识别信息瓶颈并查出非授权用户访问网站以便采取相应措施。

在 IIS 管理器,点选目标网站名,双击中间窗口的"日志",如图 2.154 中的方框部分。在展开的日志设置中进行规划,如图 2.155 所示。

建议使用 W3C 扩充日志文件格式,这也是 IIS 默认的日志格式,用户可以指定字段,其内容为默认的 ASCII 文本。每小时记录客户 IP 地址、用户名等,所有记录分类,而且每天均要审查日志,可用日记工具阅读。

IIS 日志的默认目录是"%SystemDrive%\inetpub\logs\LogFiles"。日志最好不要存放在默认的 C:盘,建议更换一个非系统盘日志的路径,同时设置日志的访问权限,只允许管理员和 System 为 Full Control。

在"日志文件滚动更新"部分中,可以选择:

① 计划:创建新日志文件:每小时、每天、每周或每月。

② 最大文件大小(单位为字节):在文件大小达到某个值(单位为字节)时创建新日志文件。最小文件大小为 1 048 576 字节。如果将此属性设置为小于 1 048 576 字节的值,则会隐式将默认值假定为 1 048 576 字节。

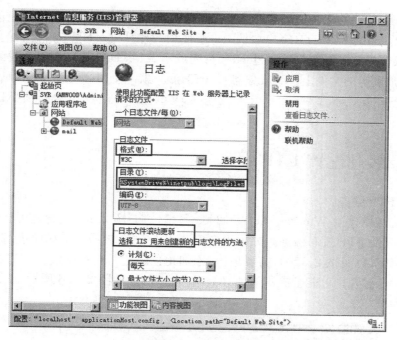

图 2.155　IIS 中的"日志"

③ 不创建新的日志文件：只有一个日志文件，在记录信息的过程中，此文件将不断变大。

④ 若选中"使用本地时间进行文件命名和滚动更新"，则日志文件命名和滚动更新的时间都使用本地服务器时间。如果未选定此项，则使用协调世界时（UTC）。

4. IP 地址和域名限制

与身份验证和日志设置类似，在图 2.154 中的中间窗口单击"IPv4 地址和域限制"，展开后可设置允许或拒绝某些客户端访问网站。

5. 安全性总结

客户机访问网站时，Web 服务器检查以下信息。只有通过以下检查，才可以访问网站内容：

① 客户机 IP 地址是否授权；

② 用户账户和密码是否正确；

③ 主目录是否设置了"读取"权限；

④ 网站文件的 NTFS 权限。

2.7　FTP 服务器

2.7.1　FTP 服务器简介

FTP(File Transfer Protocol)是文件传输协议，利用 FTP 可以给用户提供上传和下载文件的服务。它采用 C/S 方式。FTP 服务器提供 FTP 服务并有一定的存储空间,可以是专用服务器或个人计算机。FTP 客户端是用户所使用的计算机。FTP 支持两种登录方式:匿名登录和授权账户登录。客户端通过 FTP 可完成下载(将服务器的文件下载到本地硬盘)和上传(将本地硬盘的文件上传到服务器)。FTP 服务默认使用 21 号端口。

FTP 的连接方式有 3 种:命令行方式连接、Web 方式连接、本地安装 FTP 客户端软件连接。

2.7.2　安装和配置 FTP 服务

1. 安装 FTP 服务

以管理员账户登录 Windows Server 2008 系统,打开图 2.23,查看是否已经安装 Web 服务器(IIS)以及 FTP 发布服务。如果没有安装 IIS 角色,参照上节讲解进行 IIS 的安装。如果没有安装 FTP(见图 2.156),需要单击"添加角色服务",选择安装"FTP 发布服务",如图 2.157 所示。过程中可能会提示添加必需的角色服务,如图 2.158 所示。根据提示按步骤安装完成即可。

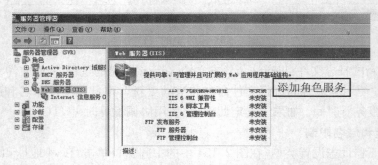

图 2.156　查询 FTP 是否已经安装

图 2.157　选取安装 FTP 发布服务

2. 创建一个新的 FTP 站点

在"服务器管理器"窗口可以查看 FTP 站点或单击图 2.159 的方框部分打开图 2.160,

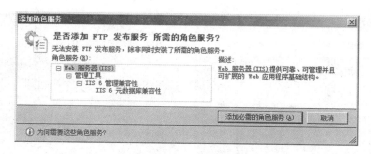

图 2.158　添加必需的角色服务

图 2.159　FTP 站点

也可以从"开始→管理工具→Internet 信息服务(IIS)6.0 管理器"打开图 2.160,右键单击 "FTP 站点",选择"新建→FTP 站点"。弹出图 2.161 的创建过程。注意事项及说明,参照各 图中方框内的文字。

图 2.160　新建 FTP 站点

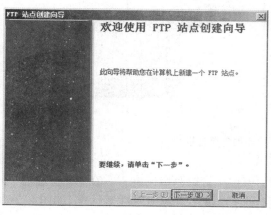

(a)

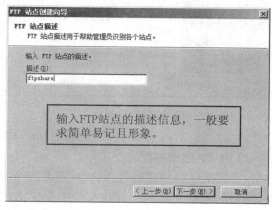

(b)

图 2.161　FTP 站点的创建过程

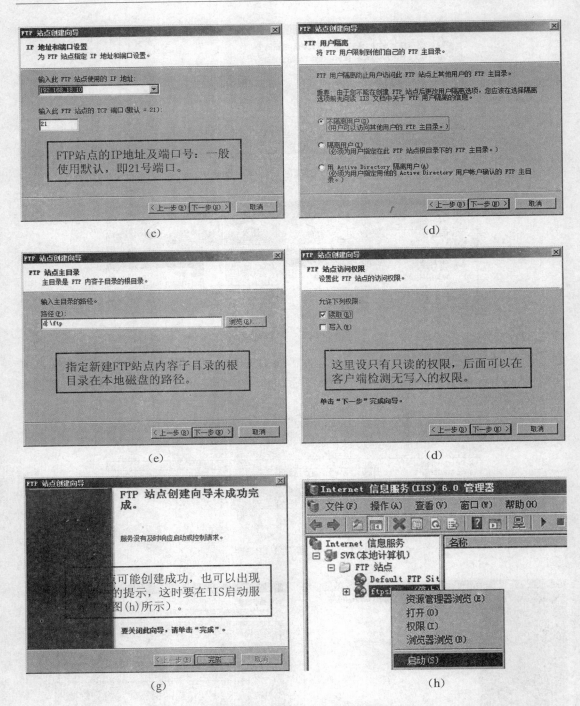

续图 2.161　FTP 站点的创建过程

3. FTP 站点的配置

完成站点的创建后,可以在对应 FTP 站点的属性中进行高级的配置。在 IIS 管理器中,右键单击需要设置 FTP 站点文件夹中的某站点,选择"属性",弹出属性对话框,如图 2.162 所示。在"FTP 站点"选项卡中可以对站点进行描述,指定 IP 地址和端口,设置同时连接到服务器客户端连接的数量,同时可以"启用日志记录"。

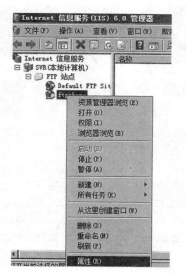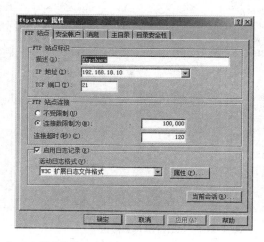

图 2.162　"FTP 站点"选项卡

　　在图 2.163 的"安全账户"选项卡中,可以设置是否允许匿名登录以及对应使用的用户名和密码。这里设置允许匿名连接。

　　在图 2.164 的"消息"选项卡中,可以设置站点的消息及超过最大连接数时的提示信息等。

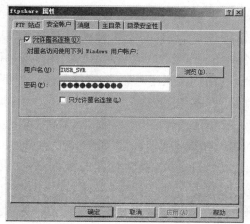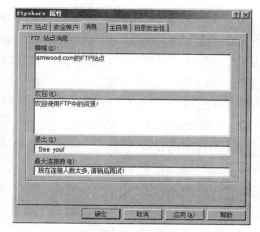

图 2.163　"FTP 站点"选项卡　　　　**图 2.164　"消息"选项卡**

　　在图 2.165 的"主目录"选项卡中可以设置 FTP 站点的目录输出样式: UNIX 或 MS-DOS格式。也可以重新指定 FTP 站点的主目录等信息。

　　在图 2.166 的"目录安全性"选项卡中,可以设置访问限制,方法是选定"授权访问"单选项,再"添加"禁止访问的 IP 地址。也可以选定"拒绝访问"单选项,再"添加"允许访问的 IP 地址。

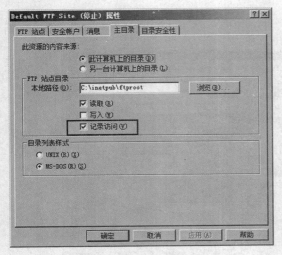

图 2.165　"主目录"选项卡

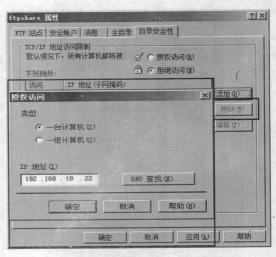

图 2.166　"目录安全性"选项卡

2.7.3　FTP 客户端检测

FTP 服务器安装成功后,可以采用 3 种方式来连接 FTP 站点。

1. 利用 FTP 命令访问 FTP 站点

在 FTP 客户端可通过 cmd 窗口中的"ftp"命令来检测。"ftp"命令后输入"open 192. 168.15.1"或"open www. amwood. com"(如果已经设置 DNS,可以直接使用域名)。根据前面的设置,这里是匿名用户登录测试:在用户名称部分输入"anonymous"或"ftp",不用输入密码就可实现。如果设置了用户,则要使用指定的用户名和密码登录,这样权限可以拥有不同的权限。登录成功后,使用"?"来查看当前可以使用哪些命令。

2. 利用浏览器访问 FTP 站点

通过 IE 浏览器进行检测。在地址栏输入"ftp://192.168.18.10"或"ftp://www. am-wood. com"(如果已经设置 DNS,可以直接使用域名)。可以看到对应的 FTP 站点中的内容。

检测时,一般先在 FTP 服务器上先测试。测试情况如图 2.167 所示。

3. 利用 FTP 客户端软件访问 FTP 站点

Windows 下最广泛使用:Serv-U。这里不再讲解。

然后在客户端检测。这里以 pc2(192.168.18.22)为 FTP 的客户端。使用命令检测的结果如图 2.168 所示。

使用 IE 浏览器进行操作不方便,可以按提示,单击"页面",选择"在 Windows 资源管理器中打开 FTP",参照图 2.169 中的方框部分。打开图 2.170 后,尝试进行写操作:例如新建一个文件夹(pc2),这里会弹出错误信息。

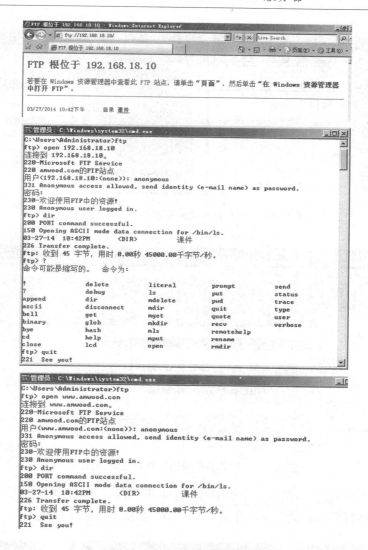

图 2.167　FTP 服务器自身的检测

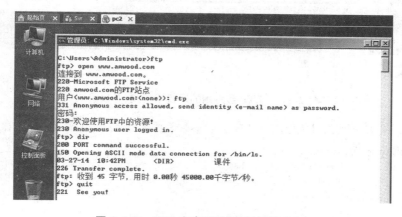

图 2.168　FTP 客户端的检测（使用命令）

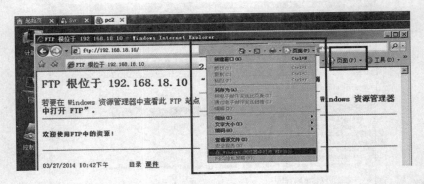

图 2.169　FTP 客户端的检测（使用 IE 浏览器）

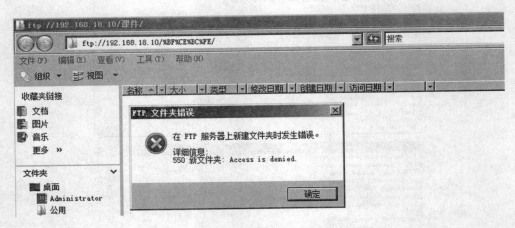

图 2.170　FTP 客户端的写权限检测（无权限）

　　这与之前 FTP 服务器在图 2.165 中的"主目录"选项中的设置有关，点选方框中的"写入"权限后，再进行测试。如图 2.171 所示，在客户端即可实现写入的操作。

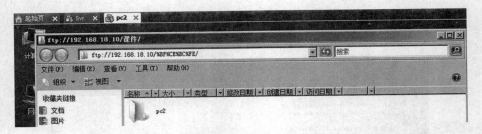

图 2.171　FTP 客户端的写权限检测（有权限）

　　提示　如果客户端无法访问 FTP 服务器，要考虑网络的连通情况、服务器端的设置以及防火墙规则等方面。

　　本章实训,为了便于操作和恢复,要求均在 **VMware** 环境下完成。正文部分已经详细讲解过程的,实训部分只说明内容和要求,步骤及注意事项不再重述。

　　在虚拟机中不正确地挂起系统,再次进入系统可能会出现蓝屏。实际操作中一般是在为某个硬件安装或升级驱动程序后重启计算机时,可能会出现蓝屏。这时可以在启动时选择“最近一次正确配置”,使系统恢复到安装驱动程序前的状态。

实训 1　Windows Server 2008 的安装

1. 实训目的

① 熟练掌握 Windows Server 2008 的安装。

② 熟悉 VMware 虚拟机环境中安装操作系统的步骤。

③ 熟悉 VMware 环境中的常用操作。

2. 实训环境

学生一人一台机器,在 **VMware** 实验环境中安装 Windows Server 2008 系统,教师提供安装盘或相应的 .iso 文件。

3. 实训内容与要求

① 安装 VMware 虚拟机软件。

② 在 VMware 中安装 Windows Server 2008 系统。

③ 登录 Windows Server 2008 系统并进行系统的激活。

④ 关闭 Windows Server 2008 系统。注意关闭系统时的对话框,如图 2.172 所示。

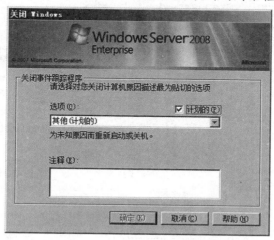

图 2.172　关闭系统时的对话框

　　⑤ 问题思考:每次 Windows Server 2008 关机都要求给出原因,如何去掉?

　　提示:从“开始→运行→键入 gpedit.msc”,打开本地组策略编辑器,展开“管理模板”找到“系统”,参照图 2.173 的方框部分,打到显示“关闭事件跟踪程序”,双击打开后,在“设置”

部分选择"已禁用"。

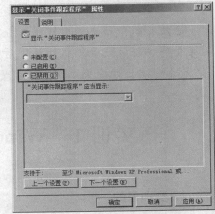

图 2.173   关闭事件跟踪程序

⑥ 修改 Windows Server 2008 虚拟机的设置。

从"虚拟机"菜单选择"设置",打开图 2.174。虚拟机的方便之处在于可以修改一些硬件设置内容。但要注意,有些设置可以在开机状态下直接修改,有些则需要关闭虚拟机后才能修改。例如,这里要求将网络连接方式修改为"Host-only"方式,思考如何实现? 尝试修改其他内容,成功或不成功都做记录,并分析原因。

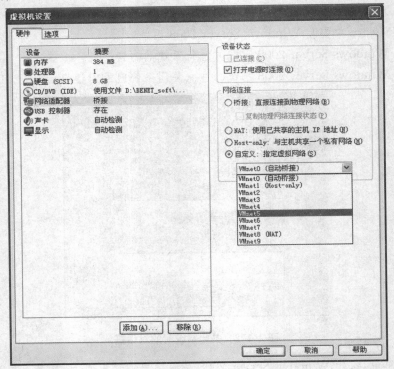

图 2.174   修改"虚拟机设置"

⑦ 熟悉 VMware 中各菜单内容及使用。

实训 2　配置 Windows Server 2008 的操作环境和网络环境

1. 实训目的

① 熟练掌握 Windows Server 2008 的操作环境。

② 熟练掌握虚拟机中 Windows Server 2008 系统的克隆。

③ 熟练进行 Windows Server 2008 网络环境设置。

2. 实训环境

学生一人一台机器，在 VMware 中已经安装了一个 Windows Server 2008 系统（svr）。

3. 实训内容与要求

① 使用管理员身份登录 Windows Server 2008 系统。

② 设置桌面显示，要求包括"计算机"、"控制面板"、"网络"和"回收站"。

③ 在 Windows Server 2008 中修改计算机名为"svr"，并设置在工作组"amwood"中。

④ 克隆当前的系统，并修改计算机名为"pc2"，将其设置在工作组"amwood"中。

⑤ 问题思考：此时 svr 和 pc2 的 UID 是否相同？

提示：参照 2.3.3 中的图 2.84 修改"pc2"的 SID。

⑥ 配置 svr 和 pc2 中的网卡连接方式为"NAT"，并配置 IP 地址，要求如下：

（a）去除"Internet 协议版本 6（TCP/IPv6）"。

（b）配置 IPv4 的地址，使它们在一个网络中。参照 2.2.2 中的讲解，用对话框和命令两种方式完成。

（c）使用 ipconfig 命令检测 IP 地址信息。

（d）使用 ping 命令进行两台虚拟机的连通测试。

⑦ 在 svr 和 pc2 上查看网络中是否可以相互发现。

双击桌面上的"网络"图标，在弹出的窗口中，查看网络发现是否已经关闭。如果关闭，则通过鼠标单击，选择"启用网络发现和文件共享"，如图 2.175 所示。在弹出如图 2.176 所示的对话框中选择"是，启用所有公用网络的网络发现和文件共享"。

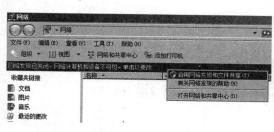

图 2.175　启用网络发现和文件共享

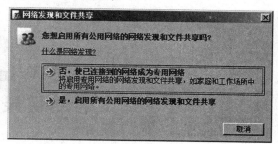

图 2.176　选择"是"后启用

提示　如果启用后，仍然不能寻找到"邻居"主机，就要进行排错了。

（a）查看 Windows Server 2008 系统是否安装了"启用文件和打印机共享"功能组件，如果没有安装，从 Windows Server 2008 网络中是看不到"邻居"主机的身影。

检查"启用文件和打印机共享"功能组件是否安装，方法是查看本地连接的属性窗口，如图 2.177 所示。

（b）"开始→运行"，输入"services.msc"，进入对应系统的服务列表窗口。在图 2.178 中，从服务列表窗口中找到目标系统服务"Computer Browser"，双击该服务选项，在弹出的对话框中，将启动类型设置为"自动"后，再将服务"启动"，如图 2.179 所示。之后在网络窗口进行刷新查看，可以显示图 2.180，此时相当于在"网上邻居"中相互发现了。

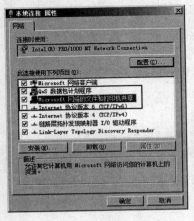

图 2.177 检查文件和打印机共享的组件

图 2.178 启动"Computer Browser"服务（1）

图 2.179 启动"Computer Browser"服务（2）

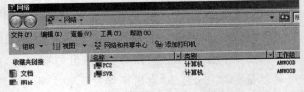

图 2.180 网络中的相互发现

⑧ 在 svr 上添加打印机角色。

实训 3　安装 Windows Server 2008 活动目录和 OU 的管理

1. 实训目的

① 熟练掌握 Windows Server 2008 的活动目录的创建。

② 熟练掌握 Windows Server 2008 中 OU 的管理。

2. 实训环境

学生一人一台机器,在 VMware 中已经安装了两个 Windows Server 2008 系统(svr 和 pc2)。

3. 实训内容与要求

① 使用管理员身份登录 Windows Server 2008 系统。

② 在 svr 上安装活动目录,具体参照 2.3.2 中的图 2.42～图 2.58。

③ 在 svr 上创建域 amwood.com。

④ 在 svr 的 amwood.com 域中创建用户账号"stu1"和用户组"stu"。

⑤ 将 pc2 加入到 amwood.com 域中。

⑥ 在 pc2 上使用 stu1 进行登录。

⑦ 在 pc2 上创建子域 cat.amwood.com,并与根域 amwood.com 建立信任关系。

实训 4　Windows Server 2008 的 DHCP 服务

1. 实训目的

① 熟练掌握 Windows Server 2008 的 DHCP 服务的设置。

② 能够为特殊的计算机保留 IP 地址并更改租约等限制。

2. 实训环境

学生一人一台机器,在 VMware 中已经安装了两个 Windows Server 2008 系统(svr 和 pc2)。

3. 实训内容与要求

① 使用管理员身份登录 Windows Server 2008 系统。

② 在 svr 上安装 DHCP 服务角色并进行配置,具体参照 2.4 中的讲解,完成配置和检测。

(a) 在服务器 svr(192.168.18.10)上配置静态 IP 地址。

(b) 在 svr 上安装 DHCP 服务器,设置作用域为"little",可分配的 IP 地址范围为 192.168.18.50～192.168.18.150,排除 IP 地址范围为 192.168.18.85～192.168.18.100 和 192.168.18.55。租约时间为 15 天。

③ 在客户端 pc2 上设置"自动获得 IP 地址",并在 pc2 上检测所获得的 IP 地址。

④ 根据 pc2 的 MAC 地址,使用 svr 的 DHCP 服务器为 pc2 保留固定的 IP 地址。重启 DHCP 服务后,在 pc2 上检测所获得的 IP 地址。

⑤ 关闭 svr 上的 DHCP 服务,在 pc2 上检测所获得的 IP 地址并分析原因。

实训 5　Windows Server 2008 的 DNS 服务

1. 实训目的

① 熟练掌握 Windows Server 2008 的 DNS 服务的设置。

② 熟练掌握 DNS 中的正向解析和反向解析的含义和检测方法。

2. 实训环境

学生一人一台机器,在 VMware 中已经安装了两个 Windows Server 2008 系统(svr 和 pc2)。

3. 实训内容与要求

① 使用管理员身份登录 Windows Server 2008 系统。

② svr 上安装 DNS 服务角色并进行配置,具体参照 2.5 中的讲解,完成配置和检测。

③ 在 svr 和 pc2 上分别使用 nslookup 命令进行 DNS 正向解析检测。

④ 在 svr 和 pc2 上分别使用 nslookup 命令进行 DNS 反向解析检测。

实训 6　Windows Server 2008 的 Web 服务

1. 实训目的

① 熟练掌握 Windows Server 2008 的 Web 服务的设置。

② 熟练掌握同一台 Web 服务器中配置多个网站的方法。

2. 实训环境

学生一人一台机器,在 VMware 中已经安装了两个 Windows Server 2008 系统(svr 和 pc2)。

3. 实训内容与要求

① 使用管理员身份登录 Windows Server 2008 系统。

② 在 svr 上安装 IIS 服务角色。

③ 在 svr 上安装和配置 Web 站点。配置方法参照 2.6.2 中的讲解,完成"www. amwood. com"的设置,使用默认的 80 端口。

④ 在 svr 上完成新站点的设置,使用 1080 端口。

⑤ 在 svr 和 pc2 上分别使用 IP 地址和域名进行 Web 服务检测。

实训 7　Windows Server 2008 的 FTP 服务

1. 实训目的

① 熟练掌握 Windows Server 2008 的 FTP 服务的设置。

② 熟练创建 FTP 站点并配置相关的权限。

③ 熟练掌握 FTP 的测试：IE 方式和命令方式。

2. 实训环境

学生一人一台机器，在 VMware 中已经安装了两个 Windows Server 2008 系统（svr 和 pc2）。

3. 实训内容与要求

① 使用管理员身份登录 Windows Server 2008 系统。

② 在 svr 上安装 FTP 服务角色。

③ 在 svr 上建立和配置 FTP 站点。具体 2.7.2 中的讲解，配置 ftpshare 目录的写入权限。

④ 使用 IE 方式在 pc2 上进行 FTP 服务检测。

⑤ 使用命令方式在 pc2 上进行 FTP 服务检测。

习题

1. 选择题

(1) Windows 2008 一共有（　　）个版本。

A. 2　　　　　　　　B. 4　　　　　　　　C. 6　　　　　　　　D. 8

(2) 在 Windows 2008 中，添加或删除服务器"功能"的工具是（　　）。

A. 功能与程序　　　B. 服务器管理器　　　C. 管理您的服务器　　　D. 添加或删除程序

(3) 在 Windows Server 2008 中，下列关于删除用户的描述中，错误的是（　　）。

A. Administration 账户不可以删除

B. 普通用户可以删除

C. 删除账户后，再建一个同名的账户，该账户仍具有原账户的权限

D. 删除账户后，即使建一个同名的账户，也不具有原账户的权限

(4) 安装 Windows server 2008 操作系统后，第一次登录使用的账户是（　　）。

A. Guest

B. 任何一个用户账户

C. 在安装过程中创建的用户账号

D. 只能使用 administrator 登录

(5) Windows Server 2008 的默认安装位置是（　　）。

A. C:\Winnt　　　　　　　　　　　　　　　B. C:\Windows 2008

    C. C:\Windows   D. C:\Windows Server 2008

（6）在 Windows Server2008 系统上运行 ipconfig /all 命令可以查看计算机网卡的配置参数,但该命令不能查看到（   ）配置。

    A. IP 地址   B. MAC 地址   C. 路由表   D. 默认网关

（7）如果你去管理一个 Windows Server 2008 域模式的网络,为了提高网络的安全性,在某用户的出差期间,应该（   ）处理该用户账号。

    A. 在用户属性中将该用户的账号禁用,待该用户出差回来再启用该账号

    B. 将该用户账号的删除,待该用户出差回来再为他创建一个新账号

    C. 将该用户从所属的组中删除,待该用户出差回来再加入到原来的组

    D. 将该用户的一切权限删除,待该用户出差回来再重新赋予相应权限

（8）在 Windows Server 2008 域模式管理中,为了保证域账户的口令安全,要设置账户策略,启用密码必须符合复杂性要求。下列口令符合以上条件的是（   ）。

    A. 1234567   B. password   C. AbCserver123   D. pass123

（9）当为某个硬件安装或升级驱动程序后重启计算机时,出现蓝屏。这时可以在启动时选择（   ）,使系统恢复到安装驱动程序前的状态。

    A. 目录服务还原模式   B. 启用低分辨率视频

    C. 最近一次正确配置   D. 正常启动 Windows

（10）Windows Server 2008 只能安装在（   ）文件系统的分区中,否则安装过程中会出现错误提示而无法进行系统的安装。

    A. FAT   B. FAT32   C. NTFS   D. EXT3

（11）Windows Server 2008 中,有关 DHCP 的说法中错误的是（   ）。

    A. 客户端发送 DHCP Discovery 报文请求 IP 地址

    B. DHCP 的作用是为客户端动态地分配 IP 地址

    C. DHCP 提供 IP 地址到域名的解析

    D. DHCP 服务器的默认租用期限是六天

（12）Windows Server 2008 的 DHCP 服务器端设置（   ）后,某 DHCP 客户机就总可以获取一个固定的 IP 地址。

    A. IP 作用域   B. DHCP 中继代理   C. 子网掩码   D. IP 地址的保留

（13）Windows Server 2008 的 DHCP 服务器端要求具有静态的（   ）。

    A. 远程访问服务器的 IP 地址   B. DNS 服务器的 IP 地址

    C. WINS 服务器的 IP 地址   D. IP 地址

（14）测试 DNS 的常用命令是（   ）。

    A. hosts   B. debug   C. nslookup   D. trace

（15）当 DNS 服务器自身无法解析客户机查询 IP 地址的请求后,会把这个请求送给（   ）,继续进行查询。

    A. DHCP 服务器   B. 邮件服务器

    C. 打印服务器   D. Internet 上的根 DNS 服务器

（16）目前建立 Web 服务器的主要方法有 IIS 和（   ）。

    A. URL   B. Apache   C. DNS   D. SMTP

（17）FTP 服务器默认使用（   ）端口。

    A. 21   B. 23   C. 25   D. 53

2. 简答题

（1）如何登录到 Windows Server 2008 中？在虚拟机中如何进行 Windows Server 2008 的登录操作？

（2）在 Windows Server 2008 中，角色和功能有什么不同？

（3）在 Windows Server 2008 中，设置虚拟内存的方法及注意事项有哪些？

（4）什么是 DHCP？你认为引入 DHCP 有什么好处？

（5）客户机向 DNS 服务器查询 IP 地址的模式有哪些？

（6）虚拟目录和虚拟主机技术在 Web 服务器设置中分别起什么作用？

（7）FTP 客户端可以采用什么方式来连接 FTP 站点？

第 3 章　Linux 服务器

 **本章导读**

　　Linux 操作系统以其性能优良、系统稳定、安全性高等优势，在高端的服务器市场、桌面和嵌入式领域都得到了广泛应用。Linux 系统目前有很多版本流行，本书结合 Linux 网络功能的要求，以 RHEL5（Red Hat Enterprise Linux AS 5）为例讲述 Linux 系统的基本应用。

　　通过本章内容的学习，能够正确地安装 Linux，掌握常用的命令及管理方法，掌握 Shell 的功能及应用，了解基本的网络配置方法，实现 Samba 和 FTP 服务下的文件共享。

　　学习本章，首先要了解 Linux 系统的起源与发展，结合 Windows 操作系统比较学习 Linux 的相关理论知识，最终实现 Linux 的简单网络功能。

 本章要点

➢ Linux 系统的安装；
➢ Linux 系统的基本命令；
➢ Linux 用户和组、账户管理方法；
➢ vi 编辑器的使用；
➢ Linux 系统的应用程序安装和 RPM 包的管理；
➢ Linux 系统的基本网络配置；
➢ Samba 服务器的配置；
➢ FTP 服务器的配置。

3.1　Linux 概述

3.1.1　Linux 简介

　　Linux 操作系统支持多用户、多任务、多进程和多线程，具有较好的稳定性、安全性和网络功能。Linux 标榜自由和开放，最大的特色是源代码完全公开，在符合 GNU/GPL（GNU's Not UNIX/General Public License）的原则下，任何人都可以自由取得、发布或修改源代码。

1. Linux 系统的起源与发展

1991 年 8 月芬兰 Helsinki 大学的学生 Linus Torvalds，基于 Andrew S. Tanenbaum 教授开发的 Minix 系统，希望做出一个"类 Minix"但比 Minix 更好的操作系统。1994 年 3 月，Linux 1.0 发布，Linux 的代码开发进入良性循环。1998 年小红帽 Red Hat 5.0 获得了 InfoWorld 的操作系统奖项。1999 年，IBM 宣布与 Red Hat 公司建立伙伴关系，以确保 Red Hat 在 IBM 机器上正确运行。2002 年 2 月，微软公司迫于各州政府的压力，宣布扩大公开代码行动，这是 Linux 开源带来的深刻影响的结果。2003 年 1 月，NEC 宣布将在其手机中使用 Linux 操作系统，代表着 Linux 成功进军手机领域。

2. Linux 的版本

Linux 的版本号分为两部分：内核版本和发行版本。

内核版本号是在 Linux 领导下的内核小组开发维护的系统内核的版本号。内核版本号的形式为

主版本号.次版本号.修订版本号

其中，次版本号表示内核版本类型，偶数表示稳定版本，奇数表示开发中版本（测试版）。本书所使用的 Red Hat Enterprise Linux AS 5 使用的版本是 2.6.18。

Linux 内核的标志——企鹅 Tux ，取自芬兰的吉祥物。

发行版本号与 Linux 系统内核版本号相对独立，是指一些组织和公司根据自己发行版本的不同而自定的名称。Linux 内核加上各种自由软件构成了完整的 Linux 操作系统。目前比较流行的 Linux 发行版本有：Mandriva、Red Hat、SUSE、Ubuntu、Gentoo、Slackware、Red Flag 等。

3. Red Hat Linux 版本介绍

Red Hat Linux 是全世界应用最为广泛的 Linux 发行版本。

（1）Red Hat 个人桌面版本

目前最高版本是 9.0，也是最终的系列，已经停止开发。之后发展为两个分支：Fedora 项目和 RHEL。

（2）Fedora Core 社区版

在 Red Hat Linux 9.0 终止发行后，红帽公司以 Fedora Core 来取代其在个人应用的领域。Fedora 大约每 6 个月发布新版本，目前最新的版本是 Fedora 20。

（3）Red Hat Enterprise Linux（RHEL）

RHEL 取代 Red Hat Linux 在商业应用的领域。包括 Red Hat Enterprise Linux AS（Advanced Server）、Red Hat Enterprise Linux ES（Entry Server）、Red Hat Enterprise Linux WS（WorkStation）。

本书选取 Red Hat Enterprise Linux AS 5（简称 RHEL5）版本讲解。

3.1.2　Linux 系统安装

1. 安装前的准备知识

（1）硬盘分区

在传统的磁盘管理中，将一个硬盘分为两大类分区：主分区和扩展分区。一个硬盘中最多建立 4 个主分区。主分区是能够安装操作系统，能够进行计算机启动的分区，可以直接格式化，然后安装系统，直接存放文件。如果一个硬盘上需要超过 4 个以上的磁盘分块，那么就需要使用扩展分区了。如果使用扩展分区，一个物理硬盘上最多只能有 3 个主分区和 1 个扩展分区。扩展分区不能直接使用，需要经过分割成为逻辑分区，然后才能够使用。扩展分区中的逻辑分区可以有任意多个。

Linux 中使用字母和数字的组合来表示磁盘分区。表示形式为：/dev/xxyN。其中：

① /dev/表示所有设备文件所在的目录名。

② xx 表示分区所在硬盘设备的类型。对于 IDE 磁盘，用"hd"表示，对于 SATA 或 SCSI 磁盘，用"sd"表示。

③ y 表示分区所在的设备。系统中最多有 4 个 IDE 设备，y 的值为字母 a 到 d。a 表示第一个 IDE 设备，依次类推，d 表示第 4 个 IDE 设备。

④ N 表示第几个分区。前 4 个分区（主分区或扩展分区）用数字 1～4 表示，逻辑分区从 5 开始。

例如：Windows 中管理两块 IDE 硬盘，其中硬盘 1 中，"C："和"D："为主分区，"E："和"F："为逻辑分区。硬盘 2 中，"G："为主分区，"H："和"I："为逻辑分区。对应在 Linux 系统中同样划分后，分区表示对应关系如表 3.1 所示。

表 3.1　Linux 与 Windows 系统中的硬盘分区表示比较

系统名称	硬盘分区			
Windows 系统	硬盘 1：	C：	D：	E：	F：
	硬盘 2：	G：	H：	I：	
Linux 系统	had：	hda1	hda2	hda5	hda6
	hdb：	hdb1	hdb5	hdb6	

（2）特殊分区

SWAP 是 Linux 中的特殊分区，是用于在内存和硬盘间交换数据的文件系统，也被称为交换区。类似于 Windows 下的虚拟内存，SWAP 用于缓存数据。划分它时，大小建议设成主机物理内存大小的 1～2 倍。

（3）文件系统类型

磁盘分区后，必须进行格式化后才能够正式使用。文件系统是操作系统用于明确磁盘或分区上的文件的方法和数据结构，即在磁盘上组织文件的方法。Windows 系统中常用的文件系统有 FAT16、FAT32、NTFS 等。

RHEL5 使用命令"＃ ls /lib/modules/2.6.18-8.el5/kernel/fs"可以查看到当前的系统

(2.6.18-8. el5)所支持的文件系统类型,非常多。其中,ext3 文件系统是 Linux 默认的文件系统。它从 ext2 发展而来,是 ext2 的升级版本,兼容 ext2,增加了文件系统日志记录功能,主要优点是减少系统崩溃后恢复文件系统所花费的时间。

　　Linux Kernel 从 2.6.28 版本开始正式支持 ext4。ext4 是一种针对 ext3 系统的扩展日志式文件系统,能提供更佳的性能和可靠性,最为显著的改进是文件和文件系统的大小(ext3 支持最大 16 TB 文件系统和最大 2 TB 文件,ext4 支持最大 1 EB 文件系统和最大 16 TB文件),如果目录中有大量子目录(ext3 一个目录下最多 32 000 个子目录,ext4 支持无限数量的子目录)或要求时间戳的精确度小于 1 s,可以尝试使用 ext4。但是,目前没有 grub 支持 ext4,所以/boot 目录要保持 ext3 类型。

　　提示　① 硬盘启动时,BIOS(基本输入输出系统)通常是转向第一块硬盘最初的几个扇区,即 MBR(主引导记录),然后开始装载 GRUB 和 OS。具体过程如下:系统加电→BIOS 自检系统→BIOS 装入 MBR 启动代码→启动代码运行,装载 GRUB,载入指定 OS 内核→OS 初始化。

　　② 1 EB＝1 024 PB,　1 PB＝1 024 TB。

　　我们现阶段的学习不会用到 ext4 的强大功能,所以仍然采用系统默认的 ext3 类型即可。

　　(4) Linux 的目录结构

　　Linux 系统使用树型目录结构,与 Windows 的树型结构不同。Windows 的每个盘符对应一棵树,整个系统实际组成了森林型目录结构,而 Linux 整个系统只存在一棵树,所有的文件系统都挂载在根目录(/)下。下面简单介绍一下 Linux 中常用的目录及作用。

　　① /表示根目录,是 Linux 文件系统的起点。根目录所在的分区为根分区。

　　② /boot 存放 Linux 的内核及引导系统程序所需要的文件,比如系统中很重要的内核 vmlinuz 文件就位于这个目录中。在一般情况下,GRUB 或 LILO 系统装载程序也位于这个目录中。出于系统安全考虑,该目录通常需要独立分区,即"/boot"分区。

　　③ /bin 存放二进制文件,即可执行程序,这些程序是系统所必需的基本用户命令,普通用户权限可以执行。

　　④ /sbin 也用于存放二进制文件,用于存放系统基本的管理命令,普通用户不能使用它们,只有超级用户(管理员)才可以使用。

　　⑤ /dev 是设备文件存储目录。

　　⑥ /etc 用于存放系统配置文件。比如用户账号信息文件(/etc/passwd)及口令文件(/etc/shadow)。

　　⑦ /root 是 Linux 系统超级权限用户 root 的宿主目录。

　　⑧ /lib 是库文件存放目录。

　　提示　不可与 root 分区分开的目录有:/dev、/etc、/sbin、/bin、/lib。系统启动时,核心只载入一个分区,即"/"分区。核心启动要加载上述 5 个目录的程序,所以这些目录必须与根目录在一起。

　　⑨ /home 是存放普通用户的宿主目录。对于提供给大量用户使用的 Linux 系统,常常为"/home"目录划分单独的分区。

　　⑩ /mnt 是移动存储设备的挂载点目录。比如"/mnt/cdrom"是光驱默认的挂载点目录。

　　⑪ /proc 存放操作系统运行时,进程(正在运行中的程序)信息及内核信息(比如 CPU、硬盘分区、内存信息等)。

⑫ /tmp 是临时文件目录。有时用户运行程序的时候,会产生临时文件。/tmp 就是用来存放临时文件的。/var/tmp 目录和这个目录相似。

⑬ /usr 存放应用程序及相关文件。这个目录下有很多的文件和目录。

⑭ /var 存放系统中经常会变化的文件,比如系统日志文件。

提示　一般 RHEL5 系统安装时会有建议:基于安全和管理的目的,最好给/home、/usr、/var、/tmp 建立单独的分区。

(5)默认分区方案

RHEL5 采用默认的分区方案进行安装后,可以使用"df -h"命令查看默认的分区方案。例如:

```
# df -h
```

文件系统	容量	已用	可用	已用%	挂载点
/dev/mapper/VolGroup00-LogVol00	18 G	2.6 G	14 G	16%	/
/dev/sda1	99 M	11 M	83 M	12%	/boot
tmpfs	506 M	0	506 M	0%	/dev/shm

其中:

①　"/dev/mapper/VolGroup00-LogVol00"是指系统有一个名为 VolGroup00 的 VG(Volume Group,卷组),这个 VolGroup00 中有一个名为 LogVol00 的 LV(Logical Volume,逻辑卷)。

②　"/dev/sda1"是 SCSI 接口硬盘的第一个主分区。

③　"tmpfs"是 Linux 中基于内存的文件系统,因此读写速度很快。默认系统会加载"/dev/shm",大小默认是内存的一半(可以判断当前系统的内存是 1 GB 吗?),但实际占用内存的空间是由里面的文件大小决定的。可以把设备文件"/dev/shm"看作是系统内存的入口,它既可以使用 RAM,也可以使用 SWAP 分区来存储文件(SWAP 是 Linux 的虚拟内存,当/dev/shm 空间不够时可以占用 SWAP 空间),但是其中的数据在重启后会丢失。

例如,使用 # cat /proc/swaps 命令:

Filename	Type	Size	Used	Priority
/dev/mapper/VolGroup00-LogVol01	partition	2031608	0	−1

可以查看到 SWAP 的大小和使用情况。

2. 安装 RHEL5 系统的软硬件要求

目前,主流的计算机都能达到 RHEL5 的安装要求。其中主要是对 CPU、内存和硬盘空间的要求。具体如表 3.2 所示。

表 3.2　RHEL5 系统硬件需求表

硬　件	推　荐　配　置
CPU	文本模式下,RHEL5 至少需要 200 MHz 以上的 CPU; 图形模式下,RHEL5 至少需要 400 MHz 以上的 CPU
内存	文本模式下,至少 128 MB 内存。 图形模式下,至少 192 MB 内存,推荐使用 256 MB 以上内存
磁盘空间	取决于选择安装多少组件以及所选的分区方案。至少需要 3 GB 以上的磁盘空间。 如果选择了所有软件包,至少需要 5 GB 的磁盘空间

软件方面的要求是指需要设置 IP 地址、子网掩码、DNS 服务器地址、域名、主机名等。

在安装过程中的图 3.9 中可以进行设置。

3．安装 RHEL5 系统的步骤

RHEL5 的安装方式包括：

（1）使用本地数据安装

使用本地系统光盘文件引导安装，通常需要修改 BIOS 中的启动顺序。如果在VMware虚拟机环境下安装虚拟 Linux 系统，通常使用.iso 文件，这时不需要修改 BIOS。

（2）通过网络安装

可以使用的安装方式有：FTP 服务器、HTTP 服务器、NFS 服务器等。

这里以虚拟机中使用.iso 文件安装为例，讲解 RHEL5 图形模式的安装过程。

① 打开虚拟机软件 VMware，新建 RHEL5 操作系统并指明安装位置和虚拟机名称。参照图 2.1 中的步骤进行前期设置。不同之处在于选择正确的操作系统名称和版本，内存大小采用建议的 1 G，磁盘大小采用建议的 20 G。

② 安装引导。新建虚拟机，指定安装系统类型和位置、名称后，将系统的.iso 文件挂载到虚拟光驱中，重启虚拟机，会出现如图 3.1 所示的界面。

这里以图形化模式安装，直接按回车键。如果使用文本模式安装，可以在出现安装提示时输入"linux text"并回车。字符模式下的安装过程与图形界面一致，只是外观有所不同。安装界面下的第 3 个选择是通过功能键来获取更多的信息。

③ 检查光盘介质。图 3.2 中，系统询问是否需要检查光盘介质。如果希望进行检验，就单击

图 3.1　安装引导界面

"OK"（直接按"ENTER"），否则单击"SKIP"（按"TAB"键移动到"SKIP"后按回车键）。如果选择了"OK"，继续按"TEST"进行检查，最后会出现光盘是否存在错误的信息。

④ 检查硬件信息，系统会检测用户电脑硬件的相关信息。

⑤ 进入如图 3.3 所示的安装欢迎界面。单击"Next"。

图 3.2　检查光盘介质界面

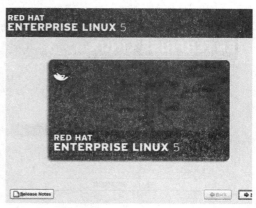

图 3.3　安装欢迎界面

⑥ 在图 3.4 中，选择安装过程中的语言。

⑦ 在图 3.5 中选择键盘类型。一般使用默认选择，即"美国英语式"，美式键盘。

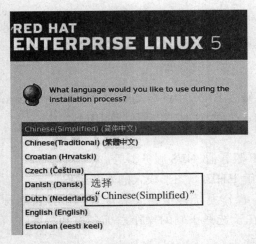

图 3.4　安装过程中的语言选择

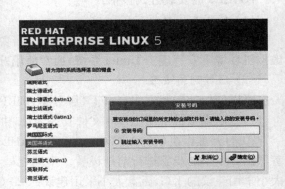

图 3.5　键盘配置

⑧ 硬盘分区配置。虚拟的 sda 设备没有分区表,所以在图 3.6 中选择"是"进行初始化。硬盘分区方式有 4 种选择,可以自定义分区结构,也可以根据需要创建默认分区结构(3 种),具体参照图 3.7 中的可选项。这里采用默认分区,直接进入下一步。默认分区会在驱动器内删除分区,在图 3.8 中确定执行后,自动对硬盘执行分区方案。这里使用的硬盘空间是安装虚拟系统的分区,可以格式化,即选择"是",不会影响原系统盘。如果不是虚拟机安装,要单独有一个分区来安装 Linux。

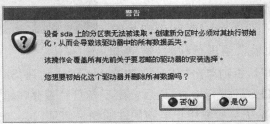

图 3.6　磁盘分区配置

图 3.7　磁盘分区方案

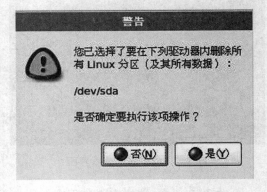

图 3.8　删除确认

⑨ 网络设置和主机名设置。在图 3.9 中,选择使用 DHCP 方式或设置静态 IP 地址。这里使用 IPv4 中的静态 IP 地址:192.168.18.1/24,并设置主机名:hll。同时可设置网关和 DNS,也可安装后再设置。

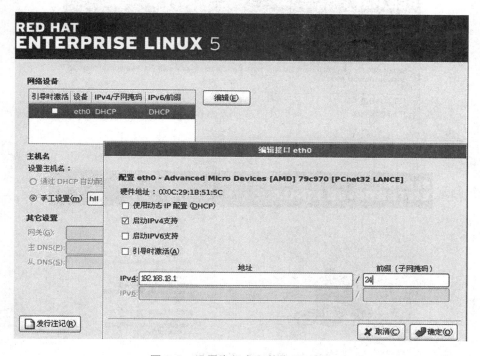

图 3.9　设置主机名和静态 IP 地址

⑩ 时区选择。在图 3.10 中选择计算机所在的时区,这里选择"亚洲/上海"。要去除"系统时钟使用 UTC",否则时间会与系统时间相差 8 小时。

⑪ 设置根用户的口令。如图 3.11 所示,设置口令时要有一定的复杂度。输入两次根口令,即 Linux 系统的超级用户 root 的口令。要求至少包含 6 个字符。注意字母区分大小写。以根账号登录,用户对系统有完全的控制权。

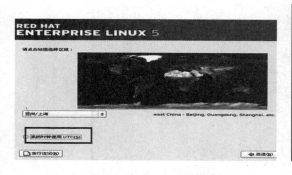

图 3.10　引导装载程序设置界面

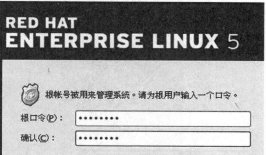

图 3.11　网络配置界面

提示　Linux 系统与 Windows 系统不同,Linux 系统区分字母大小写。

⑫ 软件包安装。在图 3.12 中,选择安装默认软件包,或自己订制要安装的软件包。这

里选择默认软件包后,出现图 3.13,开始安装 Linux 系统。如果使用的不是 DVD 安装盘,在此过程中会提示用户切换光盘。最后安装完成并重新引导系统。

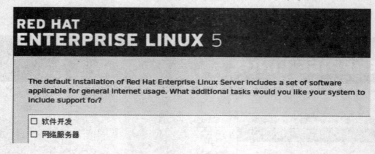

图 3.12　选择软件包安装

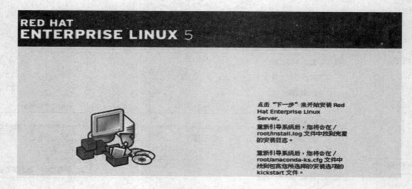

图 3.13　开始安装

⑬ 安装后的初始化配置。在图 3.14 中重新引导系统后,进入安装后的配置过程,如图 3.15 所示。

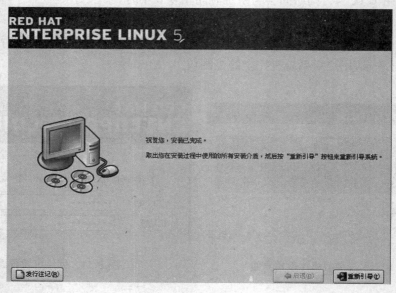

图 3.14　重新引导系统

图 3.15　欢迎配置界面

这里需要对许可协议、防火墙、SELINUX、Kdump、日期和时间、设置软件更新、创建用户、声卡及用户是否安装附加光盘等进行检测和设置。这里均采用默认的设置,在设置软件更新时,可以选择以后注册,如图 3.16 所示。在图 3.17 中添加普通用户(这里添加一个普通用户"stu"并设置口令)。结束设置后,会出现登录界面(见图 3.18),安装及初始化过程至此结束。

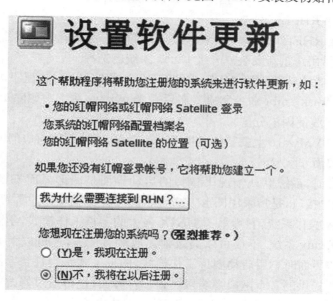

图 3.16　配置中的软件更新

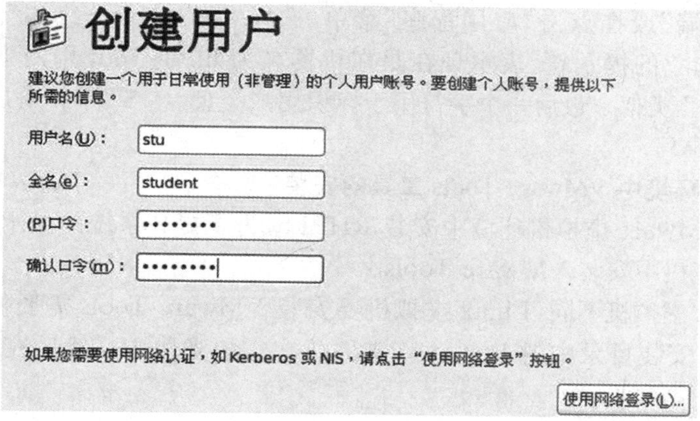

图 3.17　创建普通用户

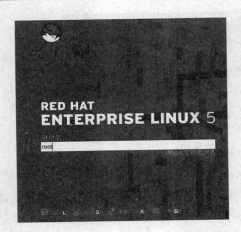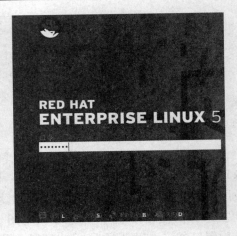

图 3.18　RHEL5 的登录

4. 升级和删除 RHEL5 系统

如果需要升级 RHEL5 版本,可以使用新版本的第一张光盘引导系统,系统会自动检测以前的版本,并提供用户重新安装或升级 Linux 系统的选择。

删除 RHEL5,首先需要删除 MBR 中的 GRUB 或 LILO 引导程序,方法如下:在 DOS 界面中,通过执行 fdisk /mbr 命令完成。然后在 Windows 系统中删除 Linux 分区,释放硬盘空间,以便其他 OS 使用该分区。

如果是删除在 VMware 上安装的虚拟 Linux 系统,直接删除对应的安装目录即可。

5. Linux 的界面

在安装 Linux 时,系统默认情况下选择的启动界面是图形界面 GUI(Graphical User Interface,图形用户接口,是指采用图形方式显示的计算机操作用户界面)。事实上,Linux 作为一种类 UNIX 操作系统,它继承了 UNIX 强大的字符工作模式,学会在字符界面下使用各种命令操作 Linux 系统,不仅可以高效地完成所有任务,还可以大大节省系统资源开销。因此使用字符界面时不用启动图形工作模式,图形模式是很耗费系统资源的。图形界面下可通过 Linux 提供的 7 个虚拟终端切换到字符界面,也可通过修改"/etc/inittab"文件设置 Linux 启动时的运行级别(3 对应文本界面,5 对应图形界面)。

图形界面下可以通过"终端"来实现命令行的输入。打开"终端",可通过在桌面右击鼠标,选择"打开终端"或在点击"应用程序"菜单,选择"系统工具—终端"。窗口中会出现"[root@hll ~]♯"的提示符,表示现在是在机器名为 hll 的 root 用户下的宿主目录,和 DOS 中的"C:\>"类似。最后一个字符用于标识用户类型。"$"字符对应普通用户,"♯"字符对应 root 用户。

6. VMware 环境中 VMware Tools 工具的安装

如果是在 VMware 虚拟机环境中安装 RHEL5,为了提高系统的显示性能和鼠标操作切换等,要在虚拟机中安装 VMware Tools。

与 Windows 虚拟机不同,Linux 虚拟机要安装 VMware Tools 需要使用命令来完成。首先将 VMware 安装目录中的 linux.iso 文件放在虚拟光驱中。然后在终端输入下面的命令:

```
♯ mount /dev/cdrom /mnt
♯ ls /mnt
```

\# tar zxvf /mnt/VMwareTools-8.4.6-385536.tar.gz -C /tmp

\# cd /tmp/vmware-tools-distrib/

\# ls

bin　doc　etc　FILES　INSTALL　installer　lib　vmware-install.pl

\# ./vmware-install.pl

执行过程中可以一直按回车,进行确认安装。最后出现分辨率的选择,如图 3.19 所示。根据需要进行选择,之后重启系统即可生效。

\# reboot　　　　//重启系统操作鼠标试试与之前的不同

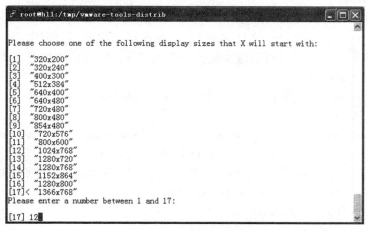

图 3.19　分辨率的选择

3.2　Linux 常用命令及账户管理

在上一节中,已经学习了 RHEL5 系统的安装。当完成图形模式的安装后,可以进入 Linux 的图形界面。虽然图形界面在一定程度上提供了窗口的管理方式,操作上比较简单,但这里还是要学习 Linux 的命令。这是因为在字符界面下:

① 用户能够更高效地完成所有任务,尤其是管理任务。

② 不使用图形模式而只使用字符界面时,可以节省大量的系统资源。

③ 远程登录后进入的是字符界面。

本节将学习 Linux 系统的常用命令和账户管理。

学习 Linux 命令之前,先要了解一下 Shell。Shell 是 Linux 系统中的命令解释程序,Linux 启动后 Shell 会常驻内存。Shell 接收用户输入的命令并把命令送入内核去执行。Shell 除了可作命令编辑器外也可以用于编程,是系统管理维护时的重要工具。默认情况下,Linux 系统使用 Bash Shell。这里学习它的基本知识,可以帮助我们更好地学习命令。

Shell 是用户和 Linux 操作系统核心程序(Kernel)间的一个接口。Shell 类似于 Windows 中的 cmd.exe,是一种行命令的操作界面。

1. Shell 的种类

shell 的种类有:

〔root@hll ~〕♯ cat /etc/shells

/bin/sh

/bin/bash

/sbin/nologin

…

提示　RHEL5 系统对常用类型的 Shell 都提供支持,通过"cat /etc/shells"可查看当前系统可使用的 Shell。其中最常用的是 bash shell。

2．bash 的功能

(1) 命令与文件补全功能

用户在命令行中输入命令或文件名时,可以输入部分内容后,使用"Tab"键让 Shell 程序自动对名称进行补全。这样可以减少输入字符数且保证输入的资料是正确的。

例 3.1　补全功能测试。

〔root@hll ~〕♯ ca〔Tab〕〔Tab〕　　　//显示以 ca 开头的命令

〔root@hll ~〕♯ ca

cacertdir_rehash　caller　　　　capifax　　　　captoinfo　　　　catchsegv

cadaver　　　　cameratopam　　capifaxrcvd　　card

〔root@hll ~〕♯ ls -a .bash〔Tab〕〔Tab〕　//显示当前目录下以 .bash 开头的所有文件

.bash_history　.bash_logout　.bash_profile　.bashrc

(2) 命令别名设定功能(alias)

例 3.2　别名查看与设定。

〔root@hll ~〕♯ alias　　　　//查看用户当前 bash 中已经定义的命令别名

alias cp = 'cp -i'

alias l. = 'ls -d . * --color = tty'

alias ll = 'ls -l--color = tty'

提示　在例 3.8 中可以查看 ll 与 ls -l 功能相同。

〔root@hll ~〕♯ alias lm = 'ls -al'　　　　//命令别名定义

〔root@hll ~〕♯ lm　　　//执行刚定义的命令

〔root@hll ~〕♯ unalias lm　　　　//取消系统中定义的命令别名

〔root@hll ~〕♯ unalias -a　　　　//取消用户当前 bash 中所有命令别名定义

(3) 历史命令功能

Linux 系统中历史命令会记录在用户宿主目录的".bash_history"文件中,预设可保存1 000 条命令。用户可通过 history 命令快速查询或重复执行已经输入过的命令。

例 3.3　历史命令功能。

〔root@hll ~〕♯ history|more　　　　//分页查看历史命令

〔root@hll ~〕♯ history |tail -5　　　　//显示最近执行的 5 条命令

21　gedit

22　cat /etc/shells

23　vi /etc/passwd

24　alias

25　pwd

〔root@hll ~〕♯ ! 25　　　　//再次执行第 25 条历史命令,即 pwd 命令

pwd

/root

［root@hll ～］# !! 　　　　　//重复最后一条命令

［root@hll ～］# ! -2 　　　　　//执行倒数第 2 条历史命令

［root@hll ～］# ! ca 　　　　　//执行以"ca"开头的最近的历史命令

［root@hll ～］# history -c 　　　　　//将用户当前的历史命令清空

（4）命令行编辑功能

用户在输入命令时可以使用 Bash 提供的一些编辑功能。

① 光标的移动：用左右方向键可使光标在当前命令行的已有字符间任意移动。

② 退格键和删除键：退格键用于删除光标左边字符，删除键用于删除当前光标处的字符。

③ 定位命令行行首行尾："Home"键将光标快速移动到命令行的行首。"End"键将光标快速移动到行尾。

④ 行内快速删除："Ctrl + U"用于删除当前光标到行首的内容，"Ctrl + K"用于删除当前光标到行尾的内容。

（5）管道与重定向

① 标准输入输出：

• stdin = standart input 标准输入，文件编号为 0，默认设备是键盘。

• stdout = stardart output 标准输出，文件编号为 1，默认设备是显示器。

• stderr = standart error 标准错误输出，文件编号为 2，默认设备是显示器。

② 管道：管道符号"|"可以把多个简单的命令连接起来以实现更复杂的功能。

◇ 管道示例：一级管道

［root@hll ～］# ls 　|grep "^a"

anaconda-ks.cfg 　　　//显示当前目录下的以"a"开头的文件

该命令行首先执行 ls，并把其结果当作 grep "^a"命令的输入文件，其中"^a"表示以 a 开头。

◇ 管道示例：多级管道

［root@hll ～］# ls 　|grep "^a"|wc

1 　　　1 　　　16

试分析该命令的作用。

③ 输出重定向：输出重定向用于将命令的输出结果不输出到标准输出设备（显示器）中，而是定向到指定的文件中。这里的定向是指保存，有两种方式。

◇ 覆盖方式

格式：命令 ＞ 文件名。

如果后面指定的文件不存在，就新建该文件；如果已经存在，就将新的内容写入文件中（原文件内容被覆盖）。

◇ 追加方式

格式：命令 ＞＞ 文件名。

按追加方式进行输出重定向，若后面指定的文件不存在，就新建该文件；如果已经存在，就将内容追加到指定文件的末尾。

例 3.4 输出重定向。

［root@hll ～］# ls ＞/root/aaa 　　　　　//将当前目录的内容保存到文件/root/aaa 中

```
[root@hll ～]＃cat /root/aaa          //查看/root/aaa 中的内容
aaa
anaconda-ks. cfg
Desktop
install. log
install. log. syslog
[root@hll ～]＃ echo test1 ＞mm          //使用 echo 命令和输出重定向创建文件 mm
[root@hll ～]＃ cat mm          //查看 mm 文件的内容
test1
[root@hll ～]＃ echo test2 ＞＞mm          //追加内容到 mm 文件中
[root@hll ～]＃ cat mm          //查看追加后的内容
test1
test2
[root@hll ～]＃ echo test3＞mm          //改写 mm 文件内容
[root@hll ～]＃ cat mm          //查看改写后的内容
test3
```

④ 输入重定向：将命令接收输入的途径由默认的键盘更改为指定的文件。

格式：命令 ＜ 文件名。

```
[root@hll ～]＃ wc ＜ /etc/passwd          //将/etc/passwd 文件的内容作为 wc 命令的输入
  34   53 1522
```

⑤ 错误重定向：执行 Linux 命令时，不可避免地会出现一些错误，这些错误信息会在屏幕上显示。通过错误重定向，可以将这些错误信息定向到指定文件。

　　◇　命令 2＞ 文件名　　　错误输出重定向

　　◇　命令 2＞＞ 文件名　　　错误追加输出重定向

　　◇　命令 ＆＞ 文件名　　　标准错误追加输出重定向

2 是指错误文件的编号，＞用于重定向到文件（新建或覆盖），＞＞用于将多个错误追加输出到同一个文件中。＆＞用于将命令执行的输出和错误输出一起重定向到指定的同一个文件中。

例 3.5　错误重定向。

```
[root@hll ～]＃ ls test/          //正确使用 ls 命令
t1   t2
[root@hll ～]＃ lm test/          //使用不存在的 lm 命令，错误信息显示在屏幕上
-bash：lm：command not found
[root@hll ～]＃ lm test/ 2＞error          //使用不存在的 lm 命令，将错误信息定向到 error 文件中
[root@hll ～]＃ cat error          //查看 error 文件的内容
-bash：lm：command not found
[root@hll ～]＃ lt test/ 2＞＞error          //追加错误信息
[root@hll ～]＃ cat error
-bash：lm：command not found
-bash：lt：command not found
[root@hll ～]＃ls ab test ＆＞ff          //将标准输出和错误输出一起重定向到 ff 文件中
[root@hll ～]＃ cat ff
ls：ab：没有那个文件或目录
```

test：

t1

t2

3.2.1　Linux 命令格式

Linux 命令的基本格式为：命令字　[命令选项]　[命令参数]。其中，命令字即命令的名称。命令选项用于调节命令的具体功能。命令参数是命令的处理对象。Linux 以回车符作为命令的结束，各部分之间至少有一个空格。

下面以列目录命令"ls"为例进行说明。ls 为命令字。格式为：♯ ls　[选项]　[文件目录列表]。

（1）ls -a

显示当前目录中的所有文件目录，包括隐藏文件（隐藏文件以"."开头）。

（2）ls -l /etc

以长格式显示文件的详细信息，这里是显示/etc 目录中的文件名、状态、权限、拥有者、文件大小等详细信息。

例 3.6　ls 命令

[root@hll ～]♯ ls

anaconda-ks. cfg　Desktop　install. log　install. log. syslog

[root@hll ～]♯ ls -l

总计 56

-rw-------1 root root　1017 04-02 10：40 anaconda-ks. cfg

drwxr-xr-x 2 root root　4096 04-02 10：57 Desktop

-rw-r--r--1 root root 26904 04-02 10：40 install. log

-rw-r--r--1 root root　3510 04-02 10：38 install. log. syslog

[root@hll ～]♯ ls -a

.　　　　　　　　.cshrc　　.gnome2　　　　　　.metacity

..　　　　　　　　Desktop　.gnome2_private　　.nautilus

...　　　　　　　　...　　　　...　　　　　　　...

ls -l 命令后显示的信息中，第 1 列为文件类型和权限，第 2 列为文件的链接数，第 3 列为文件的所有者，第 4 列为文件的用户组名（群组），第 5 列为文件的大小（所占的字节数），第 6～8 列为文件上一次的修改日期，第 9 列为文件名。

Linux 支持多种文件类型。每一类用一个字符表示。具体意义如表 3.3 所示。

表 3.3　Linux 系统文件类型字符的意义

字符	意义	字符	意义	字符	意义	字符	意义
−	普通文件	s	信号灯	d	目录文件	p	有名管道
b	块设备文件	c	字符设备文件	m	共享存储器	l	链接文件

权限是由 3 个字符串组成的。第 1 个字符串表示文件所有者的权限，第 2 个字符串表示组中其他人的权限（文件所属组用户），第 3 个字符串表示系统中其他人的权限（其他用

户)。每个字符串由 3 个字符组成,依次是对文件读(r)、写(w)和执行(x)的权限。当用户没有相应权限时,该位置用"-"表示。

以"drwxr-xr-x 2 root root 4096 04-02 10:57 Desktop"为例,表示 Desktop 是一个目录,对应 root 用户有读写和执行的权限,root 组的用户有读和执行的权限,其他用户有读和执行的权限。该文件最近一次修改的时间是 4 月 2 日 10:57,文件大小为 4 096 B。

(3) ls -A

与-a 类似,但不列出"."和".."。

(4) ls --help

显示 ls 命令的帮助信息。

(5) ls --version

显示版本信息。

3.2.2 Linux 常用命令

Linux 的常用命令有:

(1) ls 命令

显示文件或目录的信息。

(2) pwd 命令

显示当前工作目录,即当前用户所处的工作目录的绝对路径。

(3) cd 命令

目录更改命令。

例 3.7 cd 命令。

```
[root@hll ~]# cd /etc          //使用绝对路径
[root@hll ~]# pwd
/etc
[root@hll ~]# cd init.d        //使用相对路径
[root@hll ~]# cd ..            //切换到上一级目录
[root@hll ~]# cd ../home       //切换到上一级目录下的 home 子目录
[root@hll ~]# cd -             //回到上一次的目录
/etc
[root@hll ~]# cd ~             //回到宿主目录。~代表当前用户的"$ HOME"目录
```

(4) mkdir 命令

新建空目录。

(5) rmdir 命令

删除指定的空目录。注意非空目录不能用此命令删除。

(6) touch 命令

新建空文件、更改文件时间。

(7) rm 命令

删除文件或目录。

(8) cp 命令

复制文件或目录。

例 3.8　有关目录和文件的创建、删除、复制命令。

〔root@hll ～〕# mkdir test1　　　　//新建空目录 test1

〔root@hll ～〕# touch test2　　　　//新建空文件 test2

〔root@hll ～〕# ls -l

总计 68

-rw-------1 root root　1017 04-02 10:40 anaconda-ks.cfg

drwxr-xr-x 2 root root　4096 04-02 10:57 Desktop

-rw-r--r--1 root root　26904 04-02 10:40 install.log

-rw-r--r--1 root root　3510 04-02 10:38 install.log.syslog

drwxr-xr-x 2 root root　4096 04-02 11:16 test1

-rw-r--r--1 root root　0 04-02 11:16 test2

〔root@hll ～〕# cp test2/test1　　　　//将 test2 文件复制到当前目录中的 test1 目录中

〔root@hll ～〕# ll |tail-2　　　　//以详细信息格式显示当前目录结构中的最后两行

drwxr-xr-x 2 root root　4096 04-02 11:16 test1

-rw-r--r--1 root root　0 04-02 11:16 test2

〔root@hll ～〕# ls test1　　　　//查看 test1 目录中的内容

test2

提示　① 创建目录时默认权限为 755(rwxr-xr-x)。

② 创建文件时默认权限为 644(rw-r-r--)。

③ ll 命令是 ls -l 命令的别名,功能相同。

④ 同一目录下,文件与文件、目录不能重名。

〔root@hll ～〕# rmdir test1　　　　//不能删除非空目录

rmdir:'test1':目录非空

〔root@hll ～〕# rm test1/test2　　　　//删除目录中的文件后可以删除已经空的目录

rm:是否删除一般空文件'test1/test2'? y

〔root@hll ～〕# rmdir test1　　　　//删除成功

〔root@hll ～〕# mkdir test1

〔root@hll ～〕# cp test2 test1/test3　　//复制 test2 到当前目录中的 test1 目录中并重新命令为 test3

〔root@hll ～〕# rmdir test1

rmdir:'test1':目录非空

〔root@hll ～〕# rm -r test1　　　　//删除成功

rm:是否进入目录'test1'? y

rm:是否删除一般空文件'test1/test3'? y

rm:是否删除目录'test1'? y

提示　① rmdir 不能用于删除非空目录,可以先删除目录中的内容,然后再使用该命令。也可以直接使用 rm -r 将指定目录中的目录和文件递归地删除。

② 在复制时可以对文件直接改名。如"cp test2 test1/newname"。

(9) mv 命令

文件和目录移动或重命名。

例 3.9　mv 命令。

〔root@hll ～〕# mkdir test1

〔root@hll ～〕# touch test3

〔root@hll ～〕# mv test3 test1/　　　　//将 test3 移动到 test1 中,当前目录中没有 test3 文件

〔root@hll ～〕# ls test3

ls:test3:没有那个文件或目录

〔root@hll ～〕# mv test1/test3 test33   //将 test1 中的 test3 移动到当前目录中,并命名为 test33

〔root@hll ～〕# ls test33

test33

〔root@hll ～〕# mv test33 test3   //对 test33 文件重命名为 test3

〔root@hll ～〕# ls test33 test3

ls:test33:没有那个文件或目录

test3

（10）wc 命令

统计文件字节数、字数、行数,并将统计结果显示输出。

例 3.10　wc 命令。

〔root@hll ～〕# wc /etc/inittab

　　53　229 1666 /etc/inittab

表示/etc/inittab 文件中有 53 行,229 个字（由空格字符区分开的最大字符串）,1 666 个字节。

（11）文本文件查看命令

① cat 命令:最简单的文本文件查看命令,文件较大时,自动翻页,显示最后一页。

② more 命令:分页显示文件内容,但只能向后翻。

③ less 命令:对 more 命令的扩展,回卷分页显示文件内容,阅读环境中的最后一行显示被显示文件的名称。可向前向后翻,适用于较大文件的阅读。

④ head 命令:head [-n] 目录或文件名,显示文件的头部指定 n 行。默认显示最前 10 行。

⑤ tail 命令:tail [-n] 目录或文件名,显示文件的尾部指定 n 行。默认显示最后 10 行。

（12）帮助命令

① help。通过 help 命令查看提供 Bash 中所有 Shell 命令的帮助信息。

例 3.11　help 命令。

〔root@hll ～〕# help | head   //"|"是管道,是将 help 命令的结果通过管道传递给 head 命令,
　　　　　　　　　　　　　　　　　　　　//默认显示前 10 行

〔root@hll ～〕# help pwd   //help 命令可以接受 Bash 中的 Shell 命令名作为参数,这里显示
　　　　　　　　　　　　　　　　　　　　//pwd命令的帮助信息

〔root@hll ～〕# help help   //help 本身也属于 Shell 命令

② 使用"--help"选项。Linux 中只有少数的命令属于 Shell 命令,大多数命令属于非 Shell 命令。非 Shell 命令执行时要先从文件系统中读取命令对应的执行文件,然后才能执行。非 Shell 命令的帮助信息,可通过在命令字后加"--help"选项来获取。

〔root@hll ～〕# ls --help   //"--help"选项提供比较简要的帮助信息,便于用户快速查询

③ man。Shell 和非 Shell 命令均可使用,可上下翻页（手册页）。

〔root@hll ～〕# man ls   //与"ls --help"比较显示的帮助信息

④ info。与 man 类似,只提供比较有限的命令帮助信息（信息页）。

〔root@hll ～〕# info ls   //与"ls --help"、"man ls"比较显示的帮助信息

3.2.3　用户和组管理命令

◎ **用户账户和用户组**

Linux 操作系统是一个多用户多任务的操作系统,任何一个用户要使用系统资源首先必须申请一个账号,然后用这个账号进行系统登录。

Linux 系统中有 root 用户、虚拟用户和普通用户三类用户。root 用户是超级管理用户,权限最高。虚拟用户是 Linux 操作系统正常工作所必需的内建用户,通常是在安装相关软件包时自动创建的,一般不需要改变其默认设置。这类用户是系统自身拥有的,不能登录系统,但却是系统运行不可缺少的用户,比如 bin、daemon、adm、ftp 等。普通用户由系统管理员创建,能够登录系统,但只能操作自己的内容,权限受限。

用户组是指具有相同特性的用户的逻辑集合,使用用户组有利于系统管理员分批管理用户,提高工作效率。一个用户(或称为账号或账户)可以属于多个组群。

用户和组群(或称为用户组群)管理是 Linux 系统管理的基础,是系统管理员必须掌握的重要内容。Linux 操作系统进行用户和组群管理的目的是为了保证系统中用户数据与进程的安全。只有当该用户名存在,并且口令相匹配时,用户才能进入系统。不同的用户对于相同资源可以拥有不同的使用权限。

◎ **用户账户配置文件**

1. /etc/passwd 文件

/etc/passwd 是账号管理中最重要的一个纯文本文件,保存除口令外的用户账号信息。所有用户都可以用 cat、more 或 less 命令查看/etc/passwd 文件。通过显示命令查看某/etc/passwd文件内容如下所示:

root:x:0:0:root:/root:/bin/bash

bin:x:1:1:bin:/bin:/sbin/nologin

…

jerry:x:604:604::/home/jerry:/bin/bash

tom:x:605:605::/home/tom:/bin/bash

文件中的每一行代表一个用户账号的相关信息,每行由 7 个字段组成,字段之间用“:”隔开。其格式为:用户名称:口令:UID:GID:个人资料:用户主目录:登录 Shell。

• 用户名称(User Name):是用户的登录名(账号),必须是唯一的。它可以由字母、数字和符号组成。

• 口令(Password):用于用户登录时验证身份的。这里用“x”表示,说明口令经过了 shadow 加密。

注意　口令字段总是用“x”来表示的。此处的“x”并不是真正的口令。

• 用户 ID(UID 指 User ID):用户的标识,Linux 系统内部用它来区分不同的用户。每一个用户都拥有一个唯一的 UID,如同一个身份证号。超级用户的 UID 是 0,系统用户的 UID 从 1~499,而普通用户的 UID 从 500 开始。默认情况下,第一个新建的普通用户的 UID 是 500,第二个是 501,依此类推。UID 号也可以指定。

· 组群 ID(GID 指 Group ID)：用户所在组群的标识。每一个用户都会属于一个组群。和 UID 一样，超级用户所属组群（即 root 组群）的 GID 是 0，系统组群的 GID 是 1～499，默认情况下新建的第一个私人组群的 GID 是 500，第二个是 501，依此类推。

· 个人资料或全称（Comment）：可以记录用户的资料信息，也可以为空。

· 宿主目录（Home Directory）：类似于 Windows 2000/2003 的个人目录，通常指定在"/home"目录中，表示为"/home/user name"，这里的 user name 代表用户名。

· 登录 Shell：用户登录 Linux 系统后进入的 Shell 环境，默认是 Bash Shell。

从 passwd 文件中可以看到，第一行是 root 用户，紧接着是系统用户，普通用户通常是排在其后。此外，如果出现两个连续的"："，说明中间字段值是空的。

2．/etc/shadow 文件

/etc/shadow 用户口令信息文件，只有超级用户才能查看。在这个文件中保存了经过 MD5 算法加密的口令，理论上是无法破解的，其目的是为了提高系统的安全性。下面是某个/etc/shadow 文件的内容（可以用 cat、more 等命令进行显示）：

root：$1$20Cu2LOKF$Nq2.6Fte.eHSjVtvy3l_g0：13458：0：99999：7：：：

bin：*：123458：0：99999：7：：：

Tom：$$nyuBU6oPjVeTy8zXe08yRbeWmNPfDsW2：13461：0：99999：7：：：

/etc/shadow 文件中每一行代表一个用户账号的信息，每行由 9 个字段组成，字段之间用"："隔开。其格式为：<u>用户名：加密后的口令：最后一次修改口令时间：最小时间间隔：最大时间间隔：警告时间：不活跃时间：失效时间：保留字段</u>。

· 用户名：是和/etc/passwd 文件中相对应的用户名。

· 加密后的口令：经过 MD5 算法加密后的口令。如果该字段为"＊"，则表示该用户被禁止登录；如果该字段为"！！"，则表示该用户未设置密码，不能登录。

· 最后一次修改口令时间：是指从 1970 年 1 月 1 日起到该用户最后一次修改口令的时间。对于无口令用户是指从 1970 年 1 月 1 日起到创建该用户账号的天数。

· 最小时间间隔：再次修改口令允许的最小天数。如果为 0，则表示无此时间限制。

· 最大时间间隔：口令保持有效的最多天数，即多少天后必须修改口令。如果为 99999，则表示无此限制。

· 警告时间：如果口令设置了时间限制，则在口令正式失效前多少天向用户发出警告信息，默认为 7 天。

· 不活跃时间：如果口令设置为必须修改，而到达期限后仍没修改，系统将推迟关闭该账号的天数。

· 失效时间：表示从 1970 年 1 月 1 日起口令失效的绝对天数。

· 保留字段：未使用。

◎ **组群账户配置文件**

Linux 系统中将具有相同特性的用户划归为同一组群，这可以简化用户管理，方便用户之间的文件共享。任何一个用户都至少属于一个组群。

1．/etc/group

组群账号信息文件。有关组群账号的信息都保存在此文件中。所有的用户都可以查看此文件内容。以下是某一个/etc/group 文件的内容：

root：x：0：root

bin：x：1：root，bin，daemon

...

Tom：x：604：

/etc/group 文件中的每一行表示一个组群的相关信息，每行包括 4 个字段，字段之间用"："隔开。信息表示的格式为：<u>组群名：口令：GID：附加组群用户列表</u>。其中"口令"字段内容总是用"x"表示。

2．/etc/gshadow

组群口令信息文件。此文件与/etc/shadow 类似，是根据/etc/group 文件产生的，主要用于保存经过加密的组群口令，只有超级用户才能查看此文件中的内容的。

提示　对用户和组群进行管理的用户必须具备 root 用户的权限才能进行。对于用户和组群的设置实际上就是对/etc/passwd、etc/shadow 和/etc/group 等文件进行修改。

◎ 管理用户的 Shell 命令

1．useradd 或 adduser 命令

超级用户可以通过 useradd 或 adduser 命令来创建用户账号，再利用 passwd 命令为新用户账号分配一个口令。

格式：useradd　［选项］　用户名。

常用选项说明：

-d：指已经存在的目录。设置用户主目录，用来取代默认的"/home/用户名"主目录。

-e：设置用户账号的有效日期，格式为 YYYY-MM-DD。

-f：指天数。设置口令过期后，账号禁用前的天数。若天数指定为 0，则账号在口令过期后会被立即禁用。指定为-1 时表示关闭此功能。

-g：指 GID 或组群名。设置用户所属的主要组群。该组群在此前必须存在。

-G：指 GID 或组群名。设置用户所属的附加组群。该组群在此前必须存在。

-M：指明不要创建主目录。

-s：设置用户登录的 Shell。

-u：指 UID。设置用户的 UID，它必须是唯一的，并且大于 499。

不使用任何选项时，系统将按默认值创建新用户：在/home 目录下新建与用户名同名的子目录作为该用户的主目录；新建一个与用户名同名的私有组群作为该用户的主要组群，其 GID 由系统自动分配；用户登录 Shell 为/bin/bash；用户的 UID 也由系统自动分配。

使用 useradd 或 adduser 命令新建用户账号后，将会在/etc/passwd 文件和/etc/shadow 文件增加新用户的有关记录。如果同时还新建了私有组群，那么还会在/etc/group 文件和/etc/gshadow 文件中增加有关组群的记录。

例 3.12　创建用户账户 s1 并设置密码。

［root@hll ~］# ls /home

stu

［root@hll ~］# useradd s1

［root@hll ~］# cat /etc/passwd | grep s1

s1：x：501：501：：/home/s1：/bin/bash　　　　//查看/etc/passwd 文件中有关 s1 的信息

［root@hll ~］# passwd s1

Changing password for user s1.

New UNIX password：

BAD PASSWORD：it is WAY too short

Retype new UNIX password：

passwd：all authentication tokens updated successfully.

如果所设置的口令少于 6 位或字符比较有规律,虽然可以设置成功但系统会提示这样的口令过于简单,不安全。root 用户不但可以用来设置新创建的用户初始口令,还可以用来修改所有普通用户的口令,并且不需要输入其原来的口令。而普通用户在使用 passwd 命令修改口令时,不需要使用选项参数,只能修改自己的口令并且必须正确输入原先的口令。

提示　对于新添加的用户,可以将 useradd 和 passwd 合并在一个命令行完成。即 useradd 用户名 &&passwd 用户名。

2. userdel 命令

该命令用于删除账户。

格式:userdel ［选项］ 用户名。

选项说明:如果使用选项-r,系统不仅删除此用户账号,而且还删除此用户的宿主目录;否则,只删除此用户账号。

例 3.13　删除 s1 账号及其主目录。

［root@hll ～］# userdel -r s1

注意　如果在新建此用户时创建了私有组群,并且该私有组群目前没有其他的用户,那么在删除此用户时也将一同删除该私有组群。对于正在使用系统的用户,超级用户是不能将其删除的,应该在终止此用户的所有进程后才能将其删除。

删除一个用户账号还可以通过编辑工具将/etc/passwd 文件和/etc/shadow 文件中该用户的记录整行删除。

3. su 命令

该命令用于对用户身份进行切换。

格式:su ［-］ ［用户名］。

选项说明:使用“-”选项时,表示在切换到新用户的同时还进入到新用户的环境变量;使用“用户名”选项时,表示切换到指定的用户。

超级用户可以切换到任何普通用户,并且不需要输入口令。而普通用户切换到其他用户时,必须输入被切换到的用户的口令。切换到其他用户之后就具备了该用户的权限。使用“exit”命令可以退回到原先的用户身份。在不使用用户名选项时,可从普通用户切换到超级用户,此时需要输入超级用户的口令。如果口令匹配,Shell 命令的提示符会发生变化,此后相当于是超级用户在进行操作。

一般情况下,为了保证系统安全,系统管理员通常以普通用户身份登录系统,只有必须要有超级用户权限才能进行操作时,才使用“su -”命令切换到超级用户。

例 3.14　添加用户 test1 和 test2,并设置登录密码。尝试进行下面的切换,注意观察显示结果。

［root@hll ～］# useradd test1 && passwd test1

［root@hll ～］# useradd test2 && passwd test2

［root@hll ～］# su -test1　　　　　　//此时不需要输入 test1 的密码

［test1@hll ～］$

[test1@hll ～]$ pwd　　　　//注意当前的工作目录

/home/test1

[test1@hll ～]$ exit　　　　//退出当前用户

[root@hll ～]♯ su test1

[test1@hll root]$ pwd　　　//注意当前的工作目录与前面的不同

/root

[test1@hll root]$ su -test2　　　//此时需要输入 test2 的密码

口令：

[test2@hll ～]$ pwd

/home/test2

[test2@hll ～]$ exit

[test1@hll root]$ exit

[root@hll ～]♯

4．禁止用户登录的命令

对于临时不允许登录的用户，不需要进行删除，将其锁定即可。根据需要，可以解锁，允许再次登录。

（1）passwd 命令

一般用于设置或重设用户的口令。其中的选项"-l"和"-u"用于锁定和解锁用户。

例 3.15　将 test1 锁定后检测，再将其解锁检测。

[root@hll ～]♯ passwd -l test1

Locking password for user test1.

passwd：Success

重新使用"test"用户名登录系统，不能登录。

login as：test

test@192.168.18.1′s password：

Access denied

回到 root，将 test1 解锁。

[root@hll ～]♯ passwd -u test1

Unlocking password for user test1.

passwd：Success.

重新使用"test"用户名登录系统，可以登录。

（2）usermod 命令

usermod 可用来修改用户账号的各项设定。其中"-L"和"-U"用于锁定和解锁用户。

[root@hll ～]♯ usermod -L test1

[root@hll ～]♯ tail -l /etc/shadow

test1：! $ 1 $ kJEY10yr $ P1XE3j3SJ0BZk4JjYdJ8j0：16169：0：99999：7：：：

[root@hll ～]♯ usermod -U test1

[root@hll ～]♯ tail-l /etc/shadow

test1：$ 1 $ kJEY10yr $ P1XE3j3SJ0BZk4JjYdJ8j0：16169：0：99999：7：：：

检测方法同例 3.14，当用户被锁定后，可以在 shadow 文件对应用户行上看到密文前多了一个"!"。

◎ **管理群组的 Shell 命令**

1．groupadd 命令

超级用户用于新建组群。

格式：groupadd ［选项］ 组群名。

选项说明：-g 表示组群 ID，指定组群的 GID；-r 表示创建 UID 小于 500 的系统组。

2．groupdel 命令

超级用户用于删除指定的组群。

格式：groupdel 组群名。

注意 在删除指定组之前，应该保证该组群不是任何用户的主要组群，否则应该先删除以此组群作为主要组群的用户。

例 3.16 新建一个名为 student 的组群，并指定其 GID 为 505。然后删除该组。

［root@hll ～］# groupadd -g 505 student

［root@hll ～］# tail -l /etc/group

student：x：505：

［root@hll ～］# tail -l /etc/gshadow

student：!：：

［root@hll ～］# groupdel student

使用 groupadd 命令创建新组群时，如果不指定 GID，则其 GID 由系统确定。groupadd 命令的执行结果会在/etc/group 文件和/etc/gshadow 文件中增加该组群的记录。

3.3 Linux 文本编辑器

上一节学习的基本命令可以对 Linux 进行简单的管理，很多系统的管理和功能的配置需要修改系统配置文件，而这些配置文件几乎都是文本文件。因此本节将学习 Linux 系统中文本编辑工具的使用。

3.3.1 文本编辑器概述

1．文本编辑器的概念

文本编辑器（或称文字编辑器）是用作编写普通文字的应用软件，它与文档编辑器（或称文字处理器）不同之处在于它并非用作桌面排版（例如文档格式处理）。它常用来编写程序的源代码。常见的有 Linux 下的 vi、emacs、gedit；DOS 下的 edit；Windows 下的记事本、写字板等等。

2．Linux 中文本编辑器的分类

① 文本编辑器按照文体可编辑的范围可划分为行编辑器和全屏幕编辑器。

行编辑器在早期系统中使用，目前接触到的编辑器都属于全屏幕编辑器。

② 文本编辑器按照工作的界面环境可划分为字符界面编辑器和图形界面编辑器。

虽然字符界面存在界面不够友好、操作不够简单等缺点,但因其占用系统资源小,运行效率高,适用范围广等优点仍被广泛采用。本节将重点讲解 vi 编辑器的使用。图形界面编辑器工作于 X-Windows 图形环境中,界面友好,操作相对简单,常用的是 gedit 编译器。

3.3.2　vi 文市编辑器

vi(Visual Interface)是 Linux 和 Unix 上最基本的工作在字符模式下的全屏幕文本编辑器。由于不需要图形界面,vi 的效率较高。vim 是 vi 的改进版,目前大多数 Linux 中使用 vim 代替 vi 编辑器。为保持对 vi 的兼容,通常将 vim 编辑器也称为 vi。

1. vi 的工作模式

vi 有 3 种基本工作模式:命令模式、插入模式和末行模式。

(1) 命令模式(Command Mode)

控制屏幕光标的移动,字符、字或行的删除,移动复制某区段及进入插入模式下,或者到末行模式。

(2) 插入模式(Insert Mode)

只有在 Insert Mode 下,才可以输入文字。在 vi 的命令模式下输入"i"命令可进入输入模式。处于[插入模式]时,只能一直输入文字,如果发现输错了内容,想用光标键往回移动,将该字删除,要先按一下"ESC"键转到[命令模式]再删除错误内容。

(3) 末行模式(Last Line Mode)

将文件保存或退出 vi,也可以设置编辑环境,如寻找字符串、列出行号等。在 vi 的命令模式下输入":"(半角的冒号)即可进入末行模式。

2. vi 的基本操作

(1) 进入 vi

在系统提示符号输入 vi 及文件名称后,就进入 vi 全屏幕编辑界面。

[root@hll ～]♯vi testfile

① 进入 vi 之后,处于"命令模式",要切换到"插入模式"才能够输入文字。

② 如果输入 vi 命令而不指定任何文件名作为参数,则新建一个未命名的空文件。

③ 当前目录中若已存在"testfile"文件,则显示文件的内容并等待用户进行编辑操作。

(2) 退出 vi

在命令模式下有多种退出 vi 的方法。正常编辑情况下通常需要进行"保存退出",如果进行了错误的编辑,可"强制退出"以保持文件原有的正确内容。

:q 在文件已经进行保存或未进行任何更改时,可退出;否则无法正常退出。

:q! 强行退出当前的编辑环境,退出时不对修改进行保存。

:wq 保存对文件的编辑操作并退出。

(3) 移动光标

vi 可以直接用键盘上的光标上下左右移动,但正规的 vi 是用小写英文字母[h]、[j]、[k]、[l],分别控制光标左、下、上、右移一格。

按"Ctrl + b":屏幕往"后"翻一页;

按"Ctrl + f":屏幕往"前"翻一页;

按"Ctrl＋u"：屏幕往"后"翻半页；

按"Ctrl＋d"：屏幕往"前"翻半页；

按"＄"：移动到光标所在行的"行尾"；

按"^"：移动到光标所在行的"行首"；

按"w"：光标跳到下个字的开头；

按"b"：光标跳到上个字的开头；

按"e"：光标跳到下个字的字尾；

按"G"：移动到文章的最后一行。

在 vi 中，可以在很多命令前添加数字，形成组合，表示为"♯字母"。如：

♯w，在命令模式下输入 6w 时，光标会向后跳转 6 个字，并定位于字的首字母。

♯G，跳转到文中的第♯行。在命令模式下输入 1G 时，光标跳转到文件的首行。

♯e，在命令模式下输入 3e 时，光标会向后跳转 3 个字，并定位于字的尾字母。

（4）编辑操作

编辑操作包括文本的插入、输入、复制和粘贴等操作。

① 进入插入模式。在命令模式下可通过下面的命令进入插入模式。

"i"：从光标当前位置开始输入文字；

"a"：从目前光标所在位置的下一个位置开始输入文字；

"A"：将光标移动到当前行的行末位置开始输入文字；

"o"：在当前行的下面插入新的一行，从行首开始输入文字；

"O"：在当前行的上面插入新的一行，从行首开始输入文字。

② 删除操作。在命令模式下可通过下面的命令完成删除操作。

"x"：每按一次，删除光标处的一个字符；

"♯x"：例如，"6x"表示删除光标处向右的 6 个字符；

"X"：大写的 X，每按一次，删除光标处左边的一个字符；

"♯X"：例如，"20X"表示删除光标处向左的 20 个字符；

"dd"：删除光标所在行；

"♯dd"：例如，"5dd"表示从光标所在行开始删除 5 行。

③ 复制粘贴操作。在命令模式下可通过下面的命令完成复制粘贴操作。

"yw"：将光标所在之处到字尾的字符复制到缓冲区中；

"♯yw"：复制♯个字到缓冲区；

"yy"：复制光标所在行到缓冲区；

"♯yy"：例如，"6yy"表示复制从光标所在的该行及后续行共 6 行文字到缓冲区；

"p"：将缓冲区内的字符贴到光标所在位置。

提示　所有与"y"有关的复制命令都必须与"p"配合才能完成复制与粘贴功能。

④ 查找替换操作。在末行模式下可通过下面的命令完成复制粘贴操作。

"/word"：从当前光标处开始自上向下查找。输入"n"命令，要查找下一个匹配的字符串。输入"N"命令，可由下向上查找下一个匹配的字符串。

"？word"：从当前光标处开始自下而上查找。输入"n"命令，要查找下一个匹配的字符串。输入"N"命令，可由上向下查找下一个匹配的字符串。

"：s/old/new"：普通的替换由"s"开始，后面接原字符串和要替换成的新字符串。普通替换只在当前行进行匹配和替换且只替换当前行中第一个匹配的字符串。

"：s/old/new/g"：在当前行替换所有匹配的字符串。

"：%s/old/new/g"：在整篇文档中替换所有匹配的字符串。

"：♯，♯s/old/new/g"：在指定行区域内进行替换字符串操作。例如：20，28s/am/wood/g 表示在第 20 到 28 行之间查找与"am"匹配的字符串并全部替换成"wood"字符串。

⑤ 撤销操作。在命令模式下可通过下面的命令完成撤销操作。

"u"：取消最近一次的操作，按多次"u"可以执行多次恢复。

"U"：取消对当前行进行的所有操作。

"Ctrl+R"：该组合键可对使用 u 命令撤销的操作进行恢复。

⑥ 列出行号。在末行模式中完成此操作。

"：set nu"：在编辑器中的每一行前面列出行号。

"：set nonu"：在编辑器中取消行号显示。

3.3.3　gedit 文本编辑器

在 Linux 图形环境下可使用 gedit 文本编辑器。从图形终端程序中使用命令（gedit）启动或通过选择"应用程序"→"附件"→"文本编辑器"菜单项（参照图 3.20）。启动后进入 gedit 编辑器，操作界面如图 3.21 所示。

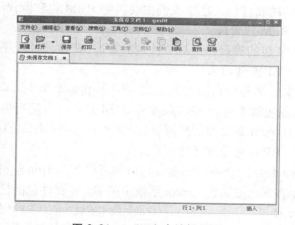

图.20　菜单启动文本编辑器　　　　　图 3.21　gedit 文本编辑界面

gedit 的用户界面友好，操作简单，用户可以通过菜单完成对文件的操作。相关操作类似 Windows 环境中的 Word 软件，这里不再详细说明。

3.4　Linux 应用程序安装与管理

对于不同的应用需求，Linux 要选择安装具有不同功能的应用程序。RHEL5 中支持 RPM（Redhat Package Manager/RPM Package Manager）安装、源码编译安装、直接安装等。RPM 是一种开放的软件包管理系统，它建立统一的数据库文件，能够自动分析软件包的依赖关系。用户通过使用 RPM 包可以较简单地完成查询、安装、更新、卸载、升级软件的工作。开放源代码方式提供用户自行编译安装的代码,使得应用程序更方便自我定制和升级。直接安装或绿色软件包的使用与 Windows 操作系统中的使用类似。

3.4.1　应用程序基础

1. Linux 中应用程序组成

Windows 系统中,几乎所有的应用程序都会安装在"Program Files"目录中,根据应用程序的不同,一般会安装在该目录下不同的子目录中。Linux 中,会将应用程序软件包中不同作用类型的文件保存在不同的目录中。典型的应用程序包括以下几个部分:

① 普通执行程序文件,保存在"/usr/bin"中。

② 服务器执行程序文件和管理程序文件,保存在"/usr/sbin"中。

③ 应用程序配置文件,保存在"/etc"中。

④ 应用程序文档文件,保存在"/usr/share/doc/"中。

⑤ 应用程序手册页文件,保存在"/usr/share/man/"中。

2. 常见软件包封装类型

Linux 中常见的软件包类型包括:rpm 软件包(.rpm)、源代码软件包(.tar.gz 或.tar.bz2 等格式)、deb 软件包(.deb)、绿色免安装软件包以及在包中提供了安装程序(install、setup 等)的软件包。这里我们主要讲解 RPM 包和源代码软件包的安装。

3. RPM 包管理

RPM 包的管理包括对软件包的查询、安装、卸载、升级等操作。

(1) RPM 包的文件名称

包文件名称拥有固定的格式,如:rp-pppoe-3.1-5.i386.rpm。其中 rp-pppoe 是软件名称,3.1 是主版本号,5 是次版本号,i386 是软件所运行的最低硬件平台(Intel 公司 386 以上的 CPU),rpm 是文件的扩展名(副文件名),用来标识当前文件是 rpm 格式的软件包。

(2) RPM 包管理功能

rpm 命令配合不同的参数可以实现以下的 rpm 包的管理功能:

① 查询已安装在 Linux 系统中的 RPM 软件包的信息。

rpm -qa　　　　　　　　//查询系统中安装的所有 RPM 包

rpm -q rpm 包名称　　　 //查看系统中指定软件包是否安装

例如:

[root@hll ~]# rpm -qa |grep -i x11　//查看系统中包含"x11"字符串的软件包

提示　使用"-i"时忽略字符大小写的差别进行过滤。使用[root@hll~]# rpm -qa |grep -i x11|wc -l 可以查询到具体的软件包数量。

rpm-qi rpm 包名称　　　 //查询系统中指定软件包的详细信息,包括名称、版本、建立时间、安装时间、
　　　　　　　　　　　　 //大小、协议等信息

rpm-ql rpm 包名称　　　 //查询系统中指定软件包中包括的文件列表

② 安装 RPM 软件包到当前 Linux 系统。

格式:

rpm -i rpm 包名称　　　　 //基本安装,安装过程中不提示任何信息

rpm -ivh rpm 包名称　　　　//安装的同时显示详细信息,安装过程会以百分比的形式显示安装的

　　　　　　　　　　　//进度和一些其他信息

　　例 3.17　安装 bind 软件包,并进行查询是否已经安装。

[root@hll ~]# mount /dev/cdrom /mnt　　　　　　//挂载光盘到/mnt 目录下

mount:block device /dev/cdrom is write-protected, mounting read-only

[root@hll ~]# ls /mnt/Server/ |grep bind

bind-9.3.3-7.el5.i386.rpm

bind-chroot-9.3.3-7.el5.i386.rpm

kdebindings-3.5.4-1.fc6.i386.rpm

[root@hll ~]# rpm -ivh /mnt/Server/bind-9.3.3-7.el5.i386.rpm

warning:/mnt/Server/bind-9.3.3-7.el5.i386.rpm:Header V3 DSA signature:NOKEY, key ID 37017186

Preparing...　　　　##[100%]

1:bind　　　　　　 ##[100%]

[root@hll ~]# rpm -qa |grep bind

ypbind-1.19-7.el5

bind-utils-9.3.3-7.el5

bind-libs-9.3.3-7.el5

bind-9.3.3-7.el5

[root@hll ~]# rpm -q bind　　　//与上面的 rmp -qa|grep bind 比较查询结果

bind-9.3.3-7.el5

[root@hll ~]# rpm -e bind　　　//卸载 bind 软件

[root@hll ~]# rpm -q bind

package bind is not installed

　　RPM 包之间可能存在依赖关系。要先满足软件包的依赖关系后再进行软件包的安装。例如,如果 Linux 系统中需要安装 A、B、C 三个软件包,已知 A 和 B 依赖于 C,则应先安装 C。同理,当这 3 个包都安装后,如果想要卸载它们,应该先卸载 A 或 B,最后卸载 C。如果包的依赖关系得不到满足会中止安装并给出错误提示。在提示中会告知具体的依赖关系,管理员可根据提示,分析依赖关系并调整安装。具体的例子参照 3.4.2 中 gcc 的安装。

　　③ 从当前 Linux 系统中卸载已安装的 RPM 软件包。

#rpm -e rpm 包名称　　　　//软件包的卸载,在卸载时不显示任何信息

　　RPM 软件包的卸载同样存在依赖关系,只有在没有依赖关系存在时才能对其进行卸载。

　　④ 升级 RPM 软件包。

#rpm -U rpm 包名称

　　用指定的 RPM 包升级(替换)系统中的低版本软件包。当系统中未安装同名的软件包时,该命令等同于安装软件包。

3.4.2　应用程序编译

　　虽然 RPM 包的安装过程比较简单,但在 Linux 中经常会用到从应用程序的源代码编译安装应用程序。这种安装为使用者提供了更加灵活的程序功能定制途径。通常需要经过以下几个步骤。

1. 确认当前系统已具备编译环境

对源代码文件,需要经过 gcc 进行编译。因此要求 Linux 系统中安装 gcc 编译器。可通过"rpm -qa │grep gcc"命令查询是否安装。默认情况下没有安装,需要通过命令完成安装。

［root@hll ～］# mount /dev/cdrom /mnt

［root@hll ～］# ls /mnt/Server/│grep gcc

［root@hll ～］# rpm -ivh /mnt/Server/gcc-4.1.1-52.el5.i386.rpm

```
warning:/mnt/Server/gcc-4.1.1-52.el5.i386.rpm:Header V3 DSA signature:NOKEY,key
ID 37017186
  error:Failed dependencies:
      glibc-devel >= 2.2.90-12 is needed by gcc-4.1.1-52.el5.i386
      libgomp = 4.1.1-52.el5 is needed by gcc-4.1.1-52.el5.i386
      libgomp.so.1 is needed by gcc-4.1.1-52.el5.i386
```

安装的时候可能会有软件包的依赖关系警告,需要按提示先装被依赖的包,再安装 gcc。如果被依赖的包均未安装,安装过程如下:

［root@hll ～］# rpm -ivh /mnt/Server/glibc-headers-2.5-12.i386.rpm

［root@hll ～］# rpm -ivh /mnt/Server/glibc-devel-2.5-12.i386.rpm

［root@hll ～］# rpm -ivh /mnt/Server/libgomp-4.1.1-52.el5.i386.rpm

［root@hll ～］# rpm -ivh /mnt/Server/gcc-4.1.1-52.el5.i386.rpm

［root@hll ～］# rpm -qa │grep gcc　　　　//查询是否已经安装 gcc

libgcc-4.1.1-52.el5

gcc-4.1.1-52.el5　　　　//已经安装了 gcc

提示　有的源码包文件要求安装 gcc-c＋＋,可以提前安装,也可以根据需要后期安装。具体参照例 3.18。

2. 获得源代码软件包文件

可通过网络下载所需要的源代码软件包。

3. 解压缩源代码软件包文件

使用 tar 命令进行解压缩,根据包的类型参数有所不同。tar 的"jxf"参数用于释放".bz2"格式的包;"zxf"参数用于释放".gz"格式的包;"xzvf"参数用于释放"tar.gz"格式的压缩包。

4. 进行编译前的配置工作

在编译前需要执行 configure 命令完成程序在编译前的配置工作。

5. 进行程序源代码的编译

使用 make 命令对程序进行二进制编译。

6. 将编译完成的应用程序安装到系统中

使用 make install,将按照 configure 命令的"--prefix"选项设定的安装路径将已经编译好的应用程序安装到指定目录。

例 3.18　用 wood 用户身份进行多线程下载软件"prozilla"的源代码编译安装。

① 添加用户 wood 并切换到该用户。

［root@hll ～］# adduser wood &&passwd wood

［root@hll ～］# su -wood

［wood@hll ～］$ mkdir /home/wood/proz

② 确认系统中已经安装了编译环境。

［wood@hll ～］$ rpm -qa ｜grep gcc

libgcc-4.1.1-52.el5

gcc-4.1.1-52.el5

③ 下载 prozilla 程序的源代码安装包文件。

下载好的 prozilla-2.0.4.tar.bz2 文件最好是放置在用户宿主目录的子目录中，以避免与其他文件混淆。这里放在上面创建的 proz 子目录中。

［wood@hll ～］$ ls proz/

prozilla-2.0.4.tar.bz2

④ 释放已下载的源代码软件包文件。

［wood@hll ～］$ tar jxvf proz/prozilla-2.0.4.tar.bz2　　//释放以下载的源代码软件包文件到当

　　　　　　　　　　　　　　　　　　　　　　　　　　　//前目录。解压后的文件名为

　　　　　　　　　　　　　　　　　　　　　　　　　　　//prozilla-//2.0.4

［wood@hll ～］$ cd prozilla-2.0.4/　　　　//进入源代码目录

［wood@hll prozilla-2.0.4］$ pwd　　　　//显示当前目录路径

/home/wood/prozilla-2.0.4

⑤ 配置安装参数。

［wood@hll prozilla-2.0.4］$ ./configure --prefix＝/home/wood/proz

使用"--prefix"选项可以指定应用程序编译后的安装路径，如果不使用"--prefix"，configure 程序将配置默认安装路径为"/usr/local"目录。根据系统的环境，在配置过程中可能会出现一些错误提示。下面分析默认情况下的编译出现的两种错误：

（a）checking for C＋＋ compiler default output file name… configure：error：C＋＋ compiler cannot create executables

See'config.log' for more details.

意思是缺少 C＋＋ 的编译器，需要进行安装。

［root@hll ～］# rpm -ivh /mnt/Server/gcc-c＋＋ -4.1.1-52.el5.i386.rpm

会有软件包依赖关系的提示，先安装被依赖的软件包。

［root@hll ～］# rpm -ivh /mnt/Server/libstdc＋＋ -devel-4.1.1-52.el5.i386.rpm

［root@hll ～］# rpm -ivh /mnt/Server/gcc-c＋＋ -4.1.1-52.el5.i386.rpm

（b）安装了 C＋＋ 的编译器后再进行配置时，可能会出现提示：configure：error：** A（n）curses library was not found. The program needs ncurses to run，Ncurses is freely available at：ftp://ftp.gnu.org/pub/gnu **

意思是需要安装 ncurses。

［root@hll ～］# rpm -ivh /mnt/Server/ncurses-devel-5.5-24.20060715.i386.rpm

之后再编译。

［wood@hll prozilla-2.0.4］$ ./configure--prefix＝/home/wood/proz

⑥ 程序编译过程。

［wood@hll prozilla-2.0.4］$ make

若编译时报"download_win.h：55：错误：有多余的限定'DL_Window：：'在成员'print_status'上"错误，则要按提示修改出错文件。

［wood@hll prozilla-2.0.4］$ vi src/download_win.h

提示为将源代码里 download_win.h 文件的第 55 行，由原来的：

```
    void DL_Window::print_status(download_t * download,int quiet_mode);
```
更改为：
```
    void print_status(download_t * download,int quiet_mode);
    [wood@hll prozilla-2.0.4]$ make
```
⑦ 程序安装过程。
```
    [wood@hll prozilla-2.0.4]$ make install
```
⑧ 验证编译安装的程序。
```
    [wood@hll prozilla-2.0.4]$ ls ~/proz
    bin  include  lib  man  prozilla-2.0.4.tar.bz2  share
```
有些 tar 包不需要进行配置、编译，直接可以运行。如例 3.19 中的 firefox。

例 3.19 安装 firefox 浏览器。提供 firefox-3.0.10.tar.bz2 软件包。
```
    [root@hll ~]# tar jxvf Desktop/firefox-3.0.10.tar.bz2 -C /usr/src/
    [root@hll ~]# ls /usr/sr
    [root@hll ~]# cd /usr/src/firefox/
    [root@hll ~]# ls
    [root@hll ~]# ./firefox
```
注意 如果是在字符界面执行该命令，会有提示：Error：no display specified，要求在图形环境下使用。在"参数"菜单中查看"关于 Mozilla Firefox"，弹出版本信息，如图 3.22 所示。

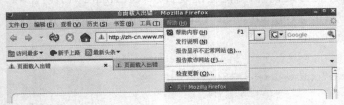

图 3.22 安装 Firefox 后的版本检测

RHEL5 中默认已经安装 Firefox，从"应用程序→Internet→Firefox Web Browser"，打开浏览器。参照图 3.23，查看 Firefox 的版本信息（与图 3.22 方框中的版本比较）。

图 3.23　系统默认安装 Firefox 的版本检测

3.5　Linux 基本网络配置

Linux 普通用户可以使用命令查看系统的网络属性,包括查看主机名称、网络接口信息、路由信息并测试网络连接状态等。而系统管理员则要熟练掌握 Linux 的网络配置方法和命令以承担系统的网络管理任务。

3.5.1　网络信息查看

1. "/etc/sysconfig/network-scripts"目录

RHEL5 中,系统网络设备的配置文件保存在"/etc/sysconfig/network-scripts"目录中。ifcfg-lo 对应回路 IP 地址(固定为 127.0.0.1)。ifcfg-eth0 对应第一块网卡信息,ifcfg-eth1 对应第二块网卡信息,依次类推。

```
〔root@hll ~〕# ls /etc/sysconfig/network-scripts/
〔root@hll ~〕# cat /etc/sysconfig/network-scripts/ifcfg-eth0
# Advanced Micro Devices〔AMD〕79c970〔PCnet32 LANCE〕
DEVICE = eth0           //物理设备名
BOOTPROTO = static          //网卡配置成静态 IP,若为动态则设为"dhcp"
BROADCAST = 192.168.18.255       //该网卡的广播地址
HWADDR = 00:0C:29:1B:51:5C       //该网卡的 MAC 地址
```

```
IPADDR = 192.168.18.1          //该网卡的 IP 地址
IPV6ADDR =            //IPv6 的地址,这里不使用该地址
IPV6PREFIX =
NETMASK = 255.255.255.0          //子网掩码
NETWORK = 192.168.18.0          //所在网络
ONBOOT = yes          //启动系统时激活该网卡
```

2. ifconfig 命令

可以使用"ifconfig"命令查看网络接口信息。该命令不使用选项和参数时,显示当前系统中有效的(活动)网络接口信息。如果需要查看指定网络接口的信息,可在命令后加网络接口名称,如"ifconfig eth0"。当使用"ifconfig -a"时,会显示系统中所有网络接口信息,无论是否是有效接口。此时会有一个"sit0"接口,它是 RHEL5 预先配置于 IPv6 网络中的网络接口,通常情况下是不被激活的。

```
[root@hll ~]# ifconfig -a
eth0        Link encap:Ethernet   HWaddr 00:0C:29:1B:51:5C
            inet addr:192.168.18.1  Bcast:192.168.18.255   Mask:255.255.255.0
            inet6 addr: fe80::20c:29ff:fe1b:515c/64 Scope:Link
            UP BROADCAST RUNNING MULTICAST  MTU:1500   Metric:1
            RX packets:11233 errors:0 dropped:0 overruns:0 frame:0
            TX packets:9691 errors:0 dropped:0 overruns:0 carrier:0
            collisions:0 txqueuelen:1000
            RX bytes:921297 (899.7 KiB)   TX bytes:1057023 (1.0 MiB)
            Interrupt:67 Base address:0x2024
lo          Link encap:Local Loopback
            inet addr:127.0.0.1   Mask:255.0.0.0
            inet6 addr: ::1/128 Scope:Host
            UP LOOPBACK RUNNING   MTU:16436   Metric:1
            RX packets:2277 errors:0 dropped:0 overruns:0 frame:0
            TX packets:2277 errors:0 dropped:0 overruns:0 carrier:0
collisions:0 txqueuelen:0
            RX bytes:2114508 (2.0 MiB)   TX bytes:2114508 (2.0 MiB)
sit0        Link encap:IPv6-in-IPv4
            NOARP   MTU:1480   Metric:1
            RX packets:0 errors:0 dropped:0 overruns:0 frame:0
            TX packets:0 errors:0 dropped:0 overruns:0 carrier:0
            collisions:0 txqueuelen:0
            RX bytes:0 (0.0 b)   TX bytes:0 (0.0 b)
```

提示 如果是普通用户,使用 ifconfig 命令只能进行查看操作,而且命令前要加上全路径名。例如:

```
[root@hll ~]# su -wood
[wood@hll ~]$ ifconfig eth0
-bash: ifconfig: command not found
```

〔wood@hll ～〕$ /sbin/ifconfig eth0

3．route 命令

route 命令不接选项和参数时，显示当前主机中的路由表信息。

〔root@hll ～〕# route

Kernel IP routing table

Destination	Gateway	Genmask	Flags	Metric	Ref	Use	Iface
192.168.18.0	*	255.255.255.0	U	0	0	0	eth0
169.254.0.0	*	255.255.0.0	U	0	0	0	eth0

4．ping 命令

ping 命令用于测试与其他主机的网络连接。后面可直接接目的主机的地址。如果不需要持续观察连接状态，可设置数据包的数量。

　格式为：ping -c 测试数据包数量　目的主机地址

〔root@hll ～〕# ping 192.168.18.22

PING 192.168.18.22（192.168.18.22）56（84）bytes of data.

64 bytes from 192.168.18.22：icmp_seq = 1 ttl = 64 time = 0.183 ms

64 bytes from 192.168.18.22：icmp_seq = 2 ttl = 64 time = 0.117 ms

64 bytes from 192.168.18.22：icmp_seq = 3 ttl = 64 time = 0.126 ms　　　//使用"Ctrl + C"组合键
　　　　　　　　　　　　　　　　　　　　　　　　　　　　　　　　　　//可结束发送测试包

---192.168.18.22 ping statistics---　　　　//ping 命令结束执行后，显示统计信息

3 packets transmitted，3 received，0% packet loss，time 1998ms

rtt min/avg/max/mdev = 0.117/0.142/0.183/0.029 ms

　试试# ping -c 4 192.168.18.22 测试时的显示内容。

5．hostname 命令

〔root@hll ～〕# hostname　　　　　//查看当前主机名

hll

〔root@hll ～〕# hostname wood　　　　　//临时修改当前主机名，重启后恢复原主机名

〔root@hll ～〕# hostname

wood

3.5.2　网络设置命令

前面讲解了网络信息查看的命令。系统管理员还应该掌握相关网络设置命令。

提示　① 有关网络设置管理需要 root 权限。

② 使用命令配置的网络属性即时生效，但主机重启或网络服务重启后将丢失配置。

1．IP 地址配置命令

① 通过 ifconfig 命令可在当前系统中设置网络接口属性，临时设置并生效，系统重启后将按照/etc/sysconfig/network-scripts 目录中对应设备（如 ifcfg-eth0）文件的对应内容恢复网络接口属性。

　格式：ifconfig　网络接口名称　IP 地址　netmask　子网掩码。

例 3.20　临时修改 eth0 的 IP 地址为：192.168.1.1/24 并检测。

〔root@hll ～〕♯ifconfig eth0　　　　　　//记录修改前的 IP 地址

〔root@hll ～〕♯ifconfig eth0 192.168.1.1 netmask 255.255.255.0

〔root@hll ～〕♯ifconfig eth0　　　　　　//记录此时的 IP 地址

〔root@hll ～〕♯service network restart　　　　//network 服务程序使网络属性的配置生效

〔root@hll ～〕♯ifconfig eth0　　　　　　//记录此时的 IP 地址,与前面的比较

② 修改“/etc/sysconfig/network-scripts”目录中对应的网卡信息设置(vi 编辑器打开并修改对应内容)。

例 3.21　永久修改 eth0 的 IP 地址为:192.168.18.55/24 并检测。

〔root@hll ～〕♯ ifconfig eth0

〔root@hll ～〕♯ vi /etc/sysconfig/network-scripts/ifcfg-eth0

修改其中的:IPADDR = 192.168.18.55

〔root@hll ～〕♯ service network restart

提示　对于单个网络接口配置文件,也可通过停用和启用网络接口命令使接口属性生效。如:♯ifdown eth0; ifup eth0

〔root@hll ～〕♯ ifconfig eth0　　　　　　//查看这里显示的是不是 192.168.18.55 的地址

如果某系统网卡不是使用静态 IP 地址,而是使用动态 IP 地址,则可以在“/etc/sysconfig/network-scripts/ifcfg-eth0”文件中将“BOOTPROTO = static”改为“BOOTPROTO = dhcp”,并且后面不要设置 IPADDR 等信息。修改完成后,重启 network 服务,检测地址获取情况并分析原因。

由于后面学习仍需使用 IP 地址:192.168.18.1/24,试着把 IP 地址还原。

2．路由配置

routeadd default gw 默认网关地址　　　　//添加默认网关地址

routedel default gw 默认网关地址　　　　//删除默认网关地址

〔root@hll ～〕♯ route add default gw 192.168.18.11

〔root@hll ～〕♯ route

Kernel IP routing table

Destination	Gateway	Genmask	Flags	Metric	Ref	Use	Iface
192.168.18.0	*	255.255.255.0	U	0	0	0	eth0
169.254.0.0	*	255.255.0.0	U	0	0	0	eth0
default	192.168.18.11	0.0.0.0	UG	0	0	0	eth0

〔root@hll ～〕♯ route del default gw 192.168.18.11

〔root@hll ～〕♯ route

Kernel IP routing table

Destination	Gateway	Genmask	Flags	Metric	Ref	Use	Iface
192.168.18.0	*	255.255.255.0	U	0	0	0	eth0
169.254.0.0	*	255.255.0.0	U	0	0	0	eth0

3．配置主机名称

前面讲到直接用“hostname 主机名称”可以临时修改当前主机名。系统重启后主机名称会还原。因此如果需要固定修改,则要修改文件“/etc/sysconfig/network”中对应内容。

♯ vi /etc/sysconfig/network

NETWORKING = yes

HOSTNAME = wood　　　　　　　//将默认的"localhost. localdomain"修改为"wood"

提示　在 network 配置文件中修改主机名后不会立即生效(需要重启系统)。

4. 本地主机名解析

"/etc/hosts"文件保存了本地的主机名与 IP 地址的对应记录。

```
[root@hll ~]# cat /etc/hosts
# Do not remove the following line, or various programs
# that require network functionality will fail.
127.0.0.1            hll localhost. localdomain localhost
::1                  localhost6. localdomain6 localhost6
192.168.18.1         www. amwood. net        //添加这一行
[root@hll ~]# ping www. amwood. net
PING www. amwood. net (192.168.18.1) 56(84) bytes of data.
64 bytes from www. amwood. net (192.168.18.1): icmp_seq = 1 ttl = 64 time = 0.026 ms
…
```

在 hosts 中设置的解析可以立即生效,但只能在当前主机中有效,无法作用于整个网络。hosts 文件无法取代 DNS 服务器的作用。

5. 域名服务器配置文件

"/etc/resolv. conf"文件保存了系统使用 DNS 服务器的 IP 地址。一行定义一个 nameserver 项,最多可以设置 3 个。系统优先选择第一行指定的 DNS 服务器,若无效则使用后面的 DNS 服务器。该文件设置后会立即生效。

```
[root@hll ~]# vi /etc/resolv. conf
search amwood. net        //设置主机的默认查找域名,当用户直接使用主机名访问时,系统会自动
                         //加上这里的域名到主机名后,形成完整的主机域名,之后再进行解析
nameserver 192.168.18.1
nameserver 192.168.18.11
```

使用 nslookup 命令,在交互模式下进行域名查询。

```
[root@hll ~]# nslookup           //测试 DNS 域名解析
> server//显示当前 DNS 服务器
Default server: 192.168.18.1
Address: 192.168.18.1#53
Default server: 192.168.18.11
Address: 192.168.18.11#53
> www. amwood. net          //测试 DNS 域名解析
;; connection timed out; no servers could be reached        //这里没有 DNS 服务器以及相关的主
                                                            //机设置,所以不能正确解析
>exit           //退出 nslookup 交互环境,该命令结束
```

3.6　Samba 服务器

Linux 作为服务器,可以实现不同的网络服务功能,包括 NFS 服务、DHCP 服务、NIS 服

务、FTP 服务、Samba 文件共享服务、域名服务、网站服务、邮件服务等。不同的服务需要安装配置并启用相应的服务程序。

在 Linux 系统下有很多工具可以实现文件共享。配置 NFS 可用于实现 Linux(UNIX) 之间文件共享,但如果客户端是 Windows 系统,还需要借助其他软件。不同系统间的文件共享,一般采用 Samba 和 FTP。本节先来学习 Samba 服务器。

3.6.1　Samba 服务器配置

1. Samba 服务器简介

Samba 基于 SMB(Server Message Block)协议,可实现 Unix/Linux 系统和 Windows 系统之间互相通信及共享资源的安全。功能包括:文件和打印机共享、身份验证和权限设置、名称解析、浏览服务。对应这些功能,Samba 服务会开启两个服务:smbd 和 nmbd。

2. Samba 服务器设置

(1) 软件包的安装

RHEL5 中默认安装两个软件包:samba-common、samba-client。Samba 服务器端要安装另两个软件包:samba、samba-swat。其中 samba-swat 依赖于 xinetd 包,要先安装。

```
[root@hll ~]# rpm -qa|grep samba
samba-client-3.0.23c-2
samba-common-3.0.23c-2
[root@hll ~]# rpm -ivh /mnt/Server/samba-3.0.23c-2.i386.rpm
[root@hll ~]# rpm -ivh /mnt/Server/xinetd-2.3.14-10.el5.i386.rpm
[root@hll ~]# rpm -ivh /mnt/Server/samba-swat-3.0.23c-2.i386.rpm
```

(2) 主配置文件

主配置文件/etc/samba/smb.conf 中可以指定共享的目录和打印机等资源。该文件主要由 3 个部分组成:注释和范例部分、Global Settings 和 Share Definitions。

① 注释部分以"#"开头,范例部分以";"开头,分别提供说明和参考,并不生效。

② Global Settings 部分以[global]开始,设置的是全局变量。Samba 提供 5 种安全模式(share、user、server、domain 和 ads)。这里重点讲解 share 和 user 模式。share 模式中,共享目录一般只给予较低权限,客户端可实现匿名访问。user 模式要求客户端提交合法的账号和密码,这也是默认的级别。

③ Share Definitions 部分设置共享对象和共享的权限。

查看有效内容时,可以忽略注释(grep -v "^#")和示例(grep -v "^;")以及空格(grep -v "^$")部分。

```
[root@hll ~]# cat/etc/samba/smb.conf |grep -v "^#"|grep -v "^;"|grep -v "^$"
[global]
    workgroup = MYGROUP
    server string = Samba Server
security = user            //默认安全模式的级别
    load printers = yes
```

```
cups options ＝ raw
    log file ＝ /var/log/samba/%m. log
    max log size ＝ 50
    dns proxy ＝ no
［homes］
    comment ＝ Home Directories
    browseable ＝ no
    writable ＝ yes
［printers］
    comment ＝ All Printers
    path ＝ /usr/spool/samba
    browseable ＝ no
    guest ok ＝ no
    writable ＝ no
    printable ＝ yes
```

（3）配置 share 级别的共享

参照例 3.22。share 级别的共享,允许客户端使用匿名用户和空密码(不需要输入密码)登录。

（4）配置 user 级别的共享

参照例 3.23。在 user 模式中,客户端需要提交 Samba 账号和密码,通过验证后才能访问 Samba 服务器中的共享目录。服务器的普通用户不一定是 Samba 用户,但 Samba 用户必须是普通用户。即先建立相应名称的普通用户,再把该用户指定为 Samba 用户。两种用户身份要分别设置密码,建议设置不同的密码。

Samba 服务器端删除对应 Samba 账号的普通用户后,Samba 账号不再可用。

（5）samba 服务的启动

［root@hll ～］# service smb start

（6）防火墙的关闭

［root@hll ～］# service iptables stop

实际配置时要设置防火墙的规则,这里可以直接关闭以完成 Samba 服务器的测试。

3.6.2　Samba 客户端配置与检测

1. Samba 客户端的配置

Samba 服务器可以实现 Linux 系统之间以及 Linux 和 Windows 系统间的共享。对于客户端,首先要保证与 Samba 服务器在同一 LAN,相互能 ping 通并有相关的防火墙规则不阻止客户端的访问(我们这里可以直接关闭防火墙)。

2. Samba 客户端可以使用的命令

（1）Windows 客户端

对于 Windows 客户端,可在运行中输入://服务器名称或 IP 地址(如://192.168.18.1)。如果知道共享目录,也可用加上目录名(如://192.168.18.1/test)。Samba 服务器上安装

samba-swat 后,客户端还可通过浏览器访问。对应上面的访问,可在地址栏输入:file://192.168.18.1 或 file://192.168.18.1/test。在切换用户时,要去除 Windows 中的 IPC$(Internet Process Connection)才能重新登录。方法是:命令提示符(cmd)下,输入 net use ＊ /delete 或 net use //IP 地址\IPC$ /delete。

(2) Linux 客户端

① 列出共享目录。

命令格式:smbclient -L 目标 IP 地址或主机名［-U 登录用户名［%密码]]。

不同用户浏览的结果可能是不一样的,这要根据服务器设置的访问控制权限而定。

② 访问共享目录。

命令格式:smbclient //目标 IP 地址或主机名/共享目录［-U 登录用户名［%密码]]。

成功后,提示符是:smb:\>,使用? 或 help 可获取在线帮助。

③ 挂载共享目录。使用 mount 命令挂载共享目录更方便操作。

命令格式:mount -t cifs //目标 IP 地址或主机名/共享目录名称 挂载点-o username ＝ 用户名。

挂载成功后,对共享目录就可以像本地目录一样操作了。

3. 客户端检测时的说明

客户端测试时,往往会出现一些问题。对配置检测过程中遇到的问题进行以下归纳分析:

① 某用户对共享目录的权限会受到多方面的影响。首先是 Samba 中对该目录的权限设置。其次是系统中目录本身赋予该用户的权限。

② 默认情况下,用户此时只能进行“上传”操作,不能进行修改、删除、改名等操作。这是因为 RHEL5 默认采用 selinux,即强制存取控制(在/etc/selinux/config 文件中 selinux ＝ enfocing)。这时需要通过关闭 selinux(修改为 selinux ＝ disabled 并重启系统)或修改对象的安全来放开“写”权限。

例 3.22 　配置 share 级别的 Samba 服务器,共享目录为“/music”,权限为允许匿名读写操作。在客户端使用匿名用户检测权限。

① 设置共享目录。

［root@hll ~］# mkdir /music

默认的目录权限为“755”,普通用户对共享目录有没有相应的权限,与 smb.conf 中的权限设置有关,也与共享目录本身的权限有关。这里修改为“777”,即给最大权限。

［root@hll ~］# chmod 777 /music

［root@hll ~］# touch /music/m1.mp3 　　//目录中创建文件,用于测试

② 编辑/etc/samba/smb.conf 文件。

• 在［global]部分修改安全模式的级别。

security ＝ share

• 添加共享目录。

［music]

　　　　comment ＝ share music

　　　　path ＝ /music

```
        public = yes
        writable = yes
```

创建的共享目录后,在 samba.conf 中对目录赋予某用户写的权限。方法可以采用多种形式,如:writable = yes 或 readonly = no 或 write list = 用户名或 write list = @组名。

③ 启动 samba 服务。

[root@hll ~]# service smb start

④ 关闭防火墙。

[root@hll~]# service iptables stop

⑤ Linux 客户端的检测。

[root@localhost ~]# smbclient -L 192.168.18.1

Password：　　　　　//这里可以直接回车,不需要输入密码

Anonymous login successful　　　　　//匿名用户登录成功

Domain = [MYGROUP] OS = [Unix] Server = [Samba 3.0.23c-2]

```
        Sharename          Type         Comment
        ---------          ----         -------
        music              Disk         share music        //显示出共享的目录名及类型、说明
        IPC $              IPC          IPC Service (Samba Server)        //空连接
...
```

[root@localhost ~]# smbclient //192.168.18.1/music

Password：

Anonymous login successful

Domain = [MYGROUP] OS = [Unix] Server = [Samba 3.0.23c-2]

smb：\> ls

...

```
    m1. mp3                                        0    Thu Apr 10 15:33:32 2014
...
```

smb：\> ?　　　　//使用? 可以了解这里可以使用的命令

smb：\> mkdir pc1

NT_STATUS_ACCESS_DENIED making remote directory \pc1　　　//虽然赋予写操作,为什么不
　　　　　　　　　　　　　　　　　　　　　　　　　　　　　　　　　　　　//能建立文件夹(写操作)呢?

提示　关闭服务器上的 selinux 并重启系统后再试试。重启系统后,先要检查 samba 服务是否开启,防火墙是否关闭。可以在重启前设置开机后的自动开启:chkconfig --level 35 smb on。

smb：\> mkdir pc1

smb：\> ls

...

```
    pc1                        D              0    Thu Apr 10 15:40:15 2014
    m1. mp3                                   0    Thu Apr 10 15:33:32 2014
...        //这里可以查看到已经能够创建
```

smb：\> quit　　　　//退出

⑥ Windows 客户端的检测。

在运行中输入"\\192.168.18.1"后会显示该服务器中的共享目录,进入 music 目录检测读写权限。这里会发现可以新建文件,但无法创建文件夹,如图 3.24 所示。参照 Linux

客户端检测中的提示,关闭服务器端的 selinux 并重启系统后再试试。

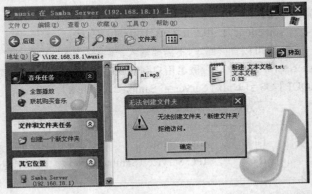

图 3.24　**Share 级别下的 Samba 服务器检测**(Windows 客户端)

例 3.23　配置 user 级别的 Samba 服务器,共享目录为"/movie",权限为允许 stu1 读写,stu2 可读,用户组 vip(包含用户 vip1~vip10 等)可读,其他用户不能访问。在客户端使用上述用户检测权限。

① 设置共享目录。

[root@hll ~]# mkdir /movie

[root@hll ~]# chmod 777 /movie

[root@hll ~]# touch /movie/movie1.rmvb　　　　　　　//目录中创建文件,用于测试

② 编辑/etc/samba/smb.conf 文件。

• 在[global]部分修改安全模式的级别

security = user

• 添加共享目录

[movie]

　　　　comment = share movie

　　　　path = /movie

　　　　public = no

　　　　valid users = stu1 stu2 @vip

　　　　write list = stu1 @vip

③ 创建 samba 用户。

[root@hll ~]# adduser stu1 && passwd stu1

[root@hll ~]# adduser stu2 && passwd stu2

[root@hll ~]# groupadd vip

[root@hll ~]# adduser -g vip vip1 && passwd vip1

…

〔root@hll ~〕# adduser -g vip vip10 && passwd vip10　　　　　//创建 vip 组中的 10 个用户

给上述用户设置 samba 用户的登录密码

〔root@hll ~〕# smbpasswd -a stu1

〔root@hll ~〕# smbpasswd -a stu2

〔root@hll ~〕# smbpasswd -a vip1

…

〔root@hll ~〕# smbpasswd -a stu10

这里要注意，passwd 和 smbpasswd 两个命令给用户设置的密码作用不同。

④ 启动 samba 服务。

〔root@hll ~〕# service smb start

⑤ 关闭防火墙。

〔root@hll~〕# service iptables stop

⑥ Linux 客户端的检测。

〔root@localhost ~〕# smbclient -L //192.168.18.1 -U stu1

Password：　　　　　//输入 smbpasswd 命令中给 stu1 用户的设置密码

Domain = 〔HLL〕OS = 〔Unix〕Server = 〔Samba 3.0.23c-2〕

Sharename	Type	Comment
movie	Disk	share movie
IPC $	IPC	IPC Service（Samba Server）

提示　如果这里不想让客户端浏览共享目录的名称，可以在 smb. conf 的共享目录设置中添加"browseable = no"即可。

〔root@localhost ~〕# smbclient //192.168.18.1/movie -U stu1%qqq

Domain = 〔HLL〕OS = 〔Unix〕Server = 〔Samba 3.0.23c -2〕

smb：\> ls

…

　movie1. rmvb　　　　　　　　　　　　　　0　Thu Apr 10 19：14：56 2014

…

smb：\> mkdir pc1movie　　　　// stu1 能够进行写操作

smb：\> ls

…

　pc1movie　　　　　　　　　　D　　0　Thu Apr 10 19：15：37 2014

　movie1. rmvb　　　　　　　　　　　　0　Thu Apr 10 19：14：56 2014

…

smb：\>quit

〔root@localhost ~〕# smbclient //192.168.18.1/movie -U stu2%www

Domain = 〔HLL〕OS = 〔Unix〕Server = 〔Samba 3.0.23c-2〕

smb：\> ls

smb：\> mkdir pc2movie　　　　//stu2 不能进行写操作

NT_STATUS_NETWORK_ACCESS_DENIED making remote directory \pc2movie

smb：\>quit

下面选取 vip 组的一个用户 vip3 进行检测：

〔root@localhost ~〕# smbclient //192.168.18.1/movie -U vip3%qwer

Domain＝〔HLL〕OS＝〔Unix〕Server＝〔Samba 3.0.23c-2〕

smb：\> ls

smb：\> mkdir vip3movie　　　　　　　//vip3 能够进行写操作

smb：\> ls

...

  vip3movie　　　　　　　　　　D　　　　　0　Thu Apr 10 19：21：51 2014

  pc1movie　　　　　　　　　　　D　　　　　0　Thu Apr 10 19：15：37 2014

  movie1.rmvb　　　　　　　　　　　　　　0　Thu Apr 10 19：14：56 2014

smb：\>quit

⑦ Windows 客户端的检测。

参照图 3.25，在 Windows 客户端进行检测时，要求输入用户名和密码，这里使用 vip 组的 vip2，在 movie 目录中检测是否能够进行写的操作（建立文件 movie3.rmvb）。

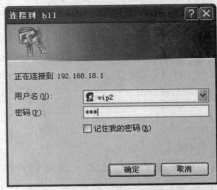

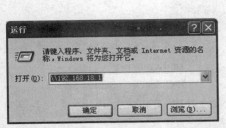

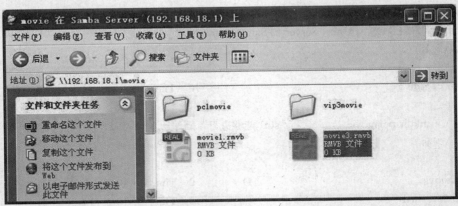

图 3.25　user 级别下的 Samba 服务器检测（Windows 客户端）

补充　Samba 的安全问题

Samba 用户名保存在/etc/samba/smbpasswd 中。Samba 用户名对应 Samba 服务器中的普通用户名。从安全角度考虑，客户端只要破解密码就可实现登录访问，这对于服务器来说并不安全。通过用户账号映射（/etc/samba/smbusers 文件）的方法创建虚拟账号，可以对 Samba 服务器中的用户名进行保护。对客户端只要提供虚拟账号和密码即可。

共享目录的名称对于一些普通账号也是要保密的。设置共享目录的 browseable ＝ no 可将目录隐藏，但并不关闭共享。用户可通过在地址后输入目录名（如：\192.168.18.1\test）

来访问。

对于特殊账号,若不想让它去记共享目录名,只需要单独为他建立一个配置文件(如:/etc/samba/smb.conf.teacher),该配置文件可以在复制系统的 smb.conf 后对共享目录做选项的修改。主要是去除其中的 browseable = no(或用 browseable = yes),且保证 security 设为 user。同时在主配置文件 smb.conf 的[global]中加入一行配置文件信息:config file = /etc/samba/smb.conf.%U。%U 表示当前登录用户,%U 的位置由单独配置文件名中用户名所在位置决定。若配置文件名为/etc/samba/teacher.smb.conf,则要设置 config file = /etc/samba/%U.smb.conf。

3.7　FTP 服务器

在学习 FTP 之前先来了解一下 FTP 的基础知识。

1. FTP 的连接方式

① 控制连接:标准端口号为 21,用于发送 FTP 命令信息。

② 数据连接:标准端口号为 20,用于上传和下载数据。

2. FTP 数据连接的建立类型

① 主动模式:服务端从 20 端口主动向客户端发起连接。

② 被动模式:服务端在指定范围内的某个端口被动等待客户端发起连接。

3. FTP 传输模式

① 文本模式:ASCII 模式,以文本序列传输数据。

② 二进制模式:Binary 模式,以二进制序列传输数据。

ASCII 模式一般只用于纯文本文件传输,而 Binary 模式更适合传输程序、图片等文件。

4. FTP 用户的类型

① 匿名用户:anonymous 或 ftp。

② 本地用户:账号名称及密码等信息保存在 passwd 和 shadow 文件中。

③ 虚拟用户:使用独立的账号/密码数据文件。

常见的 FTP 服务器程序有 IIS、Serv-U、wu-ftpd、vsftpd 等。我们在这里学习最常用的 vsftpd(Very Secure FTP Daemon),它以安全著称。

3.7.1　FTP 服务器配置

1. 安装 vsftpd 软件包

```
[root@hll ~]# mount /dev/cdrom /mnt
[root@hll ~]# rpm -ivh /mnt/Server/vsftpd-2.0.5-10.el5.i386.rpm
[root@hll ~]# umount /mnt
```

2. vsftpd 相关文档

```
[root@hll ~]#  # ll /etc/vsftpd
```

　　总计 36。

```
-rw-------1 root root   125 2007-01-18 ftpusers
-rw-------1 root root   361 2007-01-18 user_list
-rw-------1 root root  4397 2007-01-18 vsftpd.conf
-rwxr--r--1 root root   338 2007-01-18 vsftpd_conf_migrate.sh
```

其中：

　　/etc/vsftpd/vsftpd.conf：vsftpd 的核心配置文件；

　　/etc/vsftpd/ftpusers：用于指定哪些用户不能访问 FTP 服务器；

　　/etc/vsftpd/user_list：指定允许使用 vsftpd 的用户列表文件；

　　/etc/vsftpd/vsftpd_conf_migrate.sh：vsftpd 操作的一些变量和设置脚本；

　　/var/ftp/：默认情况下匿名用户的根目录。

　　3．主配置文件的内容

　　［root@localhost ～］# cat /etc/vsftpd/vsftpd.conf　|grep -v"^#"

其中：

　　anonymous_enable = YES：允许匿名访问；

　　local_enable = YES：允许本地系统用户访问；

　　write_enable = YES：启用写权限；

　　local_umask = 022：设置本地用户所上传文件的默认权限掩码值；

　　dirmessage_enable = YES：用户切换进入目录时显示.message 文件（如果存在）的内容；

　　xferlog_enable = YES：启用 xferlog 日志，默认记录到"/var/log/xferlog"文件；

　　connect_from_port_20 = YES：允许服务器主动模式（从 20 端口建立数据连接）；

　　xferlog_std_format = YES：启用标准的 xferlog 日志格式，若禁用此项，将使用 vsftpd 自己的格式；

　　listen = YES：以独立运行的方式监听服务；

　　pam_service_name = vsftpd：设置用于用户认证的 PAM 文件位置（/etc/pam.d 目录中对应的文件名）；

　　userlist_enable = YES：启用 user_list（用户列表文件）；

　　tcp_wrappers = YES：启用 TCP_Wrappers 主机访问控制。

　　该文件中的配置项包括：

　　① 全局配置项；

　　② 匿名 FTP 配置项：以"anon"开头；

　　③ 本地用户 FTP 配置项：包含"local_"字串。

　　4．构建可匿名上传的 vsftpd 服务器

　　对于匿名用户访问 FTP 服务器时，不需要密码验证，非常方便。参照例 3.24。

　　5．构建本地用户验证的 vsftpd 服务器

　　使用 Linux 主机的系统用户作为 FTP 账号，提供基于用户名/密码的登录验证。用户使用系统用户登录 FTP 服务器后，将默认位于其宿主目录中，对该宿主目录有读和写的权限。参照例 3.25。

6. 构建基于虚拟用户的 vsftpd 服务器

使用虚拟用户可以与系统登录的账号分开,用户名和密码都不相同,可以增强 FTP 服务器的安全。参照例 3.26。

3.7.2　FTP 客户端配置与检测

1. 常见的 FTP 客户端程序

① ftp 命令;

② CuteFTP、FlashFXP、LeapFTP、Filezilla;

③ gftp、kuftp。

还有一些下载工具软件,如 FlashGet、wget、proz 等,包括大多数网页浏览器软件,都支持通过 FTP 协议下载文件,但因不具备 FTP 上传等管理功能,通常不称为 FTP 客户端软件。

2. 客户端使用 ftp 检测

（1）Windows 客户端

在浏览器中输入“ftp://ftp 服务器的地址”。

（2）Linux 客户端

在命令窗口,使用“ftp://ftp 服务器的地址”。

具体参照例 3.24 中客户端的检测示例。

例 3.24　为某公司搭建 FTP 服务器,允许所有员工上传和下载文件,并允许用户创建自己的目录。

分析:允许所有员工上传和下载文件,需要设置成允许匿名用户登录并且需要将允许匿名用户上传功能开启,最后 anon_mkdir_write_enable 字段可以控制是否允许匿名用户创建目录。

解决方案:

① 配置 vsftpd.conf 主配置文件(服务器配置支持上传)。

［root@hll ～］# vi /etc/vsftpd/vsftpd.conf

在该文件中确定有如下设置,如果前面有“#”则要去除“#”,否则不生效。

anonymous_enable = YES　　　　　//允许匿名用户访问

anon_upload_enable = YES　　　　//允许匿名用户上传文件

anon_mkdir_write_enable = YES　　//允许匿名用户创建目录

保存退出。

② 建立允许上传的目录,并赋予匿名用户写入权限。

［root@hll ～］# cat /etc/passwd | grep ftp

ftp:x:14:50:FTP User:/var/ftp:/sbin/nologin

查看匿名用户对应系统账户名 ftp,宿主目录/var/ftp/。

［root@hll ～］# ll -d /var/ftp

drwxr-xr-x 3 root root 4096 04-11 18:34 /var/ftp

即默认匿名用户宿主目录是/var/ftp,其权限是 755,这个权限是不能改变的,否则 ftp 将无法访问。切记!

下面先创建一个公司允许上传用的目录,叫 companyshare,分配 ftp 用户所有,目录权限是 755。

［root@hll ～］# mkdir /var/ftp/companyshare

［root@hll ～］# ll -d /var/ftp/companyshare/

drwxr-xr-x 2 root root 4096 04-11 19:18 /var/ftp/companyshare/

［root@hll ～］# chown ftp /var/ftp/companyshare/

［root@hll ～］# ll -d /var/ftp/companyshare/

drwxr-xr-x 2 ftp root 4096 04-11 19:18 /var/ftp/companyshare/

［root@hll ～］# echo "123" > /var/ftp/companyshare/svr.txt　　　　　//创建一个文件以检测下载

③ 关闭 selinux。

［root@hll ～］# vi /etc/sysconfig/selinux

设置其中的 SELINUX = disabled,重启系统使生效。

若是临时测试需要,可使用命令:# setenforce 0

［root@hll ～］# reboot

④ 开启 vsftpd 服务,并设置运行级别 3 和 5 下的自动开启。

［root@hll ～］# service vsftpd start

［root@hll ～］# chkconfig --level 35 vsftpd on

［root@hll ～］# chkconfig --list vsftpd

vsftpd　　　　　　　0:关闭　1:关闭　2:关闭　3:启用　4:关闭　5:启用　6:关闭

⑤ 关闭防火墙。

［root@hll ～］# service iptables stop

⑥ 客户端检测。

(a) Windows 客户端。打开浏览器,输入服务器的地址,如图 3.26 中的"ftp://192.168.18.1",可查看到共享的 pub 目录和 companyshare 目录。尝试往 companyshare 目录中上传文件,会发现匿名上传可以成功。但匿名上传的文件是禁止修改和删除的。下载权限这里不再附图,自己完成。

(b) Linux 客户端(假设为 pc1:192.168.18.11/24)。

［root@localhost ～］# ftp 192.168.18.1

Connected to 192.168.18.1.

220 (vsftpd 2.0.5)

530 Please login with USER and PASS.

530 Please login with USER and PASS.

KERBEROS_V4 rejected as an authentication type

Name (192.168.18.1:root): ftp　　　　　　//用户名可以为 ftp 或 anonymous

331 Please specify the password.

Password:　　　　//可以不用输入密码,直接回车

230 Login successful.

Remote system type is UNIX.

图 3.26　Windows 客户端对 vsftpd 服务器检测（匿名用户）

Using binary mode to transfer files.

ftp＞ ls

227 Entering Passive Mode（192,168,18,1,166,201）

150 Here comes the directory listing.

| drwxr-xr-x | 2 14 | 0 | 4096 Apr 11 11:30 companyshare |
| drwxr-xr-x | 2 0 | 0 | 4096 Jan 17　2007 pub |

226 Directory send OK.

ftp＞ cd companyshare

250 Directory successfully changed.

ftp＞ ls

227 Entering Passive Mode（192,168,18,1,97,246）

150 Here comes the directory listing.

| -rw------- | 1 14 | 50 | 2353152 Apr 11 11:41 Vsftpd. doc |
| -rw-r--r-- | 1 0 | 0 | 4 Apr 11 11:38 svr. txt |

226 Directory send OK.

ftp＞ ! ls　　　　　//显示 pc1 当前目录中内容

anaconda-ks. cfg　Desktop　install. log　install. log. syslog

ftp＞ ! touch pc1. txt　　　　//在 pc1 当前目录中新建文件 pc1. txt

ftp＞ put pc1. txt　　　　//上传本机中的文件 pc1. txt 到 companyshare 目录中

local：pc1. txt remote：pc1. txt

227 Entering Passive Mode（192,168,18,1,69,94）

150 OK to send data.

226 File receive OK.　　　　//可以上传

ftp＞ ls

227 Entering Passive Mode（192,168,18,1,117,147）

150 Here comes the directory listing.

```
-rw-------     1 14        50             2353152 Apr 11 11:41 Vsftpd.doc
-rw-------     1 14        50                   0 Apr 11 11:44 pc1.txt
226 Directory send OK.
ftp> rm pc1.txt
550 Permission denied.            //删除文件失败
ftp> get svr.txt          //测试下载文件成功
local：svr.txt remote：svr.txt
227 Entering Passive Mode（192,168,18,1,200,216）
150 Opening BINARY mode data connection for svr.txt（4 Bytes）.
226 File send OK.
4 bytes received in 6.6e-05 seconds（59 KBytes/s）
ftp> quit
221 Goodbye.
```

　　例 3.25　在例 3.24 的基础上,修改为不允许匿名访问,只能使用本地账号 team1 和 team2 登录,并拥有读写权限。但出于安全考虑,不允许这两个用户登录本地系统,并将它们的根目录限制为/var/www/html,不能进入其他目录。

　　① 修改主配置文件。

```
[root@hll ~]# vi /etc/vsftpd/vsftpd.conf
anonymous_enable = NO          //禁止匿名用户登录
local_enable = YES             //允许本地用户登录
write_enable = YES             //允许写操作
```

　　添加配置项：

```
local_root = /var/www/html     //设置本地用户的根目录
chroot_list_enable = YES
chroot_list_file = /etc/vsftpd/chroot_list   //将用户锁定在/var/www/html 目录下
```

　　从安全角度考虑,需要禁锢用户的目录中,不能任意切换到服务器的其他目录中。

　　将下面两条删除或注释(建议前面加 ♯ 注释掉,以后可以随时还原)：

```
♯ anon_upload_enable = YES
♯ anon_mkdir_write_enable = YES
```

　　② 建立/etc/vsftpd/chroot_list 文件,添加 team1 和 team2 两个账户。

```
[root@hll ~]# vi /etc/vsftpd/chroot_list
team1
team2
```

　　③ 创建 team1 和 team2 两个用户并设置不允许登录及密码。

```
[root@hll ~]# adduser -s /sbin/nologin team1 && passwd team1
[root@hll ~]# adduser -s /sbin/nologin team2 && passwd team2
```

　　④ 创建本地目录和权限。

```
[root@hll ~]# mkdir -p /var/www/html
[root@hll ~]# ll -d /var/www/html          //查看到权限为 drwxr-xr-x,即 755
[root@hll ~]# chmod -R o + w /var/www/html
[root@hll ~]# touch  /var/www/html/test1       //创建文件以用于检测
```

　　⑤ 重启 vsftpd 服务。

```
[root@hll ~]# service vsftpd restart
```

⑥ 客户端检测。

（a）Linux 客户端（假设为 pc1:192.168.18.11/24,使用本地账号 team1 检测）。

[root@localhost ~]# ftp 192.168.18.1

Connected to 192.168.18.1.

...

Name (192.168.18.1:root):team1　　　　　//输入用户名 team1

331 Please specify the password.

Password:　　　　　　//输入 team1 的密码

230 Login successful.

Remote system type is UNIX.

Using binary mode to transfer files.

ftp> pwd

257 "/"

ftp> ls

227 Entering Passive Mode (192,168,18,1,251,1)

150 Here comes the directory listing.

-rw-r--r--　　 1 0 　　　　 0 　　　　　　　 0 Apr 11 12:36 test1

226 Directory send OK.

ftp> ! ls

anaconda-ks.cfg　Desktop　install.log　install.log.syslog　pc1.txt　svr.txt

ftp> put pc1.txt 　　　　　//上传文件测试

local:pc1.txt remote:pc1.txt

227 Entering Passive Mode (192,168,18,1,49,119)

150 Ok to send data.

226 File receive OK.

ftp> ls

227 Entering Passive Mode (192,168,18,1,114,219)

150 Here comes the directory listing.

-rw-r--r--　　 1 505 　　 506 　　　　　　 0 Apr 11 12:42 pc1.txt

-rw-r--r--　　 1 0 　　　　 0 　　　　　　　 0 Apr 11 12:36 test1

226 Directory send OK.

ftp> delete test1

250 Delete operation successful.

ftp> quit

221 Goodbye.

（b）Windows 客户端检测。打开浏览器,输入服务器的地址,如图 3.27 所示对话框中的"ftp://192.168.18.1",会要求输入用户名和密码。之后在其中测试读写权限。

例 3.26　在例 3.25 的基础上,修改为不允许匿名访问,不允许使用本地账户登录访问,只能使用虚拟账户登录访问,根据用户的等级限制客户端的连接数和下载速度。要求如下:

① 一个虚拟账户是公共账号 normal,对应系统账号 normaluser,主目录是/var/ftp/share,允许用户下载,但不允许上传。下载速度为 50 KB/s,连接数目最多 100 个,每个 IP 地址最大连接数为 10 个。

② 一个虚拟账户是特殊账号 vip,对应系统账号 vipuser,主目录是/var/ftp/vip,允许上

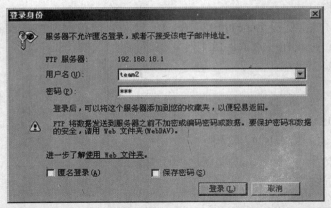

图 3.27 Windows 客户端对 vsftpd 服务器检测（本地账户）

传和下载，但不允许删除数据。下载速度为 100 KB/s，连接数目最多 50 个。每个 IP 地址最大连接数为 10 个。

解决方案：

① 检查所需软件包：vsftpd、db4、db4-utils，如果没有安装，需要进行安装。

〔root@hll ~〕# rpm -qa | grep vsftpd

vsftpd-2.0.5-10.el5

〔root@hll ~〕# rpm -qa | grep db4

db4-4.3.29-9.fc6

〔root@hll ~〕# rpm -qa | grep db4-utils

db4-utils-4.3.29 -9.fc6

② 创建虚拟账号文件，奇数行为用户名，偶数行为口令（密码）。每行只能放一个用户或密码。

〔root@hll ~〕vi /etc/vsftpd/account.txt

normal

p@ssword1

vip

p@ssword2

③ 将虚拟帐号加入数据库，生成 db 文件。

〔root@hll ~〕# db_load -T -t hash -f /etc/vsftpd/account.txt /etc/vsftpd_login.db

〔root@hll ~〕# chmod 600 /etc/vsftpd_login.db   //去除其他用户的读权限

〔root@hll ~〕# chmod 600 /etc/vsftpd/account.txt   //去除其他用户的读权限

④ 创建虚拟账号对应的系统用户。

```
[root@hll ~]#useradd -d /var/ftp/share normaluser
[root@hll ~]#useradd -d /var/ftp/vip vipuser
[root@hll ~]#ll /var/ftp
[root@hll ~]#chmod -R 500 /var/ftp/share          //公共账号 normal 只允许下载
[root@hll ~]#touch /var/ftp/share/normaltest
[root@hll ~]#chmod -R 700 /var/ftp/vip            //特殊账号 vip 允许上传和下载
[root@hll ~]#touch /var/ftp/vip/viptest
```

⑤ 创建 pam 认证文件，/etc/pam. d/ftp. vu。

auth required /lib/security/pam_userdb.so   db = /etc/vsftpd_login

account required /lib/security/pam_userdb.so db = /etc/vsftpd_login

说明：PAM 是 Pluggable Authentication Modules(可插入验证模块)。

/etc/pam. d 目录中的文件，每行都有 4 栏。第 1 栏是验证类型，第 2 栏是验证控制类型，第 3 栏是调用的 PAM 模块，第 4 栏是使用的参数。

◇ 验证类型有：

auth：验证使用者身份，提示输入账号和密码。

account：基于用户表、时间或密码有效期来决定是否允许访问。

password：禁止用户反复尝试登录，在变更密码时进行密码复杂性控制。

session：进行日志记录，或者限制用户登录的次数。

◇ 验证控制类型有：

required：验证失败时仍然继续，但返回 Fail(用户不会知道哪里失败)。

requisite：验证失败则立即结束整个验证过程，返回 Fail。

sufficient：验证成功则立即返回，不再继续，否则忽略结果并继续。

optional：无论验证结果如何，均不会影响(通常用于 session 类型)。

⑥ 配置主配置文件。

```
[root@hll~]# vi /etc/vsftpd/vsftpd. conf
anonymous_enable = NO          //禁止匿名用户登录访问
local_enable = YES            //允许本地用户登录访问
```

将例 3.25 中添加的内容注释删掉，在配置文件的最后添加：

```
chroot_local_user = YES          //将本地用户限制在宿主目录中
pam_service_name = ftp. vu        //配置 PAM 模块
user_config_dir = /etc/vsftpd/vsftpd_user_conf      //设置虚拟账号的主目录
```

⑦ 为个别虚拟账号单独建立配置文件。

```
[root@hll ~]mkdir /etc/vsftpd/vsftpd_user_conf
[root@hll ~]cd /etc/vsftpd/vsftpd_usre_conf
[root@hll ~]vi normal
guest_enable = YES
guest_username = normaluser
   anon_world_readable_only = NO
max_clients = 100
   max_per_ip = 10
   anon_max_rate = 50 000          //限制传输速率为 50 KB/s
```

提示　实际传输速率会在设定值的 80%~120% 之间变化。

```
[root@hll ~]vi vip
guest_enable = YES
```

```
guest_username = vipuser
anon_upload_enable = YES
write_enable = YES          //允许写操作
anon_world_readable_only = NO
anon_mkdir_write_enable = YES
max_clients = 50
max_per_ip = 10
anon_max_rate = 100000          //限制传输速率为 100 KB/s
```

⑧ 重启 vsftpd 服务。

［root@hll ～］service vsftpd restart

⑨ 客户端的检测。

（a）Linux 客户端检测。

```
[root@localhost ～]# ftp 192.168.18.1
Connected to 192.168.18.1.
...
Name (192.168.18.1:root)：normal          // normal 用户测试
331 Please specify the password.
Password：
230 Login successful.
Remote system type is UNIX.
Using binary mode to transfer files.
ftp> ls
227 Entering Passive Mode (192,168,18,1,230,235)
150 Here comes the directory listing.
-rw-r--r--      1 0          0                    0 Apr 13 02:24 normaltest
226 Directory send OK.
ftp> get normaltest
local：normaltest remote：normaltest
227 Entering Passive Mode (192,168,18,1,22,197)
150 Opening BINARY mode data connection for normaltest (0 bytes).
226 File send OK.
ftp> cd ../viptest
550 Failed to change directory..          //不能切换目录到其他位置
ftp> ! ls
anaconda-ks.cfg  Desktop、install.log  install.log.syslog  normaltest  pc1.txt
ftp> put pc1.txt
local：pc1.txt remote：pc1.txt
227 Entering Passive Mode (192,168,18,1,212,173)
550 Permission denied.
ftp>quit
```

normal 用户可读可下载,但不允许上传。

```
[root@localhost ～]# ftp 192.168.18.1
Connected to 192.168.18.1.
...
Name (192.168.18.1:root)：vip          //vip用户测试
```

331 Please specify the password.

Password：

230 Login successful.

Remote system type is UNIX.

Using binary mode to transfer files.

ftp＞ ls

227 Entering Passive Mode（192,168,18,1,152,38）

150 Here comes the directory listing.

-rw-r--r--　　　1 0　　　　　0　　　　　　　　　0 Apr 13 02：30 viptest

226 Directory send OK.

ftp＞ ! ls

anaconda-ks.cfg　Desktop　install.log　install.log.syslog　normaltest　pc1.txt

ftp＞ put pc1.txt

local：pc1.txt remote：pc1.txt

227 Entering Passive Mode（192,168,18,1,45,239）

150 Ok to send data.

226 File receive OK.

ftp＞quit

　　（b）Windows 客户端检测。使用 normal 检测：可以下载,但不能新建和上传,如图3.28 所示。

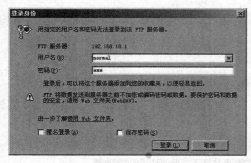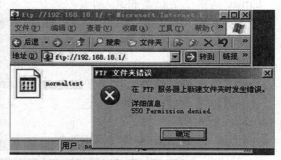

图 3.28　Windows 客户端对 vsftpd 服务器检测（虚拟账户 normal）

　　使用 vip 检测：可以下载、上传和新建。如图 3.29 所示。

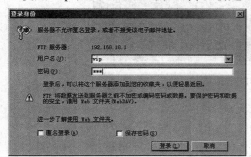

图 3.29　Windows 客户端对 vsftpd 服务器检测（虚拟账户 vip）

实训 1　RHEL5 的安装和基本操作

1. 实训目的

① 熟练掌握 RHEL5 服务器的安装与配置。

② 熟悉 RHEL5 的图形界面。

2. 实训环境

学生一人一台机器，根据实验环境，在虚拟机（VMware）上安装系统，教师提供相应的 .iso 文件。

3. 实训内容与要求

① 在 VMware 软件中安装 RHEL5。

参照图 3.1～图 3.17。在图 3.17 部分添加一个自己姓名拼音缩写的普通用户。

② 安装 VMware Tools。

参照 3.1.2 的第 6 部分讲解。注意图 3.19 中分辨率的选取。

③ 使用"root"用户名登录，输入密码后进入图形界面。要求熟悉 RHEL5 操作界面。

④ 学会打开 Linux 的终端，并了解其中提示符的含义。

⑤ 在图形界面和文本界面之间切换。

Linux 提供了 7 个虚拟终端，可同时使用系统，可进行切换。

在虚拟机中可以使用"Ctrl + Alt + Shift + 功能键（F1～F6）"打开虚拟终端。要求先进入 tty3 中，再进入 tty5 中，最后回到图形界面。

提示

（a）使用虚拟终端可以支持多用户操作（Linux 是支持多用户多任务的操作系统）。

（b）已经进入到某虚拟终端后，如果想进入另一个虚拟终端，只需要使用"Alt + 功能键（F1～F6）"。

（c）在虚拟终端上，可使用命令 tty 查看当前所处的虚拟终端名，如图 3.30 所示。

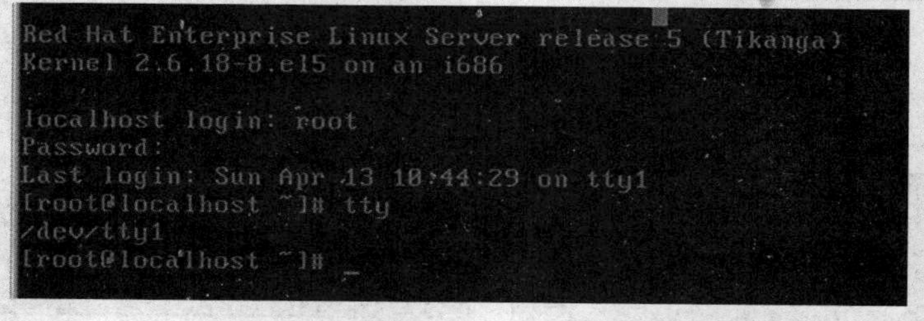

图 3.30　Linux 中的虚拟终端

（d）不使用某虚拟终端时，要使用 Logout 或 Exit 退出登录。

（e）从虚拟终端切换到图形界面，使用"Alt + F7（功能键）"。

⑥ 在 RHEL5 中学习系统的基本操作，包括设置桌面属性，创建文件，添加/删除等。

实训 2　RHEL5 的基本命令和账户管理

1. 实训目的

① 掌握 Linux 的基本命令使用和功能。

② 熟悉 Bash Shell 的功能。

③ 掌握 Linux 中账户管理的方法。

2. 实训环境

学生一人一台机器,虚拟机中已经安装好一台 RHEL5 的实验环境。

3. 实训内容与要求

① 在 Linux 图形界面下打开终端,按照 3.2 讲解的内容练习 Linux 基本命令。

② 学习 Bash Shell 的功能。

(a) 为"ls -al"命令起别名为 la。

(b) 使用 la 命令显示当前目录中的内容。

(c) 取消 la。

(d) 查看系统当前已经使用的历史命令。

(e) 根据上面的历史记录列表,通过使用命令序号执行其中的命令。

(f) 清空历史命令。

③ 使用 adduser 命令添加用户名为 student 的用户账户。

④ 使用 passwd 命令为用户 student 设置口令为"qQ111111"。

⑤ 使用 groupadd 命令添加名为 tom 和 jerry 的用户组。

⑥ 使用 adduser 命令添加用户 cat,并指定该用户属于 tom 用户组。

⑦ 使用 userdel 命令删除 cat 的用户账户。

⑧ 使用 groupdel 命令删除 jerry 用户组。

⑨ 查看并记录新建账户的信息文件,包括/etc/passwd、/etc/shadow、/etc/group 等文件中的对应内容。

⑩ 查看并记录新建用户的宿主目录中的内容。

⑪ 切换用户,记录下不同的系统提示符并比较。

实训 3　vi 编辑器的使用

1. 实训目的

① 掌握 vi 编辑器的模式切换。

② 掌握 vi 编辑器的操作命令。

2. 实训环境

学生一人一台机器,虚拟机中已经安装好一台 RHEL5 的实验环境。

3. 实训内容与要求

① 在/tmp 目录下建立一个 vitest 目录。

② 将/etc/man.config 文件复制到 vitest 目录中，设定名称为 test.config。

③ 使用 vi 编辑器编辑 test.config 文件。

（a）显示行号。

（b）移动光标到第 60 行，记录该行内容。

（c）移动光标到第 1 行，向下查找"bzip2"字符串，记录在第几行有匹配内容。

（d）将 60～100 行之间的小写"man"替换成大写"MAN"。

（e）对上述修改全部还原。

（f）复制 66～70 这几行内容并粘贴到最后一行之后。

（g）保存退出。

实训 4　RHEL5 中 RPM 包的安装

1. 实训目的

① 了解 RHEL5 中软件包的安装方法。

② 熟练掌握 RPM 包的安装命令。

③ 掌握源码包的安装步骤。

2. 实训环境

学生一人一台机器，虚拟机中已经安装好一台 RHEL5 的实验环境。教师提供实训所需的系统安装盘和软件包 prozilla-2.0.4.tar.bz2 和 firefox-3.0.10.tar.bz2。

3. 实训内容与要求

① 参照例 3.17 安装 bind 的 RPM 包。

② 参照例 3.18 安装 prozilla 的源码包，注意软件包之间的依赖关系。

③ 参照例 3.19 安装 firefox 浏览器。

实训 5　RHEL5 中网络的基本配置

1. 实训目的

① 掌握 RHEL5 中基本的网络信息查看命令。

② 掌握 RHEL5 中网络的基本配置命令。

2. 实训环境

学生一人一台机器，虚拟机中已经安装好一台 RHEL5 的实验环境。

3. 实训内容与要求

① 在 VMware 中通过克隆的方法，再建一个虚拟 Linux 系统，名称为"pc1"。原 Linux 系统改名为"svr"。

② 修改两台虚拟机的主机名。要求永久修改,修改后通过 hostname 查询。

③ 在两台虚拟机上分别设置网络属性,使它们在一个网络中,这里规定都连接在 host-only(VMnet1)中。均采用静态 IP 地址,具体如下:

服务器 svr:eth0—192.168.18.1/24

客户端 pc1:eth0—192.168.18.11/24　　网关为 svr 的地址

④ 测试两台虚拟机的连通情况,要求能够 ping 通。

⑤ 修改宿主机(pc2)的虚拟网卡 IP 地址(VMware Network Adapter VMnet1):192.168.18.22/24,网关为 svr 的地址。测试它与两台虚拟机的连通情况,要求能够 ping 通。

⑥ 使用 ifconfig 命令临时修改 svr 和 pc1 的 IP 地址,并将网卡均连接在 VMnet3 中,具体如下:

服务器 svr:eth0—172.18.18.1/24

客户端 pc1:eth0—172.18.18.2/24

测试两台虚拟机的连通情况,并测试与 pc2 的连通情况。分析原因。

⑦ 分别重启 svr 和 pc1,再次查询它们的 IP 地址并测试连通情况。

实训 6　在 RHEL5 中创建 Samba 服务器

1. 实训目的

① 熟练掌握 Samba 服务器的设置。

② 熟练掌握 Samba 客户端检测的方法。

③ 理解在 share 级别和 user 级别下,Samba 服务器的不同。

2. 实训环境

学生一人一台机器,宿主机(Windows 操作系统,作为客户端 pc2)中的虚拟机软件中已经安装好两台 RHEL5(服务器 svr 和客户端 pc1,网卡均在 VMnet1 中)。3 台机器同属于一个网络。

服务器 svr:eth0—192.168.18.1/24

客户端 pc1:eth0—192.168.18.11/24

客户端 pc2:VMware Network Adapter VMnet1—192.168.18.22/24

3. 实训内容与要求

① 配置好 IP 地址,并测试是否能够相互 ping 通。

② 在 svr 上配置 share 级别下的 Samba 服务器并从 pc1 和 pc2 检测。参照例 3.22。

③ 在 svr 上配置 user 级别下的 Samba 服务器并从 pc1 和 pc2 检测。参照例 3.23。

实训 7　在 RHEL5 中创建 FTP 服务器

1. 实训目的

① 熟练掌握 FTP 服务器的设置。

② 熟练掌握 FTP 客户端检测的方法。

③ 理解 FTP 支持的 3 种用户账号类型和不同之处。

2. 实训环境

学生一人一台机器,宿主机(Windows 操作系统,作为客户端 pc2)中的虚拟机软件中已经安装好两台 RHEL5(服务器 svr 和客户端 pc1,网卡均在 VMnet1 中)。3 台机器同属于一个网络中。

服务器 svr:eth0——192.168.18.1/24

客户端 pc1:eth0——192.168.18.11/24

客户端 pc2:VMware Network Adapter VMnet1——192.168.18.22/24

3. 实训内容与要求

① 配置好 IP 地址,并测试是否能够相互 ping 通。

② 在 svr 上构建可匿名上传的 vsftpd 服务器并从 pc1 和 pc2 检测。参照例 3.24。

③ 在 svr 上构建本地用户验证的 vsftpd 服务器并从 pc1 和 pc2 检测。参照例 3.25。

④ 在 svr 上构建基于虚拟用户的 vsftpd 服务器并从 pc1 和 pc2 检测。参照例 3.26。

习题

1. 选择题

(1) Linux 内核是 1991 年由芬兰大学生李纳斯·托沃兹(Linus Torvalds)发起创建的开源软件项目,Linux 内核的版本分为稳定版本和开发版本,以下(　　)属于稳定的 Linux 内核版本。

A. 2.3.12　　　　　B. 2.4.33　　　　　C. 2.5.15　　　　　D. 2.6.18

(2) Linux 操作系统在使用硬盘分区之前,会将分区格式化为特定类型的文件系统,在 RHEL5 的安装过程中,使用(　　)作为缺省类型的文件系统。

A. FAT32　　　　　B. NTFS　　　　　C. EXT3　　　　　D. swap

(3) Linux 系统中的命令通常由命令名、命令选项和命令参数 3 个部分组成,在 ls -l /etc 命令中"-l"属于(　　)。

A. 命令名　　　　　B. 命令选项　　　　　C. 命令参数

(4) 如果需要查看当前目录下名为"test"的文件的大小、文件属性等详细信息,可以使用以下(　　)命令。

A. ls /　　　　　B. ls -l /　　　　　C. ls -l test　　　　　D. ls -l/test

(5) 在 Linux 系统中可以使用命令对目录进行建立、改名和删除等维护操作,下列命令中具有目录删除功能的是(　　)。

A. mkdir　　　　　　B. rmdir　　　　　　C. mv　　　　　　　D. rm

（6）在 vi 编辑器中对文件的内容进行了错误的修改，如果想放弃对文件进行的修改并退出 vi 编辑器，应输入（　　）命令。

A. :w　　　　　　　B. :q　　　　　　　C. :q!　　　　　　　D. :qw

（7）在 Linux 系统中执行的命令及结果如下：

' ls -l littlewood

-rwxrw-r--1　root root 0　Mar3 '11:11　littlewood

用户 moon 属于 root 组，请问它对文件 littlewood 具有（　　　）权限。

A. 只读　　　　　　B. 读写　　　　　　C. 执行　　　　　　D. 读写和执行

（8）下列关于 Linux 系统中 mv 命令描述不正确的是（　　）。

A. mv 命令可以对文件或目录进行重命名

B. mv 命令可以移动文件或目录

C. mv 命令可以复制文件或目录

D. mv 命令可以对多个文件或目录进行重命名

（9）在 RHEL5 和大多数 Linux 发行版本中，使用（　　）作为缺省的 Shell 程序。

A. bsh　　　　　　　B. ksh　　　　　　　C. csh　　　　　　　D. bash

（10）在 RHEL5 系统中，用户希望将它执行的 ls 命令的输出结果保存在当前目录下文件 output. ls 中，但要求不覆盖原文件的内容，应该使用的命令是（　　）。

A. ls＞output. ls　　　B. ls＞＞output. ls　　C. ls＜＜output. ls　　D. ls＜output. ls

（11）在 RHEL5 中，执行"userdel stu1"命令后将在系统中完成（　　）操作。

A. 删除用户 stu1 的主目录　　　　　　　B. 删除用户 stu1

C. 删除属主为 stu1 的所有文件　　　　　D. 删除 stu1 所属的附加组账号

（12）在 RHEL5 系统中，用源代码编译安装 prozilla 软件时，在编译成功后，执行安装的命令为（　　）。

A. install　　　　　　B. make　　　　　　C. ./configure　　　D. make install

（13）有两台运行 Linux 系统的计算机，主机 A 的用户能够通过 ping 命令测试到主机 B 的连接，但主机 B 的用户不能通过 ping 命令测试到与主机 A 的连接，可能的原因是（　　）。

A. 主机 A 的网络设置有问题

B. 主机 B 的网络设置有问题

C. 主机 A 与主机 B 的物理网络连接有问题

D. 主机 A 有相应的防火墙设置阻止了来自主机 B 的 ping 命令测试

（14）在 RHEL5 中，若要连接 Samba 服务器的共享目录 normal，并以账号 stu1 的身份登录，可以使用下面的（　　）命令。

A. smbclient //192.168.18.1/normal -U stu1

B. smbclient \\192.168.18.1/normal -U stu1

C. smbclient //192.168.18.1/normal -u stu1

D. smbclient \\192.168.18.1/normal -u stu1

（15）在 RHEL5 中，vsftpd 服务器支持 3 种类型的用户账号，其中（　　　）使用 BerkeleyDB 数据库格式的口令库文件，并结合独立的 PAM 认证，具有更高的安全性。

A. 匿名用户　　　　　B. 超级用户　　　　　C. 本地用户　　　　　D. 虚拟用户

2. 简答题

（1）Linux 系统提供了丰富的文本内容查看命令和文本局部内容查看命令，请列举说明各命令的名称和功能。

（2）vi 编辑器中，如何实现打开文件、输入文本、保存（另存为）文件、剪切复制文本内容以及关闭文件这些最基本的操作？

（3）RHEL5 中应用程序的安装可以分为哪两种安装方式？它们的特点各是什么？请写出用 RPM 包管理程序安装、查询、卸载、升级使用的命令。

（4）RHEL5 系统中，配置 Samba 服务器的安全模式有几个？它们分别代表什么意思？

（5）在 RHEL5 中 vsftpd 服务器支持哪些类型的用户账号？试说明各自的特点。

第4章　交换机的基本原理及配置

本章导读

将交换机接入局域网,完成交换机的主机名、密码和 IP 地址等基本配置。通过 VLAN 的划分,不但能实现不同交换机的同种 VLAN 的通信,而且能够在交换机上实现跨 VLAN 的通信,从而完成局域网中交换机的搭建与维护工作。

本章要点

➢ 交换机的数据转发原理;
➢ 交换机的 VLAN 划分;
➢ VLAN Trunk 的配置;
➢ 路由模拟软件 Dynamips 的操作方法。

4.1　数据链路层交换机

4.1.1　数据链路层

数据链路层负责网络中相邻节点之间可靠的数据通信,并进行有效的流量控制。在局域网中,数据链路层使用帧完成主机对等层之间数据的可靠传输。数据链路层的作用包括数据链路的建立、维护与拆除、帧包装、帧传输、帧同步、帧的差错控制和流量控制等。

数据链路层为网络层提供数据传输服务,这种服务是依靠本层所具备的功能来实现的。数据链路层最主要的功能归结为:
① 链路连接的建立、拆除和分离。
② 帧定界和帧同步。
③ 顺序控制。
④ 进行数据协商。
⑤ 差错检测和恢复,还有链路标识、流量控制等。

4.1.2　以太网

以太网(Ethernet)指的是由 Xerox(施乐)公司创建并由 Xerox、Intel 和 DEC 公司联合开发的基带局域网规范,它是局域网采用的最通用的通信协议标准,以太网使用 CSMA/CD(载波监听多路访问及冲突检测)技术。

以太网是目前应用最为广泛的局域网,包括标准的以太网(10 Mb/s)、快速以太网(100 Mb/s)和 10 G(10 Gb/s)以太网,它们都符合 IEEE 802.3 标准。

IEEE 802.3 标准是由 IEEE 标准委员会于 1983 年 6 月通过的第一个 802.3 标准。IEEE 于 1990 年 9 月通过了使用双绞线介质的以太网标准(10Base-T),1995 年 3 月 IEEE 宣布了 IEEE 802.3u (100BASE-T)快速以太网标准(Fast Ethernet)。千兆以太网技术有两个标准:IEEE 802.3z 和 IEEE 802.3ab。IEEE 802.3z 制定了光纤和短程铜线连接方案的标准,IEEE 802.3ab 制定了 5 类双绞线上较长距离连接方案的标准。万兆以太网规范包含在 IEEE 802.3 标准的补充标准 IEEE 802.3ae 中,它扩展了 IEEE 802.3 协议和 MAC 规范使其支持 10 Gb/s 的传输速率。

1. CSMA/CD

以太网使用共享介质来传输数据,CSMA/CD 是一种使用争用的方法来决定介质访问权的协议,以太网使用 CSMA/CD 算法来决定站点对共享介质的使用权。

CSMA/CD 的工作原理:

发送前先监听信道是否空闲,若空闲则立即发送数据。在发送时,边发送边继续监听。若监听到冲突,则立即停止发送。等待一段随机时间后,再重新尝试发送。

2. 以太网帧格式

（1）MAC 地址

计算机通信需要的硬件是安装在计算机内的网卡,在通信中,用来标识主机身份的地址是网卡的硬件地址。每一块网卡都有一个全球唯一的编号来标识自己,这个地址就是 MAC 地址,即网卡的物理地址。MAC 地址由 48 位二进制数组成,通常分为 6 段,用 16 进制表示,如 00-19-21-07-5D-20。其中前 24 位是生产厂商向 IEEE 申请的厂商编号,后 24 位是网络接口卡序列号。如图 4.1 所示。

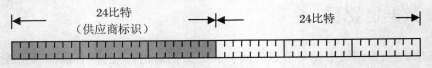

图 4.1　MAC 地址图

（2）802.3 以太网帧格式

802.3 以太网帧格式如图 4.2 所示,该帧包含 6 个域。

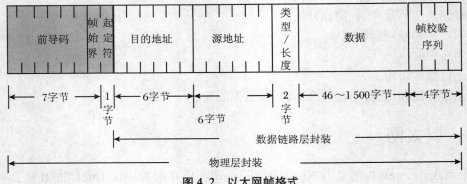

图 4.2　以太网帧格式

① 前导码(Preamble)包含 9 个字节,前 7 个字节的值为 0xAA,最后一个字节的值为 0xAB。前导码被认为是物理层封装的一部分,而不是数据链路层的封装。

② 目的地址(DA)包含 6 个字节,DA 标识了帧的目的站点的 MAC 地址。

③ 源地址(SA)包含 6 个字节,SA 标识了发送帧的站点的 MAC 地址。

④ 类型/长度域(Type)包含 2 个字节,用来标识上层协议的类型或后续数据的字节长度。当此字段的数据大于 0600H 时,用来表示类型;否则用来表示长度。

⑤ 数据域(Data)包含 46~1 500 个字节,数据域封装了通过以太网传输的高层协议信息。

⑥ 帧校验序列(FCS)包含 4 个字节,FCS 是从 DA 开始到数据域结束这部分的校验和。校验和的算法是 32 位的循环冗余校验法(CRC)。

3. 以太网标准

数据链路层包括两个子层:MAC(介质访问控制)和 LLC(逻辑链路控制)子层。其中,MAC 子层在 LLC 的下层,它的功能主要有以下几个方面:

① 将上层交下来的数据封装成帧进行发送(接收时进行相反的过程,将帧解封装)。

② 实现和维护介质访问控制协议。

③ 比特差错检测。

④ MAC 帧的寻址,即 MAC 帧由哪个站点发出、被哪个或哪些站点接收。

LLC 子层的功能主要有以下几个方面:

① 建立和释放数据链路层的逻辑连接。

② 提供与上层的接口。

③ 给帧加上序号。

IEEE 定义了以太网标准,MAC 子层的规范称为 IEEE 802.3,LLC 子层的规范称为 IEEE 802.2。以太网标准中几个主要的标准如表 4.1 所示。

表 4.1 以太网标准

名称	运行速率(Mb/s)	含 义
10BASE-T	10	运行在双绞线上的基本以太网
100BASE-TX	100	运行在 2 对五类双绞线上的快速以太网
100BASE-T2	100	运行在 2 对三类双绞线上的快速以太网
100BASE-T4	100	运行在 4 对三类双绞线上的快速以太网
100BASE-FX	100	运行在光纤上的快速以太网 光纤类型可以光纤类型可以是单模也可以是多模
1000BASE-SX	1 000	运行在多模光纤上的 1 000 M 以太网,S 是指发出的光信号是长波长的形式
1000BASE-LX	1 000	运行在单模光纤上的 1 000 M 以太网,L 是指发出的光信号是短波长的形式
1000BASE-CX	1 000	运行在同轴电缆上的 1 000 M 以太网

注:BASE 指传输的信号是基带方式。

4.1.3 以太网交换机

网桥的功能是连接两个物理拓扑不同的网络,比如以太网和令牌环网,网桥在这两个网络中完成地址翻译、通信中继等功能,使得在网络层看来,物理上不同的两个网络是一个逻辑的网络。其实网桥也是工作在数据链路层的,随着以太网技术的发展,连接两个异种网络的机会越来越少,于是,网桥正被以太网交换机所替代。

1. 交换机数据转发工作原理

交换机是用来连接局域网的主要设备,工作在数据链路层,根据以太网帧中目的地址转发数据。交换机能够分割冲突域,实现全双工通信。

交换机能根据以太网帧中的目标 MAC 地址信息转发数据帧。如图 4.3 所示,交换机在 RAM 中保存一张 MAC 地址表,MAC 地址表为 MAC 地址与端口号对应的一张表。表中的 MAC 地址为交换机连接的主机或交换机端口的 MAC 地址,端口号为交换机本身的端口号。交换机的 MAC 地址表的形成与作用主要包含以下几方面:

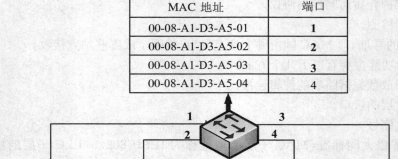

MAC 地址	端口
00-08-A1-D3-A5-01	1
00-08-A1-D3-A5-02	2
00-08-A1-D3-A5-03	3
00-08-A1-D3-A5-04	4

00-08-A1-D3-A5-01 00-08-A1-D3-A5-02   00-08-A1-D3-A5-03   00-08-A1-D3-A5-04

图 4.3 交换机数据转发工作原理

(1) 转发

交换机根据 MAC 地址表转发数据帧。交换机转发数据帧时,查看帧中的目标 MAC 地址,查表,根据表中对应的端口号,将数据转发到对应的端口去。

(2) 学习

MAC 地址表是交换机通过学习接收的数据帧的源 MAC 地址形成的。当交换机收到一个数据帧时,首先查看帧中的源 MAC 地址,查 MAC 地址表,如果表中没有这个 MAC 地址,则添加这个条目。

(3) 广播

如果目标地址在 MAC 地址表中没有,交换机就向除接收到该数据帧的端口外的其他所有端口广播该数据帧。

(4) 更新

交换机 MAC 地址表的老化时间是 300 s,如果 MAC 地址表中的条目300 s没有更新,交换机就删除此条目。

交换机如果发现一个帧的入端口和 MAC 地址表中源 MAC 地址的所在端口不同,交换机将 MAC 地址重新学习到新的端口。

2. 交换机全双工原理

(1) 单工、半双工和全双工

按信息传输的方向和时间把传输方式分为单工、半双工、全双工 3 种。

① 单工数据传输是两个信息点之间只能沿一个指定的方向进行数据传输。

② 半双工数据传输是两个信息点之间可以在两个方向上进行数据传输,但不能同时进行。

③ 全双工数据传输是两个信息点之间可以在两个方向同时进行数据传输。

(2) 冲突域与广播域

冲突域指以太网上竞争同一带宽的节点集合。冲突域是基于第一层的。

广播域指接收同样广播消息的节点的集合,广播域是基于第二层的。

HUB 就是一个冲突域。交换机的每个端口都是一个冲突域。HUB 中所有的端口都在同一个广播域和冲突域内。交换机所有端口都在同一个广播域内,而每一个端口就是一个冲突域。

4.1.4 交换机的操作与维护

1. 正确接入交换机

交换机是专门为计算机之间能够相互高速通信且独享带宽而设计的一种包交换的网络设备,主要有 4 种类型的内存,即只读内存(ROM)、内存(Flash)、随机内存(RAM)和非易失性的内存(NVRAM)。

ROM 中保存着交换机的启动软件。这是交换机运行的第一个软件,负责让交换机进入正常的工作状态。

Flash 主要用于保存 IOS 软件,维护交换机的正常工作。

RAM 主要存放 IOS 系统路由表和缓冲,即运行配置,IOS 通过 RAM 满足其所有的常规存储的需要。

NVRAM 的主要作用是保存 IOS 在交换机启动时读入的配置文件,即启动配置或备份配置。交换机掉电时配置文件不会丢失。

(1) 配置(Console)电缆连接

访问交换机的主要方法是通过 Console(控制台)端口、TELNET、浏览器等几种方式,下面主要介绍 Console 端口的访问方式。

Console 端口是交换机的基本接口,也是我们对于一台新交换机进行配置时必须使用的接口。通过终端配置交换机时,配置电缆的连接步骤如下:

① 将配置电缆的 DB-9(或 DB-25)孔或插头接到要对交换机进行配置的微机的串口。

② 将配置电缆的 RJ-45 一端连到交换机的配置口(Console)上。

说明:由于主机的 COM 口不支持热插拔。主机和交换机连接时,应先配置电缆的 DB-9/DB-25 端到主机,再连接 RJ-45 到交换机;拆下时,先拔 RJ-45 端,再拔 DB-9/DB-25 端。

（2）启动交换机

① 搭建配置环境。PC 机通过配置电缆与交换机的 Console 口相连。连接方法如图 4.4 所示。

Console 接口

配置电缆

COM 口

图 4.4　交换机的配置环境

② 设置终端参数。打开计算机，并在计算机上运行终端仿真程序。

（a）设置终端参数：波特率为 9 600 B/s，数据位为 9，奇偶校验为无，停止位为 1，流量控制为无，选择终端仿真为 VT100。

（b）点击"开始"→"程序"→"附件"→"通讯"→"超级终端"，进入"超级终端"窗口，进行参数设置。

③ 在超级终端界面中，选择"属性"→"设置"→"VT100（终端仿真）"。

④ 启动。通电启动后，先运行 BootROM 程序，出现自检信息，等待 5 s 时间，系统进行自动启动状态，当屏幕上出现提示符时，就可以对交换进行访问控制了。

2. 交换机的启动信息

当计算机启动正常，交换机与计算机 Console 电缆连接好并且已经进入超级终端的时候，接通交换机电源。下面是 Cisco 3640 交换机启动的过程。

C2960 Boot Loader（C2960-HBOOT-M）Version 12.2(25r)FX, RELEASE SOFTWARE（fc4）

Cisco WS-C2960-24TT（RC32300）processor（revision C0）with 21039K bytes of memory.

2960-24TT starting...　　　①

Base ethernet MAC Address：000B. BE7B. 2725　　　②

Xmodem file system is available.

Initializing Flash...

flashfs［0］：1 files，0 directories

flashfs［0］：0 orphaned files，0 orphaned directories

flashfs［0］：Total bytes：64016384

flashfs［0］：Bytes used：4414921

flashfs［0］：Bytes available：59601463

flashfs［0］：flashfs fsck took 1 seconds.

done Initializing Flash.

Boot Sector Filesystem（bs：）installed，fsid：3

Parameter Block Filesystem（pb：）installed，fsid：4

Loading "flash：/c2960-lanbase-mz. 122-25. FX. bin"...　　　③

＃＃＃

＃＃＃＃＃＃＃＃＃＃＃＃＃＃＃＃＃＃＃＃＃＃＃＃＃＃＃＃＃＃＃＃＃＃［OK］

Restricted Rights Legend

Use，duplication，or disclosure by the Government is

Subje ct to restrictions as set forth in subparagraph

(c) of the Commercial Computer Software-Restricted

Rights clause at FAR sec. 52.227-19 and subparagraph

(c) (1) (ii) of the Rights in Technical Data and Computer

Software clause at DFARS sec. 252.227-7013.

cisco Systems，Inc.

170 West Tasman Drive

San Jose，California 95134-1706

Cisco IOS Software，C2960 Software（C2960-LANBASE-M），Version 12.2(25)FX，RELEASE SOFTWARE（fc1）　　④

上面启动过程中标注的部分：

① 是设备的硬件平台,本例中为 2960-24TT。

② 是设备的 MAC 地址。

③ 是从设备的 Flash 中读取 IOS。

④ 是 IOS 的版本信息。

3．交换机的配置方式

（1）用户模式

交换机正常启动以后,将进入用户模式。

switch>

该模式下,用户的权限较低,只能进行少量的查看操作,不能对交换机进行参数设置。

（2）特权模式

在用户模式下,输入命令 enable 或 en,并提供正确的特权密码,将进入特权模式。

switch>enable

password：＊＊＊＊＊＊

switch#

（3）全局配置模式

在全局配置模式下,可以交换机进行参数的配置。

switch # config terminal　（可简写为 conf t）

switch(config)#

（4）接口配置模式

如果需要对交换机的接口进行配置,就要进入接口状态,例如：

switch(config)#interface f0/1

switch(config-if)#

（5）Line 模式

Line 模式主要用来对交换机的管理控制台做相应的配置,例如设置管理控制台密码：

switch(config)#line console 0

switch(config-line)#

4.1.5　交换机的基本配置

1. 交换机的基本配置

（1）设置主机名

命令为：

switch(config)＃hostname 主机名

例如：

switch ＃ conf t

switch(config)＃hostname sw1

sw1(config)＃

交换机的主机名设置好后，立即生效。

（2）返回命令

① Exit：返回上一层。

② End：回到特权模式。

③ Ctrl＋Z 快捷键：与 End 命令作用相同。

例如：

sw1＃conf t

sw1(config)＃ int f0/1

sw1(config-if)＃exit

sw1(config)＃exit

sw1＃

sw1＃conf t

sw1(config)＃int f0/1

sw1(config-if)＃end

sw1＃

（3）查看交换机的配置

命令为：

sw1＃show running-config　（简写为 show run）

（4）设置明文的特权口令

命令为：

switch(config)＃enable password 口令

为交换机配置特权口令，当进入特权模式时，交换机会提示输入口令，如果口令不正确，则不能进入该模式。例如：

sw1(config)＃enable password hbxy

使用 show run 查看配置：

Building configuration...

Current configuration：970 bytes

!

version 12.1

no service timestamps log datetime msec

no service timestamps debug datetime msec

no service password-encryption

!

hostname sw1

!

enable password hbxy

从上面可以看出,特权口令是以明文的形式保存的。

（5）加密的特权口令

命令为：

sw1(config)♯enable secret 口令

该命令为交换机配置加密保存的特权口令。例如：

sw1(config)♯enable secret hbvtc

使用 show run 查看配置：

Building configuration...

Current configuration：1014 bytes

!

version 12.1

no service timestamps log datetime msec

no service timestamps debug datetime msec

no service password-encryption

!

hostname sw1

enable secret 5 ＄1＄mERr＄sBnRU6pmVn2m6EzV8K6n80

enable password hbxy

从上面可以看出,加密的特权口令是以密文形式保存的。如果同时配置了加密的特权口令和明文的特权口令,加密的特权口令在登录时有效。

（6）设置 IP 地址

命令为：

sw1(config)♯int vlan 1

sw1(config-if)♯ip address ＜IP＞ ＜MASK＞

sw1(config-if)♯no shutdown

其中：IP 代表 IP 地址,MASH 代表子网掩码。为交换机配置 IP 地址,用于通过网络管理交换机。

交换机的管理接口缺省一般是关闭的,所以在配置管理接口 Interface 后必须使用"no shutdown"开启。

（7）设置网关

命令为：

sw1(config)♯ip default-gateway ＜IP＞

为交换机配置网关的目的是为了远程管理交换机。

（8）设置远程登录口令

命令为：

sw1(config)♯line vty 0 4

sw1(config-line)♯login

sw1(config-line)♯password yym

远程登录口令指的是 Telnet 口令。命令中 vty 表示虚拟终端,"0 4"表示同时允许5个虚拟终端,login 表示口令验证。

(9) 保存交换机的配置

命令为:

sw1♯copy running-config startup-config 或写为:sw1♯write

其中,running-config 配置文件保存的是当前的配置信息,存储在 RAM 中,每配置一次,配置信息就添加到 running-config 文件中,配置也同时有效。当交换机断电后,running-config 就丢失了。startup-config 配置文件保存在 NVRAM(非易失性 RAM)中,断电后不丢失,交换机启动时加载该文件。

(10) 恢复交换机出厂配置

命令为:

sw1♯erase startup-config

sw1♯reload

2. 交换机密码恢复方法

当忘记所配置的交换机密码,而不能对交换机进行配置时,Cisco 提供了密码恢复的方法。

如果要重新配置交换机,必须使交换要在启动时绕过 config.text(密码保存在 config.text 中)的配置,然后重新配置新的密码。要使交换机在启动时绕过 config.text 配置,必须在 ROM 状态下修改 config.text 文件名。

下面介绍交换机密码恢复的步骤:

① 将计算机的串行口与交换机的 Console 口相连,启动"超级终端"。

② 接着按住交换机的 MODE 键,接通交换机电源,当控制台出现 switch:提示符时,松开 MODE 键。

③ 执行命令:

switch:flash_init

④ 查看 Flash 中的文件:

switch:dir flash

⑤ 把 config.text 文件名改为 config.old 文件:

switch:rename flash:config.text flash:config.old

⑥ 执行 boot 命令,启动交换机:

switch:boot

⑦ 配置状态下进入特权模式,查看 Flash 中的文件:

switch♯dir flash:

⑧ 把文件 config.old 改为 config.text 文件:

switch♯rename flash:config.old flash:config.text

⑨ 把 config.text 复制为系统的 running-config:

switch♯copy flash:config.text running-config

⑩ 进入特权模式可以重新设置密码了。

4.2　虚拟局域网

VLAN(Virtual LAN)为虚拟局域网,VLAN 是对连接到第二层交换机端口的网络用户的逻辑分段,不受网络用户物理位置的限制,是根据用户需求进行网络分段的。

4.2.1　VLAN 技术

1. VLAN 概述

VLAN 逻辑上把网络资源和网络用户按照一定的原则进行划分,把一个物理上实际的网络划分成多个小的逻辑的网络。这些小的逻辑的网络形成各自的广播域,也就是虚拟局域网 VLAN。虚拟局域网将一组位于不同物理网段上的用户在逻辑上划分成一个局域网内,在功能和操作上与传统 LAN 基本相同,可以提供一定范围内终端系统的互联。

VLAN 的产生主要是为了给局域网的设计增加灵活性,VLAN 的主要作用有以下几点:

(1) 提高网络的安全性

设置 VLAN 后,不同 VLAN 中的主机不能互相通信,只有 VLAN 内的用户才能通信,这样就限制了网络中计算机的相互访问权限。

(2) 有效控制网络广播

一个 VLAN 就是一个逻辑广播域,通过对 VLAN 的创建,隔离了广播,缩小了广播范围,可以控制广播风暴的产生。

(3) 灵活的管理

灵活的管理即所谓的动态管理网络,就是当用户从一个位置移动到另一个位置时,它的网络属性不需要重新设置,而是动态地完成。这种动态管理网络给网络管理员和用户都能带来好处。

2. VLAN 的类型

(1) 基于端口划分的 VLAN

根据端口划分 VLAN 是目前定义 VLAN 的最常用的方法。

端口划分方法的优点是定义 VLAN 用户很简单,只要指定端口属于哪个 VLAN 就行了。它的缺点是如果 LAN 的用户离开了原来的端口,到了另一个端口,那么就必须重新定义。

(2) 基于 MAC 地址划分的 VLAN

根据 MAC 地址划分 VLAN 的方法是根据每个主机的 MAC 地址来划分的,即对所有的主机都根据它的 MAC 地址配置 VLAN。交换机维护一张 VLAN 映射表,这个 VLAN 表记录了 MAC 地址和 VLAN 的对应关系。

MAC 地址划分方法的优点是当用户物理位置移动时,即从一个交换机换到其他的交换机时，VLAN 不用重新配置，所以，可以认为这种根据 MAC 地址的划分方法是基于用户的 VLAN。这种方法的缺点是初始化时，所有的用户都必须进行配置，如果用户很多，配置的工作量是很大的。

（3）基于协议划分的 VLAN

这种方法是根据二层数据帧中协议字段来进行 VLAN 的划分。通过二层数据中协议字段，可以判断出上层运行的网络协议。如果一个物理网络中既有 IP 网络又有 IPX 等多种协议运行，可以采用这种 VLAN 的划分方法。这种类型的 VLAN 在实际中用得很少。

（4）基于子网划分的 VLAN

基于 IP 子网的 VLAN 根据报文中的 IP 地址来决定报文属于哪个 VLAN，同一个 IP 子网的所有报文属于同一个 VLAN。这样，可以将同一个 IP 子网中的用户划分在一个 VLAN 内。

利用 IP 子网定义 VLAN 的优点是可以按传输协议划分网段，用户可以在网络内部自由移动而不用重新配置自己的工作站，尤其是使用 TCP/IP 的用户。这种方法的缺点是效率，因为检查每一个数据包的网络层地址是很费时的，同时由于一个端口可能存在多个 VLAN 的成员，对广播报文也无法有效抑制。

4.2.2　交换机 VLAN 的配置

在这里只介绍基于端口划分的 VLAN，划分的步骤为：创建 VLAN、把交换机的端口加入到相应的 VLAN 中、验证。

1. 创建 VLAN

Cisco 有两种创建 VLAN 的方法。

① 在全局配置模式下创建 VLAN 的命令：

```
sw1♯conf t
sw1(conf)♯vlan vlan-id    （vlan-id 为 vlan 号）
sw1(conf-vlan)♯name vlan-name   （vlan-name 为 vlan 名）
```

② 在 VLAN 数据库中配置 VLAN 的命令：

```
sw1♯vlan database
sw1(vlan)♯vlan vlan-id name vlan-name
sw1(vlan)♯exit
sw1♯
```

2. 删除 VLAN

全局配置模式下删除 VLAN 的命令：

```
sw1♯conf t
sw1(config)♯no vlan vlan-id
```

VLAN 数据库中删除 VLAN 的命令：

```
sw1♯vlan database
sw1(vlan)♯no vlan vlan-id
```

3. 把交换机的端口加入到相应的 VLAN 中

把交换机的端口分配到相应 VLAN 中的步骤：

sw1♯conf t

sw1(config)♯interface interface-id （interface-id 为端口号）

sw1(config-if)♯switchport mode access   ;定义二层端口

sw1(config-if)♯switchport access vlan vlan-id   ;将端口分配给 VLAN

4. 查看 VLAN 的配置

查看 VLAN 信息的命令：

sw1♯show vlan brief

查看某个 VLAN 信息的命令：

sw1♯show vlan vlan-id

5. VLAN 配置实例

如图 4.5 所示,交换机连接 3 台电脑,分别连接到 f0/1、f0/2、f0/3 和 f0/4 四个端口上,分别属于 vlan1、vlan2、vlan3 和 vlan4,配置命令如下：

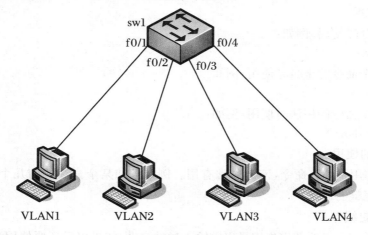

图 4.5 VLAN 配置示意图

sw1♯vlan data

sw1(vlan)♯vlan 1 name lt1

sw1(vlan)♯vlan 2 name lt2

sw1(vlan)♯vlan 3 name lt3

sw1(vlan)♯vlan 3 name lt4

sw1(vlan)♯exit

sw1♯conf t

sw1(config)♯interface f0/1

sw1(config-if)♯switchport access vlan 1

sw1(config-if)♯exit

sw1(config)♯interface f0/1

sw1(config-if)♯switchport access vlan 1

sw1(config-if)♯exit

sw1(config)♯interface f0/2

sw1(config-if)♯switchport access vlan 2

sw1(config-if)♯exit

```
sw1(config)#interface f0/3
sw1(config-if)#switchport access vlan 3
sw1(config-if)#exit
sw1(config)#interface f0/4
sw1(config-if)#switchport access vlan 4
sw1(config-if)#exit
sw1#show vlan brief
```

4.2.3　IOS 使用技巧

　　IOS(Internetwork Operation System)即网络操作系统,是 Cisco 开发的用于网络设备上运行的操作系统。为了方便用户使用,下面介绍几种使用技巧。

　　1. "?"的使用

　　① 查找命令时使用,例如:

```
sw1(config)#?
```

　　② 提示某个命令的全名时使用,例如:

```
sw1(config)#y?
```

　　③ 提示某个命令的用法时使用,例如:

```
sw1(config)#show ?
```

　　2. Tab 键的使用

　　Tab 键的作用是补齐命令,该键非常有用。例如已知某个命令的前几个字母按下 Tab 键就可以得到完整的命令。

　　3. 命令历史缓存

　　命令历史缓存可以帮助用户记录以前输入过的命令,如果以后还要使用该命令,只要将命令从缓存中调用就可以了。

　　命令 show history 是用来查看命令历史缓存区。默认情况下命令缓存区中只记录 10 条命令。

4.3　VLAN Trunk

4.3.1　Trunk 概述

　　1. Trunk 的作用

　　VLAN Trunk(虚拟局域网中继技术)的作用是让连接在不同交换机上的、相同 VLAN 中的主机互通。

　　假设有两台交换机相连,如果交换机 1 的 VLAN1 中的机器要访问交换机 2 的 VLAN1 中的机器,我们把两台交换机的级联端口设置为 Trunk 端口,这样,当交换机把数据包从级联口发出去时,会在数据包中作一个标记(Tag),以使其他交换机识别该数据包属于哪一个 VLAN,这样,其他交换机收到这样一个数据包后,只会将该数据包转发到标记中指定的 VLAN,从而完成了跨越交换机的 VLAN 内部数据传输。

VLAN Trunk 目前有两种封装标准:ISL 和 802.1Q。ISL 是 Cisco 私有的标记方法, 802.1Q 则是 IEEE 的国际标准,为公有的标记方法,其他厂商的产品也支持。

2. IEEE 802.1Q 工作原理和帧格式

1996 年 3 月,IEEE 802.1Q Internet Working 委员会制定了 802.1Q VLAN 标准。 802.1Q 使用 4 字节的标记头定义 Tag,最多支持 250 个 VLAN,其中 VLAN 1 是不可删除的默认 VLAN。

采用的帧标识是在标准以太网帧上添加了 4 个字节 Tag,如图 4.6 所示。它包含以下内容:

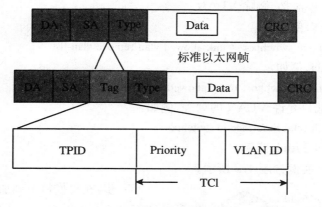

图 4.6　802.1Q 的帧标识

① TPID 为 2 字节标记协议标识符,它包含一个 0x8100 的固定值。这个值指明了该帧带有 802.1Q/802.1P(802.1P 是 IEEE 802.1Q 标准的扩充协议)标记信息。

② TCI 为 2 字节标记控制信息,它由以下 3 个部分组成:

(a) Priority 为 3 位的用户优先级。

(b) CFI 为 1 位的规范格式指示符。值为 1 时,说明是非规范格式;值为 0 时,说明是规范格式。

(c) VLAN ID 是 12 位 VLAN 标识符,VLAN ID 可以唯一地标识 4096 个 VLAN,但是 VLAN 0 和 VLAN 4095 是被保留的。

4.3.2　交换机上配置 VLAN Trunk

1. 配置 VLAN Trunk

(1) 配置接口为 Trunk 模式

例如:

Switch(config)# interface interface-id

Switch(config-if)# switchport mode trunk

interface-id 为端口 ID。

（2）接口模式

接口的模式有以下3种：

Switch(config-if)#switchport mode ?

access	Set trunking mode to ACCESS unconditionally
dynamic	Set trunking mode to dynamically negotiate access or trunk mode
trunk	Set trunking mode to TRUNK unconditionally

其中：access 接口为接入模式；dynamic 接口为动态协商模式；trunk 接口为中继模式。

（3）查看接口模式

例如：

Switch#show interface interface-id switchport

（4）从 Trunk 中添加、删除 VLAN

① 去除 VLAN，例如：

Switch（config-if ）# switchport trunk allowed vlan remove vlan-list

② 添加 VLAN，例如：

Switch（config-if）# switchport trunk allowed vlan add vlan-list

③ 检查中继端口允许 VLAN 的列表，例如：

Switch # show interfaceinterface-id switchport

2. 配置 VLAN Trunk 实例

VLAN Trunk 实例如图 4.7 所示。

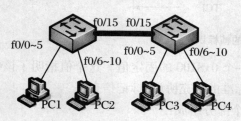

图 4.7　VLAN Trunk 实例图

第一步：在交换机上添加 VLAN。

sw1#vlan database

sw1(vlan)#vlan 2

VLAN 2 added：

Name：VLAN0002

sw1(vlan)#exit

APPLY completed.

Exiting...

第二步：将接口添加到相应的 VLAN 中。

sw1#config terminal

sw1(config)#interface range f0/6-10

sw1(config-if-range)#switchport access vlan 2

第三步：配置交换机之间互联的端口为 Trunk 验证配置是否正确。

sw1(config)#interface f0/15

sw1(config-if)#switchport mode trunk

sw1#show interface f0/15 switchport

Name：f0/15

Switchport：Enabled

Administrative Mode：trunk　　　　①

Operational Mode：trunk　　　　②

Administrative Trunking Encapsulation：dot1q　　　　③

Operational Trunking Encapsulation：dot1q

Negotiation of Trunking：On

Access Mode VLAN：1（default）

Trunking Native Mode VLAN：1（default）

Voice VLAN：none

Administrative private-vlan host-association：none

Administrative private-vlan mapping：none

Operational private-vlan：none

Pruning VLANs Enabled：2-1001　　　　　④

Capture Mode Disabled

Capture VLANs Allowed：ALL

从上面命令输出中标注的部分可以看出：

① 接口 f0/15 管理模式为 Trunk。

② 工作模式也是 Trunk。

③ Trunk 封装的协议是 802.1Q。

④ 默认情况下，Trunk 可以传送所有的 VLAN 数据。

第四步：如果不需要在 Trunk 上传输 VLAN2 的数据，可以在 Trunk 上移去 VLAN2。

sw1（config）#interface f0/15

sw1（config-if）#switchport trunk allowed vlan remove 2

sw1（config-if）#end

sw1#show interface f0/15 switchport

Name：f0/15

Switchport：Enabled

Administrative Mode：trunk

Operational Mode：trunk

Administrative Trunking Encapsulation：dot1q

Operational of Trunking Encapsulation：dot1q

Negotiation of Trunking：On

Access Mode VLAN：1（default）

Voice VLAN：none

Administrative private-vlan host-association：none

Operational private-vlan：none

Trunking VLANs Enabled：1,3-1005

Pruning VLANs Enabled：2-1001

Capture Mode Disabled

从上面命令输出的部分可以看出，Trunk 中已经移去了 VLAN 2。也可以在 sw2 上执行类似的配置，配置完成以后，使用 Show Interface 命令进行验证。

4.4 路由模拟软件 Dynamips

4.4.1 Dynamips 简介

Dynamips 是一个基于虚拟化技术的模拟器(Emulator),用于模拟 Cisco 的路由器,其作者是法国 UTC 大学(University of Technology of Compiègne,France)的 Christophe Fillot。

Dynamips 能模拟 1700、2600、3600、3700 和 7200 等硬件平台,并且运行标准的 IOS 文件。通过软件的方式模拟使用真实环境中的设备,可以让大家更熟悉 Cisco 的设备。测试和实验 Cisco IOS 的各种特性,迅速检测实施到真实路由上的配置。当然,它不能替代真实的路由器,使用 Dynamips 这个工具的目的是完成网络实验和网络知识的学习。

4.4.2 Dynamips 使用方法

Dynamips 的界面如图 4.8 所示。

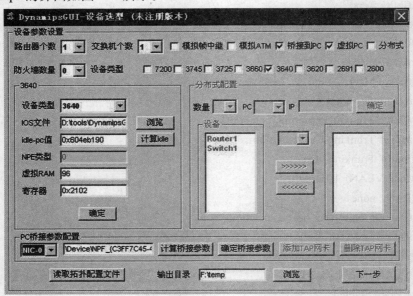

图 4.8 Dynamips 的界面

1. 添加路由器和交换机

① 确定路由器和交换机的数量。

② 确定型号(3640),在"设备类型"内选择相应型号。

③ 点击"浏览"选择 IOS。

(a) 存放路径 C:\software\DynamipsGUI_CN\IOS。

(b) 可用的 IOS：C3640-JK.BIN、C3640-telco-mz.123-11.T.bin。

④ 计算 idle-pc 值。

⑤ 虚拟 RAM 和寄存器的值不需更改，点击"确定"即可。

2. 计算 idle-pc 值

① 点击"计算 idle"。

② 打开路由器的运行界面。

③ 路由器启动后，按任意输入点配置。

④ 按"Ctrl＋]"键，然后按"i"键，开始计算 idle。

⑤ 选择 count 值最大的一个 idle 值，填入运行界面上的"idle-pc 值"内。

3. 桥接到 PC

① Dynamips 模拟的设备可以和主机网卡进行桥接。

② 选择"桥接到 PC"。

③ 设置"PC 桥接参数配置"。

（a）指定一个 NIC 接口（接口编号从 0～9，可以将多块网卡、虚拟网卡、Loopback 网卡等桥接到设备上）。

（b）计算桥接参数，选择正确的桥接网卡，将 \Device\……} 部分填入，确定。

4. 虚拟 PC

① 可以在模拟网络拓扑中使用虚拟 PC，用于测试。

虚拟 PC 共 9 台，运行 VPCS\vpcs.exe，可给虚拟 PC 配置 IP 地址和网关。

② 使用方法：

（a）使用"?"获得帮助。

（b）使用 show 查看配置。

（c）使用数字 1～9 在虚拟 PC 间切换。

（d）配置 IP 地址、网关和掩码。例如：

ip 192.168.1.10 192.168.1.1 24

5. 为路由器和交换机选择模块

选择输出目录（用于保存设备的 IOS 和配置文件）后，进入"详细信息设置"。

（1）路由器参数设置

① 选择需要指定参数的路由器。

② 为路由器指定型号，路由器名 RouterN 和端口号 200X 不需改变。

③ 选择适当的插槽和模块：

NM-16ESW	16 端口交换模块
NM-1E	1 端口以太网模块
NM-1FE-TX	1 端口快速以太网模块
NM-4E	4 端口以太网模块
NM-4T	4 端口串口模块

④ 确定后，可在右侧看到设备信息。

（2）交换机参数设置

① 选择需指定参数的交换机。

② 为交换机指定型号，路由器名 SwtichN 和端口号 300X 不需改变。

③ 可使用的模块只有 1 种：NM-16ESW。它是一块 16 口的网络模块，具备交换功能，用于在路由器上进行一些交换的试验。有很多交换机的特性在这个卡上是不能实现的。

④ 确定后，可在右侧看到设备信息。

6. 构建网络拓扑图

交换机和路由器参数设置好以后，下面进行设备的端口连接的设置，如图 4.9 所示。

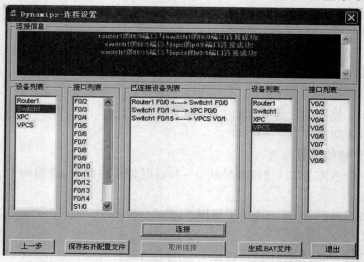

图 4.9　端口连接的设置

① "操作系统选择"（XP/03/Vista）和"控制台选择"（TCP）不需改变。

② 按照拓扑图的要求将相应的端口连接起来。

7. 完成 Dynamips 的参数设置

① 连接完毕后，点击"生成 BAT 文件"，然后点击"退出"。

② 可在输出目录中查看做好的设备和连接信息。

（a）pc1 存放设备的配置文件。

（b）VPCS 存放虚拟 PC 的运行文件。

（c）CONNINFO.TXT 文件存放设备间的连接信息。

8. 在设备上进行操作

① 运行 pc1 下 RouterN.bat 和 SwitchN.bat 文件（会生成相应的 RouterN 和 SwitchN 目录），等于设备加电开机。

② 可用超级终端、SecureCRT 等工具软件连接设备进行配置，如图 4.10 所示。协议：Telnet；主机地址：127.0.0.1；端口：200N（路由器）、300N（交换机）。

9. 注意事项

① 作为二层交换机使用时，先用 no ip routing 命令关闭路由功能。

② 配置 vlan 时，只能在 vlan database 模式下。

③ 查看 vlan 时，使用 show vlan-switch 命令。

④ 配置 VTP 时，只能在 vlan database 模式下，且命令有微小差别，可使用"?"查看。

⑤ 虚拟 PC 和路由器端口连接时，必须先配置路由器端口的 IP 地址，再给虚拟 PC 配置 IP 地址，否则一般会 ping 不通。

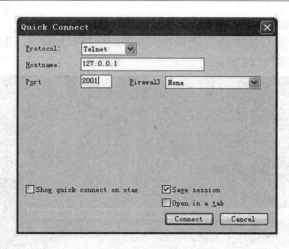

图 4.10　超级终端

4.4.3　Dynamips 配置实例

使用 DynamipsGUI 完成如图 4.11 所示拓扑的设置步骤。

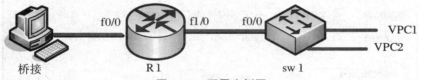

图 4.11　配置实例图

1. 设备选型

打开 DynamipsGUI 界面,如图 4.12 所示。

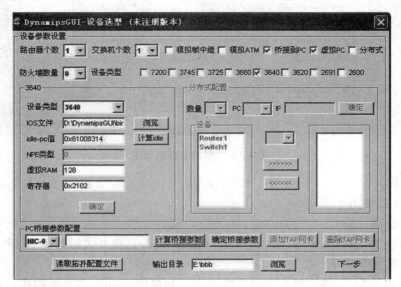

图 4.12　设备选型

2. PC 桥接参数配置

选择界面中的"计算桥接参数",选择桥接的网卡参数,如图 4.13 所示。将参数填入后按"确定桥接参数",如图 4.14 所示。

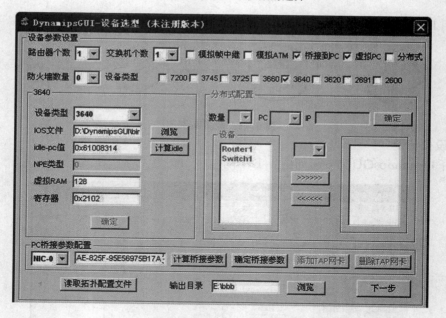

图 4.13　桥接网卡参数的选择

图 4.14　桥接参数的确定

3. 模块设置

模块的设置如图 4.15 所示。

4. 连接设置

单击"下一步"后生成文件,然后进入连接设置界面,连接方式如图 4.16 所示。

5. 进入配置方式

单击"生成 BAT 文件",然后启动模拟 router 和模拟 switch 以及虚拟机。如图 4.17 所示的是路由器配置。

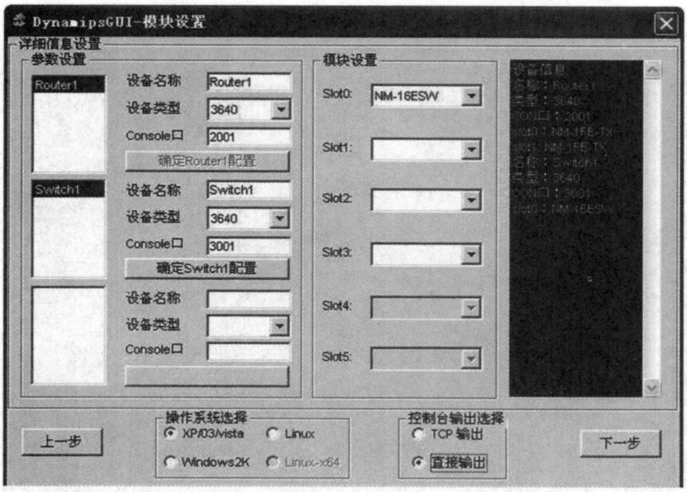

图 4.15　模块设置

图 4.16　连接设置

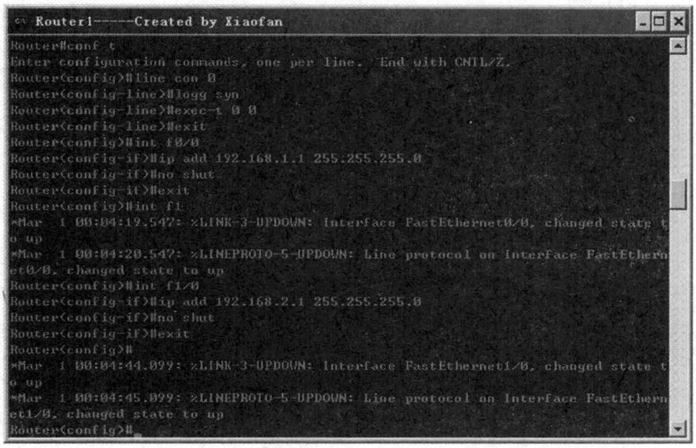

图 4.17　路由器的配置

如图 4.18 所示的是交换机配置:将交换机所用端口打开。

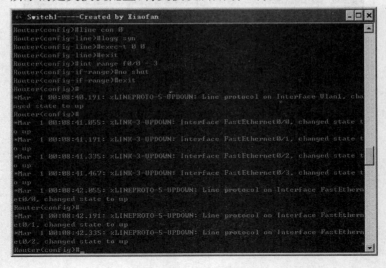

图 4.18　交换机的配置

如图 4.19 所示的是虚拟机 IP 配置。配置虚拟机的 IP 地址、网关和子网掩码长度。

图 4.19　虚拟机 IP 配置

如图 4.20 所示的是真实机 IP 配置。

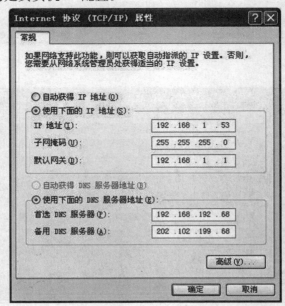

图 4.20　真实机 IP 配置

6. 测试连通性

在虚拟机上 ping 桥接机,连通示意图如图 4.21 所示。

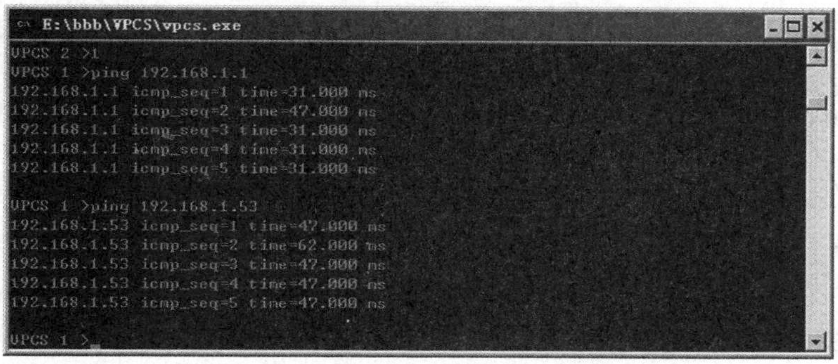

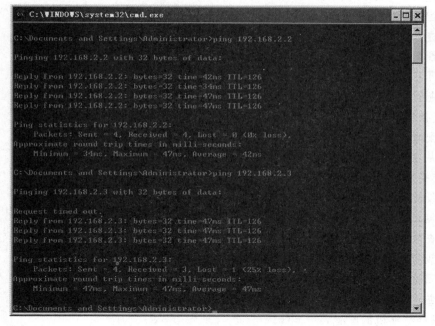

图 4.21　虚拟机测试

在真实机上 ping 桥接机,连通示意图如图 4.22 所示。

图 4.22　真实机测试

实训 1　交换机基本配置

实训图如图 4.23 所示。

1. 实训目的

学会交换机的基本配置方法。

2. 实训环境

实训分组,主机若干台,并用交换机和双绞线将主机连接成网络环境。

3. 实训内容

如果我们是第一次对交换机进行配置，而且希望远程管理该交换机。

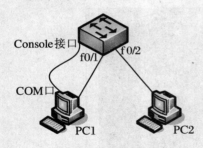

图4.23　交换机基本配置图

假设主机 PC1 的 IP 地址和子网掩码分别为 192. 169.10.10、255.255.255.0，主机 PC2 的 IP 地址和子网掩码分别为 192.169.10.20、255.255.255.0；配置交换机的管理 IP 地址和子网掩码分别为 192.169.10.1、255.255.255.0。

4. 实训操作步骤

① 交换机的连接：

(a) 交换机使用 Console 线和双绞线与主机相连；

(b) 查看交换机连线的接口的指示灯是否亮。

② 交换机上配置管理 IP 地址：

(a) 进入全局配置模式；

(b) 配置交换机的主机名为 SWA；

(c) 进入交换机管理接口配置模式；

(d) 配置交换机管理接口 IP 地址；

(e) 开启交换机管理接口；

(f) 查看交换机接口配置，看交换机管理 IP 地址是否配置，管理接口是否已经开启。

③ 交换机远程登录密码的配置：

(a) 配置交换机远程登录口令为 guanli；

(b) 从主机上远程登录交换机能否成功。

④ 交换机特权口令：

(a) 设置交换机特权口令为 111；

(b) 测试进入交换机特权模式是否需要输入口令；

(c) 查看交换机配置，是否以明文口令显示；

(d) 设置交换机特权加密口令为 222；

(e) 测试进入交换机特权模式需要输入哪个口令；

(f) 查看交换机配置，是否以密文口令显示。

⑤ 保存交换机的配置。

⑥ 主机 PC1 与 PC2 使用 ping 命令进行连通测试。

实训 2　交换机的 VLAN 配置

实训图如图 4.24 所示。

1. 实训目的

掌握基于端口划分的 VLAN 配置方法。

2. 实训环境

实训分组，主机若干台，并用交换机和双绞线将主机连接成网络环境。

3. 实训内容

为单位的交换机配置 VLAN,端口划分如实训如图 4.24 所示,目的是使位于同一 VLAN 的主机之间可以互通,位于不同 VLAN 的主机之间不能互通。

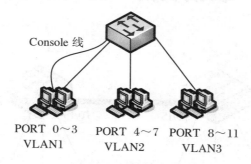

Console 线

PORT 0~3　　PORT 4~7　PORT 8~11
VLAN1　　　　VLAN2　　　VLAN3

图 4.24　VLAN 配置图

4. 实训操作步骤

① 交换机主机名的配置:

(a) Console 口连接交换机,进入交换机的全局配置模式;

(b) 配置交换机的主机名为 hbvtc;

(c) 查看交换机的提示符。

② 交换机密码的配置:

(a) 配置交换机的 Console 密码为 hljs;

(b) 配置 Enable 特权口令为 111;

(c) 配置 Enable 特权加密口令为 222;

(d) 退出交换机配置状态,然后登录,查看需要输入的口令。

③ 交换机 IP 地址和网关的配置:

(a) 配置交换机的 IP 地址为 192.169.1.1,子网掩码为 255.255.255.0;

(b) 配置交换机的网关为 192.169.1.10;

(c) 查看交换机的 IP 地址和网关的配置;

(d) 把 IP 地址为 192.169.1.2、子网掩码为 255.255.255.0 的主机连接到 VLAN 1 的接口上,ping 主机和交换机是否连通。

④ 为交换机添加 VLAN:

(a) 添加 VLAN 2、VLAN 3;

(b) 查看 VLAN 信息,看是否添加新的 VLAN。

⑤ 分配交换机的端口给相应的 VLAN:

(a) 把交换机接口 4~7 分给 VLAN 2,把交换机接口 9~11 分给 VLAN 3;

(b) 查看 VLAN 信息,接口是否已经分给 VLAN 2 和 VLAN 3。

⑥ 验证:

(a) 在 VLAN 2 的接口范围内连接两台主机,IP 地址分别为:192.169.1.3 和 192.169. 1.4,两台主机能否 ping 通;

(b) 把 IP 地址为 192.169.1.5 的主机连接到 VLAN 3 的接口上,是否能 ping 通 192. 169.1.4 的主机。

实训 3　交换机的 VLAN Trunk 配置

实训图如图 4.25 所示。

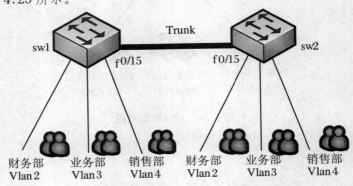

图 4.25　VLAN Trunk 配置

1. 实训目的

使连接在两台交换机上的主机能够访问相同 VLAN 的主机；在 Trunk 上移去 VLAN2 后，VLAN2 的主机不能跨交换机通信。

2. 实训环境

实训分组，主机若干台，并用交换机和双绞线将主机连接成网络环境。

3. 实训内容

某单位使用两台交换机级联，现在需要各个部门使用单独的 VLAN。使同部门的主机可以访问，不同部门的主机不能访问。

4. 实训操作步骤

① 将交换机和主机连接，查看交换机的指示灯是否亮。

② 配置两台交换机的名称分别为 sw1、sw2，并查看交换机的提示符是否已经改变。

③ 添加 VLAN：

（a）添加相应的 VLAN，VLAN2 名称为 caiwu，VLAN3 名称为 yewu，VLAN4 名称为 xiaoshou；

（b）在 sw1 上添加 VLAN2、VLAN3、VLAN4；

（c）在 sw2 上添加 VLAN2、VLAN3、VLAN4；

（d）查看 VLAN 信息。

④ 分配交换机的端口给相应的 VLAN：

（a）把交换机接口 4～7 分给 VLAN2；

（b）交换机接口 9～11 分给 VLAN3；

（c）交换机接口 12～14 分给 VLAN3；

（d）查看 VLAN 信息，看是否添加新的 VLAN；

（e）查看接口是否已经分给相应的 VLAN。

⑤ Trunk 端口的配置：

（a）把 sw1 和 sw2 的 15 端口配置成 Trunk 模式；

（b）查看 sw1 和 sw2 的管理模式和工作模式是否是 Trunk。

⑥ 验证：

（a）连接在 sw1 上的主机能否 ping 通连接在 sw2 上相同 VLAN 的主机；

（b）连接在 sw1 上的主机能否 ping 通连接在 sw2 上不同 VLAN 的主机。

⑦ Trunk 上移去 VLAN 2：

（a）分别在 sw1、sw2 的 Trunk 端口上移去 VLAN 2；

（b）查看 Trunk 端口信息；

（c）查看 Trunk 接口中允许的 VLAN；

（d）主机间 ping 测试。

习题

1. 选择题

（1）数据链路层分成的两个子层以及它们代表的意思分别是（　　）。

A. MAC 和 LLC,逻辑链路控制子层和媒体访问控制子层

B. LLA 和 MMC, 逻辑链路访问子层和媒体管理控制子层

C. LLA 和 MAC, 逻辑链路访问子层和媒体访问控制子层

D. LLC 和 MAC, 逻辑链路控制子层和媒体访问控制子层

（2）以太网二层交换机在进行数据帧转发时,首先查找交换机 RAM 中的（　　）来决定如何转发。

A. 路由表　　　　　　　　　　B. MAC 地址表

C. ARP 表　　　　　　　　　　D. 访问控制列表

（3）交换机加电启动后,出现 Base MAC Address：00：A0：CC：DD：A6：12 代表（　　）。

A. 硬件版本　　　　　　　　　B. 软件版本

C. 启动时间　　　　　　　　　D. 设备基本 MAC 地址

（4）某单位的网络主要由 Cisco 和华为两厂家的交换机组成,在实现中继时,需要将两种型号交换机的端口配置为中继端口,这时,在交换机上可以选择（　　）封装类型。

A. ISL　　　　　　　　　　　　B. IEEE 802.1Q

C. IEEE 802.3　　　　　　　　D. IEEE 802.1D

（5）VLAN 的产生,主要是为了给局域网的设计增加灵活性,下面关于 VLAN 作用的描述中,不正确的有（　　）。

A. VLAN 可以提高网络的安全性

B. VLAN 增加了广播域的数量但降低了广播的规模

C. VLAN 增大了冲突域

D. VLAN 可以根据人们的需要划分物理网段,非常灵活

（6）要设置 Cisco Catalyst 2950 交换机的管理 IP 为 192.169.0.1/24,以下正确的命令为（　　）。

A. Switch(config)＃interface vlan1

　Switch(config-if)ip address 192.169.0.1

B. Switch(config)＃interface vlan1

　Switch(config-if)ip 192.169.0.1 255.225.225.0

C. Switch(config)ip address 192.169.0.1 255.225.225.0

D. Switch(config)＃interface vlan1

　　Switch(config-if)ip address 192.169.0.1 255.225.225.0

　　Switch(config-if)no shutdown

(7) 在一台 Cisco Catalyst 2950 交换机上,要将端口 F0/1 设置为永久中继模式,需要使用(　　)配置命令。

A. Switch(config-if)＃switchport mode access

B. Switch(config-if)＃switchport dynamic auto

C. Switch(config-if)＃switchport mode trunk

D. Switch(config-if)＃switchport mode dynamic

(8) 网管员对一台 Cisco Catalyst 2950 交换机进行了配置,要保存当前配置需要使用(　　)命令。

A. switch＃ config

B. switch＃ config nvram

C. switch＃ copy running-config startup-config

D. switch＃ copy startup-config running-config

(9) 交换机可以分割(　　)域,VLAN 可以分割(　　)域。

A. 广播,冲突　　　　　　　　　　B. 冲突,广播

C. 冲突,冲突　　　　　　　　　　D. 以上都不正确

(10) 中继链路承载着(　　)的通信流量。

A. 一个虚拟局域网

B. 多个虚拟局域网

C. 一个子网到另一个子网

D. 从一个虚拟局域网到另一个虚拟局域网

2. 简答题

(1) 什么是冲突域? 什么是广播域?

(2) 简述交换机的启动过程。

(3) 交换机有哪几种配置模式? 进入配置模式的命令是什么?

(4) 配置特权口令和加密的特权口令的方法是什么? 如果两个口令都配置,在登录时哪一个有效?

(5) 划分 VLAN 的作用是什么?

(6) 交换网络中为何要使用中继 Trunk?

(7) 如果需要与其他厂家的交换机连接配置 VLAN Trunk,需要使用哪种封装类型?

第5章 路由器的配置

 本章导读

交换机是工作在数据链路层的设备,根据 MAC 地址表转发数据,属于硬件转发。而路由器则工作在网络层,根据路由表转发数据,属于路由选择、路由转发。路由器的主要作用是为数据包选择最佳路径,能够将数据包转发到正确的目的地。要正确地配置路由器,来完成局域网络中 RIP、OSPF、ACL 和 NAT 的配置任务,从而学会路由器的搭建和维护。

 本章要点

➤ 静态路由和默认路由的应用;
➤ 动态路由协议的特点;
➤ RIP 路由信息协议的配置;
➤ OSPF 单区域的配置;
➤ ACL 访问控制列表的配置方法;
➤ NAT 的配置。

5.1 静态路由与默认路由

5.1.1 路由

路由是指寻找一条将数据包从源主机传送到目的主机的传输路径的过程。当一台主机要和非本网段的主机进行通信时,数据包可能要经过许多路由器,如何选择到达目的主机的路径就是一个问题。为了解决这个问题,就需要用一种方法来判断从源主机到达目的主机所经过的最佳路径,从而进行数据转发,这就是路由技术。

1. 路由器工作原理

路由器是用于连接多个逻辑上分开的网络,所谓逻辑网络是代表一个单独的网络或者一个子网。当数据从一个子网传输到另一个子网时,可通过路由器来完成。因此,路由器具有判断网络地址和选择路径的功能,属网络层的一种互联设备。它不关心各子网使用的硬件设备,但要求运行与网络层协议相一致的软件。

路由器是能够将数据包转发到正确的目的地,并在转发过程中选择最佳路径的设备。

这个最佳路径指的是路由器的某个接口或下一跳路由器的地址,如图 5.1 所示。

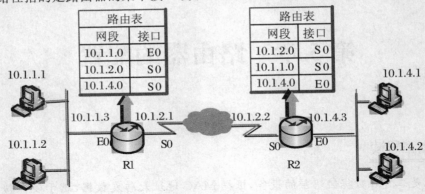

图 5.1　路由器工作原理

① 主机 10.1.1.2 发送数据包给主机 10.1.4.1,它们不在同一个网段,主机会将数据包发送给本网段的网关 R1。

② R1 接收数据包后,查看数据包中的目的 IP 地址,再查看自身的路由表。目的地址是 10.1.4.1,属于 10.1.4.0 网段,R1 在路由表中查到 10.1.4.0 网段转发的接口是 S0 接口,然后 R1 把数据包从 S0 接口转发出去。

③ 每个路由器都是按此方法来转发数据的,到达 R2 后,用同样的转发方法,从 E0 口转发出去,10.1.4.1 的主机接收到这个数据包。

④ 假如路由表中找不到数据包的目的地址,就根据路由器的配置转发到默认接口或返回不可达的消息。

2. 路由表

路由表是在路由器中维护的路由条目,路由器根据路由表做路径选择,路由表中的每条路由项表明将要去往目的网络和下一跳的地址。

路由表中有直连路由、静态路由、默认路由和动态路由等,主要内容是目的网络和下一跳地址。

(1) 直连路由

在路由器上配置了接口的 IP 地址,并且接口状态为 up 时,路由表中就出现直连路由项。而对于不直连的网段,需要静态路由或动态路由,将网段添加到路由表中。

(2) 静态路由

它是由管理员手动配置的路由,是单向的。

(3) 默认路由

当路由器在路由表中找不到目标网络的路由条目时,路由器把请求送到默认路由接口。

(4) 动态路由

它是网络中的路由器间相互通信,传递路由信息,利用收到的路由信息更新路由表的过程。

5.1.2　静态路由与默认路由

1. 静态路由

静态路由是由管理员手动配置的路由。除非网络管理员干预,否则静态路由不会发生变化。由于静态路由不能对网络的改变做出反映,一般用于网络规模不大、拓扑结构固定的网络中。

2. 默认路由

默认路由是一种特殊的静态路由,当路由器在路由表中找不到目标网络的路由条目时,路由器把请求送到默认路由接口。如果没有默认路由,目的地址在路由表找不到匹配项,数据包将被丢弃。

末梢网络指这个网络只有一个唯一的路径能够到达其他的网络。在末梢网络中,可以配置一条默认路由,使数据包按照默认路由来转发。在所有路由类型中,默认路由的优先级最低,一般应用在只有一个出口的末端网络中或作为其他路由的补充,在路由器上只能配置一条默认路由。

5.1.3　路由器的基本操作

1. 路由器概述

路由器和计算机一样,也有处理器和内存。下面来了解路由器的硬件结构。

（1）处理器

处理器也就是中央处理器（CPU）,路由器的 CPU 负责执行处理数据包所需的工作,处理数据包的速度和 CPU 的类型有关。

（2）存储器

路由器中主要有 4 种类型的存储器:

① RAM:随机存取内存,存放 IOS 映像、配置文件（Running-Config）、路由表和数据缓冲区。RAM 具有易失性,掉电后存储的内容就会丢失。

② NVRAM:非易失性 RAM,存放启动配置文件（Startup-Config）。NVRAM 中的内容掉电不丢失。

③ ROM:只读内存。ROM 中主要包含:系统加电自检代码（POST）,用于检测路由器中各硬件部分是否完好;系统引导区代码（BootStrap）,用于启动路由器并载入 IOS 操作系统;备份的 IOS 操作系统,以便在原有 IOS 操作系统被删除或破坏时使用。ROM 具有非易失性,掉电后存储的内容不丢失。

④ Flash:闪存,存放着当前使用中的 IOS。事实上,如果 Flash 容量足够大,可以存放多个 IOS 映像,以提供多重启动选项。Flash 具有非易失性,掉电后存储的内容不丢失。

2. 路由器的启动过程

IOS（Internetwork Operating System）是互联网操作系统,它是由 Cisco 公司开发的用于管理 Cisco 网络设备的操作系统。路由器使用 IOS 来完成路由表的生成和维护。如图 5.2 所示的是路由器加电后的启动过程。

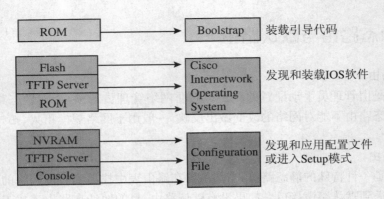

图 5.2　路由器加电启动过程

（1）加电自检（POST）

Power On Self Test（加电自检，对硬件进行检测的过程），这一过程验证路由器的各部件是否能正常工作，POST 执行驻留在 ROM 中的微代码。

（2）装载（BootStrap）

POST 完成后，首先读取 ROM 里的 BootStrap 程序进行初步引导。

（3）查找 IOS 软件

初步引导完成后，尝试定位并读取完整的 IOS 镜像文件。在这里，路由器将会首先在 Flash 中查找 IOS 文件，如果找到了 IOS 文件，那么读取 IOS 文件，引导路由器。

（4）装载 IOS 软件

将 IOS 装载到内存中，或者在闪存中直接加载。

（5）寻找配置

配置文件一般保存在 NVRAM 中，有时用户可以将路由器设置为从 TFTP Server 中寻找配置文件。TFTP 全称为 Trivial File Transfer Protocol，也叫简单文件传输协议，适合传送小型文件。

（6）装载配置

装载配置最后正常运行。

3. Cisco 设备的配置方式

Cisco 设备的配置方式主要有下面几种：

（1）Console 口配置

Console 口配置方式很简单，但是不能进行远程配置。通过此方式配置路由器的方法和配置交换机的方法相同。

（2）AUX 口配置

路由器的背面有一个 AUX 口，通过该口可以进行远程配置。把该口与 Modem 相连，管理中可以通过远程拨号到这个 Modem 进行远程控制。AUX 指异步通信口，可接 Modem 做远程拨入。

（3）虚拟终端（Virtual Terminal）配置

Cisco 设备的常用配置方法，通过在某个终端设备上运行 TELNET 来进行远程控制。

（4）TFTP Server 配置

通过从 TFTP 服务器上下载配置文件来配置设备。

4．路由器的配置模式

（1）用户模式

router＞

（2）用户模式

router＞enable 或 en

router♯

（3）全局配置模式

router♯config terminal 或 conf t

router(config)♯

（4）接口配置模式

router(config)♯interface 接口

router(config-if)♯

例如：

router(config)♯interface f0/1

router(config-if)♯

（5）子接口配置模式

router(config)♯interface 子接口

router(config-subif)♯

例如：

router(config)♯interface f0/1.1

router(config-subif)♯

（6）链路模式

router(config)♯line console 0

router(config-line)♯

（7）路由模式

router(config)♯router 路由协议　进程号

router(config-router)♯

例如：

router(config)♯router rip

router(config-router)♯

5.1.4　路由器的基本配置

1．路由器密码恢复的方法

如果忘记路由器的特权密码，就不能对路由器进行配置。要重新配置路由器必须在路由器启动时绕过 startup-config 的配置，然后重新配置特权密码。

要使路由器在启动时绕过 startup-config 的配置，需要修改配置寄存器的值。正常情况下，配置寄存器的值是 0x2102（0x 表示十六进制），如果改为 0x2142 则进入 Setup 模式。Setup 模式是路由器的一种特殊模式，在这种模式下可以对路由器进行常用的配置，而且这种配置是通过提示的方式进行的。

下面是以 Cisco 为例介绍路由器密码恢复的步骤：

① 启动路由器，在启动 60 s 内按下"Ctrl＋Break"键，路由器进入 ROM Monitor 模式。

② 修改配置寄存器的值,启动时绕过 startup-config 文件。

rommon1＞confreg 0x2142

rommon2＞reset

③ 重启路由器后进入 Setup 模式,选择 no 回到配置模式,用 startup-config 覆盖 running-config。

Router＃copy startup-config running-config

修改密码:

Router(config)＃enable password hbvtc

修改配置寄存器的值:

Router(config)＃config-register 0x2102

④ 保存当前配置

Router＃copy running-config startup-config

Router＃reload

2．静态路由与默认路由的配置

(1) 静态路由与默认路由的配置命令

① 静态路由的配置命令:

router(config)＃ip router ＜目的网段＞ ＜目的网段掩码＞＜下一跳＞

其中,目的网段是指要到达的对方网段,目的网段掩码就是该目的网段的子网掩码,下一跳的根本含义就是下一个路由器的接口地址。

② 默认路由的配置命令:

router(config)＃ip route 0.0.0.0 0.0.0.0 address

其中,"0.0.0.0 0.0.0.0"代表任意网络,就是说发往任何网络的数据包都转发到命令指定的下一个路由器接口地址。Address 指到达目的网段所经过的下一跳路由器的接口地址。

(2) 静态路由与默认路由的配置实例

如图 5.3 所示,路由器 A 连接的网络想要访问 192.168.1.0 网段的主机,需要配置静态路由。

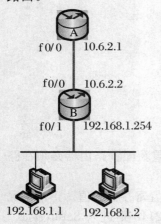

图 5.3　静态路由配置实例图

配置步骤:

① 连接路由器 A 的 Console 到主机的 COM 口。

② 配置路由器 A 的 f0/0 接口的 IP 地址:

Router A＞enable

Router A＃config terminal

Router A(config)＃interface f0/0

Router A(config-if)＃ip address 10.6.2.1 255.255.255.0

Router A(config-if)＃no shutdown

Router A(config-if)＃exit

Router A(config)＃ip route 192.168.1.0 255.255.255.0 10.6.2.2

③ 配置路由器 B 的默认路由。192.168.1.0 网段的主机需要访问外部的网络,路由器 B 是这个网段唯一的出口,可以在路由器 B 上配置默认路由。

Router B＞enable

Router B＃config terminal

Router B(config)＃interface f0/0

Router B(config-if)＃ip address 10.6.2.2 255.255.255.0

Router B(config-if)＃no shutdown

Router B(config-if)＃exit

Router B(config)＃interface f0/1

Router B(config-if)＃ip address 192.168.1.254 255.255.255.0

Router B(config-if)＃no shutdown

Router B(config-if)＃exit

Router B(config)＃ip route 0.0.0.0 0.0.0.0 10.6.2.1

其中,"0.0.0.0 0.0.0.0"表示任何网络,"10.6.2.1"是下一跳地址。

④ 查看路由器配置:

Router A＃show running-config

interface Loopback 0

no ip address

interface FastEthernet 0/0

ip address　10.6.2.1 255.255.255.0

duplex auto

speed auto

!

ip classless

ip route 192.168.1.0 255.255.255.0 10.6.2.2

no ip http server

⑤ 查看路由表:

RouterA＃show ip route

Codes: C—connected, S—static, R—RIP, M—mobile, B—BGP

　　　　D—EIGRP, EX—EIGRP external, O—OSPF, IA—OSPF inter area

　　　　N1—OSPF NSSA external type 1, N2—OSPF NSSA external type 2

　　　　E1—OSPF external type 1, E2—OSPF external type 2

　　　　i—IS-IS, su—IS-IS summary, L1—IS-IS level-1, L2—IS-IS level-2

　　　　ia—IS-IS inter area, ＊—candidate default, U—per-user static route

　　　　o—ODR, P—periodic downloaded static route

Gateway of last resort is not set

　　　S　　192.168.1.0/24 [1/0] via 10.6.2.2

　　　C　　10.6.2.0/24 is directly connected, FastEthernet 0/0

　　　C　　10.1.2.0/24 is directly connected, FastEthernet 0/0

可以看出,在路由器 A 中有两条路由,"S"代表静态路由,"C"表示直连路由。

⑥ 验证。在路由器 A 上,使用 ping 命令检查与 192.168.1.0 网段的主机是否连通:

Router A＃ ping　192.168.1.1

如果 ping 通,此时在路由器 A 上显示:

Type escape sequence to abort.

Sending 5, 100-byte ICMP Echos to 192.168.1.1, timeout is 2 seconds:

! ! ! ! !

rate is 100 percent (5/5), round-trip min/avg/max ＝ 1/2/4 ms

如果 ping 不通，此时在路由器 A 上显示：

Type escape sequence to abort.

Sending 5，100-byte ICMP Echos to 192.168.1.1，timeout is 2 seconds：

......

Success rate is 0 percent（0/5）

不通的原因很多，可能是：

① 连接线缆的问题。

② 接口还是 shutdown 的状态。

③ IP 地址配置的问题。

④ 静态路由配置不正确。

检查方法：将网络划分为多个小的段进行分段检查，定位故障的位置，逐段排除错误。

3．单臂路由的配置

交换机上划分 VLAN 的目的是位于同一 VLAN 的主机之间可以互通，位于不同 VLAN 的主机之间不能互通。对于不同 VLAN 之间的通信通过路由器和交换机连接并配置单臂路由来完成。

（1）单臂路由的配置命令

Router（config）# interface（子接口）

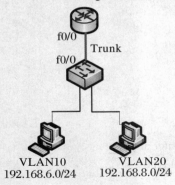

图 5.4　单臂路由图例

Router（config-subif）# encapsulation dot1q vlan-id

Router（config-subif）# ip address ip_address mask

其中，ip_address 表示 IP 地址，mask 表示子网掩码。

（2）单臂路由的配置实例

单臂路由图例如图 5.4 所示。

① 配置子接口。在路由器与交换机连接的端口上配置子接口，每个子接口的 IP 地址是每个 VLAN 的网关地址，并在子接口上封装 802.1Q。

Router（config）# interface f0/0

Router（config-if）# no shutdown

Router（config-if）# exit

Router（config）# interface f0/0.1

Router（config-subif）# encapsulation dot1q 1

Router（config-subif）# ip address 192.168.6.1 255.255.255.0

Router（config）# interface f0/0.2

Router（config-subif）# encapsulation dot1q 2

Router（config-subif）# ip address　192.168.8.1 255.255.255.0

② 配置交换机。交换机的 f0/0 端口上要设置 VLAN 中继。

switch（config-if）# switchport mode trunk

switch（config-if）# switchport trunk encapsulation dot1q

③ 验证。配置各主机 IP 地址、子网掩码和网关地址后，验证 VLAN10 和 VLAN20 之间的连通性。

5.2　RIP 路由信息协议

　　上一节学习了静态路由和默认路由,静态路由是管理员手动配置的路由,只适合规模不大、网络拓扑结构比较固定的环境。在大型的网络中,由管理员手动配置路由条目是不可行的。如何让路由器知道非直连的网段呢?

　　本节学习 RIP(路由信息协议),在路由器上配置 RIP 协议,可以实现路由器间自动学习路由信息的目的。

5.2.1　动态路由

1.动态路由概述

　　动态路由是网络中的路由器之间相互通信,传递路由信息,利用收到的路由信息更新和维护路由表的过程。动态路由是基于某种路由协议实现的。

　　动态路由适用网络规模大、网络拓扑结构复杂的网络。动态路由的特点是:

　　(1)减少管理任务

　　动态路由根据网络拓扑结构的变化而更新路由表,不需要重新配置。管理员的管理任务减轻了。

　　(2)占用网络带宽

　　动态路由是通过和其他路由器通信的方式了解网络的,每个路由器都要告诉其他路由器自身所知道的网络信息,同时还要从其他路由器学习自身不知道的网络信息,这就需要发送数据包,这些包会占用一定的网络流量。

　　静态路由和动态路由都有各自的特点和适用范围。静态路由的优点是简单、高效、可靠。在所有的路由中,静态路由优先级最高。当动态路由与静态路由发生冲突时,以静态路由为准。

2.动态路由协议

　　(1)动态路由协议概述

　　动态路由是基于某种路由协议来实现的,路由协议定义了路由器在和其他路由器通信时的一些规则。动态路由协议不局限于路径的选择和路由表更新,当到达目的网络的最佳路径有问题时,动态路由协议可以在余下的可用路径中选择下一个最佳路径进行替代。

　　(2)度量值

　　度量值(Metric)是路由算法用以确定到达目的地最佳路径的计量标准。不同的路由选择协议采用不同的指标作为度量值,这些指标包括跳数、带宽、成本或更复杂的度量值。大多数路由协议都维护一个数据库,其中包含所有已获悉的网络以及到每个网络的所有路径。路由器发现多条到某个网络的路径后,对它们的度量值进行比较,并选择度量值最小的路径。一些常用的度量值有:

　　① 跳数(Hop Count),是指从源端口到达目的端口所经过的路由器个数,经过一个路由器跳数加一。RIP 把跳数作为度量值。

② 带宽(Bandwidth)，是指源端到目的端之间最小的带宽值。

③ 代价(Cost)，可以是一个任意值，是根据带宽、费用或者其他网络管理者定义的计算方法得到的。

④ 时延(Delay)，指报文从源端传到目的地的时间长短。

⑤ 负载(Load)，指网络资源或链路已被占用的流量大小。

⑥ 可靠性(Reliability)，指网络链路的错误比特的比率，即链路在某种情况下发生故障的可能性，可靠性可以是变化的或固定的。

⑦ 最大传输单元(MTU)，指在一条路径上所有链接可接受的最大消息长度(单位为字节)。

3. 动态路由协议的分类

一般地，动态路由协议分为两类：距离矢量路由协议和链路状态路由协议。其中距离矢量路由协议依据从源端到目的地所经过的路由器的个数来选择路由。链路状态路由协议会综合考虑从源端到目的地的各条路径的情况来选择路由。

(1) 距离矢量路由协议

距离矢量意味着用距离和方向矢量通告路由。距离使用如跳数这样的度量确定，而方向则是下一跳路由器或送出接口。使用距离矢量路由协议的路由器并不了解到达目的网络的整条路径。该路由器只知道：应该往哪个方向或使用哪个接口转发数据包以及自身与目的网络之间的距离。距离矢量路由协议包括 RIP、IGRP 和 EIGRP。

① RIP(路由信息协议)最初在 RFC 1059 中定义。主要有以下特点：

(a) 使用跳数作为选择路径的度量。

(b) 跳数为 16 时，RIP 为网络不可达。

(c) 默认情况下，每 30 s 通过广播或组播发送一次路由更新。

② IGRP(内部网关路由协议)是由 Cisco 开发的专有协议。主要有以下特点：

(a) 使用基于带宽、延迟、负载和可靠性的多个度量。

(b) 默认情况下，每 90 s 通过广播发送一次路由更新。

(c) IGRP 是 EIGRP 的前身，现在已不再使用。

③ EIGRP(增强型 IGRP)是 Cisco 专用的距离矢量路由协议。主要有以下特点：

(a) 能够执行不等价负载均衡。

(b) 使用扩散更新算法(DUAL)计算最短路径。

(c) 不需要像 RIP 和 IGRP 一样进行定期更新。只有当拓扑结构发生变化时才会发送路由更新。

(2) 链路状态路由协议

链路状态路由协议是目前使用最广的一类域内路由协议。它采用一种"拼图"的设计策略，即每个路由器将它到其周围邻居的链路状态向全网的其他路由器进行广播。这样，一个路由器收到从网络中其他路由器发送过来的路由信息后，它对这些链路状态进行拼装，最终生成一个全网的拓扑视图，近而可以通过最短路径算法来计算它到别的路由器的最短路径。典型的协议有 OSPF 和 IS-IS。

① OSPF(Open Shortest Path First 开放式最短路径优先)是一个内部网关协议(Interior Gateway Protocol，简称 IGP)，用于在单一自治系统(autonomous system，AS)内决策路由。与 RIP 相对，OSPF 是链路状态路由协议，而 RIP 是距离矢量路由协议。

② IS-IS(Intermediate System to Intermediate System Routing Protocol)是中间系统到中间系统的路由选择协议。IS-IS 是由 ISO 提出的一种路由选择协议,它是一种链路状态协议。在该协议中,IS(路由器)负责交换基于链路开销的路由信息并决定网络拓扑结构。IS-IS 类似于 TCP/IP 网络的开放最短路径优先(OSPF)协议。

5.2.2　RIP 路由协议

RIP(Routing information Protocol)是为 TCP/IP 环境中开发的第一个路由选择协议标准。RIP 是应用较早、使用较普遍的内部网关协议(Interior Gateway Protocol,IGP),适用于小型同类网络,是典型的距离向量(Distance-Vector)协议。

RIP 通过广播 UDP 报文来交换路由信息,每 30 s 发送一次路由更新。RIP 最多支持的跳数为 15,即在源和目的网络之间所要经过的最大路由器数目是 15,跳数 16 为不可达。

1. RIP 路由协议的工作原理

(1) 路由表的产生

① 路由器学习到直连网段,如图 5.5 所示。

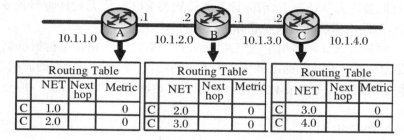

图 5.5　直连网段的学习

② 到了路由器的更新周期 30 s 以后,会向邻居发送路由表,如图 5.6 所示。

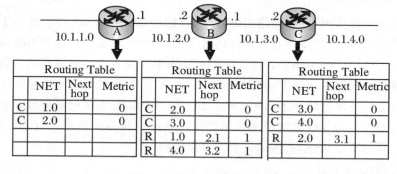

图 5.6　向邻居发送路由表

③ 再过 30 s,路由器的第二个更新周期到了,再次发送路由表,如图 5.7 所示。

(2) RIP 工作原理

① RIP 路由协议向邻居发送整个路由表信息。

② RIP 路由协议以跳数作为度量值根据跳数的多少来选择最佳路由。

③ 最大跳数为 15 跳,16 跳为不可达。

④ 经过一系列路由更新,网络中的每个路由器都具有一张完整的路由表的过程,称为

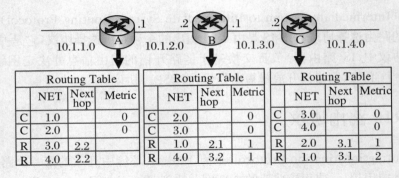

图 5.7 RIP 学习

收敛。

（3）RIP 计时器

① 无效计时器。如果 190 s（默认值）后还未收到可刷新现有路由的更新，则将该路由的度量设置为 16，从而将其标记为无效路由。在清除计时器超时以前，该路由仍将保留在路由表中。

② 清除计时器。默认情况下，清除计时器设置为 240 s，比无效计时器长 60 s。当清除计时器超时后，该路由将从路由表中删除。

③ 抑制计时器。该计时器用于稳定路由信息，并有助于在拓扑结构根据新信息收敛的过程中防止路由环路。在某条路由被标记为不可达后，它处于抑制状态的时间必须足够长，以便拓扑结构中所有路由器能在此期间获知该不可达网络。默认情况下，抑制计时器设置为 190 s。

（4）水平分割（Split Horizon）

路由环路是指数据包在一系列路由器之间不断传输却始终无法到达其预期目的网络的一种现象。当两台或多台路由器的路由信息中存在错误地指向不可达目的网络的有效路径时，就可能发生路由环路。

造成环路的可能原因有：静态路由配置错误；路由重分布配置错误；发生了改变的网络中收敛速度缓慢，不一致的路由表未能得到更新；错误配置或添加了丢弃的路由。

距离矢量路由协议的工作方式比较简单。其简单性导致它容易存在诸如路由环路之类的缺陷。在链路状态路由协议中，路由环路较为少见，但在某些情况下也会发生。

路由环路会对网络造成严重影响，导致网络性能降低，甚至使网络瘫痪。水平分割是防止由于距离矢量路由协议收敛缓慢而导致路由环路的一种方法。水平分割规则规定，从一个接口上学习到的路由信息，不再从这个接口发送出去。

2. RIP 路由协议分类

（1）有类路由与无类路由

根据路由协议在进行路由信息宣告时是否包含网络掩码，可以把路由协议分为两种：一种是有类路由（Classful）协议，在宣告路由信息时不携带网络掩码；一种是无类路由（Classless）协议，在宣告路由信息时携带网络掩码。

（2）RIP v1 和 RIP v2

RIP 路由协议的版本有两个：RIP v1 和 RIP v2，它们最主要的区别是：v1 是有类路由协议，v2 是无类路由协议。

① RIP v1：发送路由更新时，目标地址为广播地址：255.255.255.255。不携带子网掩码，不支持不连续子网。

② RIP v2：发送路由更新时，携带子网掩码，目标地址为组播地址：224.0.0.9，携带子网掩码，因此支持不连续子网。

5.2.3　RIP 路由协议的配置

1. RIP v1 路由协议的配置命令

（1）启动 RIP 进程

Router(config)＃ router rip

（2）宣告主网络号

Router(config-router)＃ network network-number

把路由器上所有启动 RIP 的接口的主网络号宣告出去。network-number 为网络号。

（3）验证配置

① 查看路由表：

Router＃ show ip route

查看路由器是否通过 RIP 学习到正确的路由。

② 查看路由协议配置：

Router＃ show ip protocols

查看关于 RIP 计时器、版本、宣告的网络号等信息。

③ 打开 RIP 协议调试命令：

Router＃ debug ip rip

2. RIP 路由协议配置实例

（1）RIP v1 的配置

RIP 配置完例图，如图 5.8 所示。

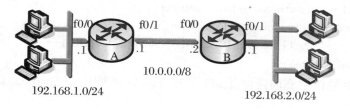

图 5.8　RIP 配置实例图

① 路由器 A 的配置。

配置接口 f0/0 的 IP 地址：

RouterA(config)＃interface f0/0

RouterA(config-if)＃ip address 192.168.1.1 255.255.255.0

RouterA(config-if)＃no shutdown

配置接口 f0/1 的 IP 地址：

RouterA(config)＃interface f0/1

RouterA(config-if)＃ip address 10.0.0.1 255.0.0.0

RouterA(config-if)＃no shutdown

RIP 的配置：

RouterA(config)♯router rip

RouterA(config-router)♯network 10.0.0.0

RouterA(config-router)♯network 192.168.1.0

② 路由器 B 的配置。

配置接口 f0/0 的 IP 地址：

RouterB(config)♯interface f0/0

RouterB(config-if)♯ip address 10.0.0.2 255.0.0.0

RouterB(config-if)♯no shutdown

配置接口 f0/1 的 IP 地址：

RouterB(config)♯interface f0/1

RouterB(config-if)♯ip address192.168.2.1 255.0.0.0

RouterB(config-if)♯no shutdown

RIP 的配置：

RouterB(config)♯router rip

RouterB(config-router)♯network 10.0.0.0

RouterB(config-router)♯network 192.168.2.0

③ 查看路由器 A 的路由表。

Codes：C—connected，S—static，R—RIP，M—mobile，B—BGP

　　　　D—EIGRP，EX—EIGRP external，O—OSPF，IA—OSPF inter area

　　　　N1—OSPF NSSA external type 1，N2—OSPF NSSA external type 2

　　　　E1—OSPF external type 1，E2—OSPF external type 2

　　　　i—IS-IS，su—IS-IS summary，L1—IS-IS level-1，L2—IS-IS level-2

　　　　ia—IS-IS inter area，＊—candidate default，U—per-user static route

　　　　o—ODR，P—periodic downloaded static route

Gateway of last resort is not set

C　　192.168.1.0 is directly connected，FastEthernet0/0

C　　10.0.0.0 is directly connected，FastEthernet0/1

R　　192.168.2.0 [120/1] via 10.0.0.2，00:00:15，FastEthernet0/1

RouterA♯ show ip route

其中，R 表示 RIP 协议学到的路由，[120/1]中 120 指管理距离(Distance)，1 为 Metric，在 RIP 中为跳数。

④ 查看路由协议配置。

Routing Protocol is "rip"

Sending updates every 30 seconds，next due in 25 seconds

Invalid after 180 seconds，hold down 180，flushed after 240

Outgoing update filter list for all interfaces is not set

Incoming update filter list for all interfaces is not set

Redistributing：rip

Default version control：send version 1，receive any version

Interface	Send	Recv	Triggered RIP	Key-chain
FastEthernet0/0	1	1 2		
FastEthernet0/1	1	1 2		

Automatic network summarization is in effect

Maximum path：4

Routing for Networks：

10.0.0.0

192.168.1.0

Routing Information Sources：

Gateway	Distance	Last Update
10.0.0.2	120	00：00：20

Distance：(default is 120)

!

（2）RIP v2 配置

① 配置 RIP 协议使用版本 2。

Router(config)＃ router rip

Router(config-router)＃ version 2

Router(config-router)＃ no auto-summary

版本 2 默认情况下边界自动汇总，如果需要支持可变长子网，需要配置为不进行自动汇总。

② 查看路由协议配置。

RouterA＃ show ip protocol

配置了 Version 2 后，只使用版本 2 发送和接收路由更新。

Routing Protocol is "rip"

Sending updates every 30 seconds, next due in 16 seconds

Invalid after 180 seconds, hold down 180, flushed after 240

Outgoing update filter list for all interfaces is not set

Incoming update filter list for all interfaces is not set

Redistributing：rip

Default version control：send version 2, receive version 2

Interface	Send	Recv	Triggered RIP	Key-chain
FastEthernet0/0	2	2		
FastEthernet0/1	2	2		

Automatic network summarization is in effect

Maximum path：4

Routing for Networks：

10.0.0.0

192.168.1.0

Routing Information Sources：

Gateway	Distance	Last Update
10.0.0.2	120	00：00：15

Distance：(default is 120)

5.3 OSPF 路由协议配置

5.3.1 OSPF 路由协议概述

OSPF(Open Shortest Path First)是开放式最短路径优先协议,它是基于开放标准的链路状态路由协议。上节学习的 RIP 协议,它的最大跳数是 15 跳,这就限制了网络的规模;每当网络拓扑结构发生变化,RIP 都要广播路由表出去,因此收敛慢,而且它选择跳数作为度量值。与 RIP 相比,OSPF 收敛更快,适合于规模大的网络,应用也更为广泛。本节主要讲述单区域 OSF 的配置。

1. OSPF 内部网关路由协议

内部网关路由协议用于在单一自治系统(AS)内决策路由。AS 是指执行统一路由策略的一组网络设备的组合。目前最常用的两种内部网关协议是路由信息协议(RIP)和最短路径优先路由协议 OSPF。

外部网关路由协议用于在多个自治系统之间执行路由。BGP 协议是外部网关路由协议。

2. OSPF 区域

OSPF 将自治系统 AS 划分为不同的区域(Area),区域是由管理员手动划分的。如图5.9 所示,Area 0 为骨干区域,是用来连接自治系统内部的所有其他区域。边界路由器是用来连接骨干区域和其他区域的路由器。

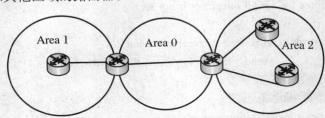

图 5.9　OSPF 的区域

3. 路由器的类型

OSPF 路由器根据在 AS 中的不同位置,可以分为以下 4 类:

(1) 区域内路由器(Internal Router)

该类路由器的所有接口都属于同一个 OSPF 区域。

(2) 区域边界路由器 ABR(Area Border Router)

该类路由器可以同时属于两个以上的区域,但其中一个必须是骨干区域。ABR 用来连接骨干区域和非骨干区域。

(3) 骨干路由器(Backbone Router)

该类路由器至少有一个接口属于骨干区域。因此,所有的 ABR 和位于 Area 0 的内部路由器都是骨干路由器。

（4）自治系统边界路由器 ASBR

与其他 AS 交换路由信息的路由器称为 ASBR。

4. OSPF 链路状态路由协议

OSPF 路由协议是一种典型的链路状态（Link-State）路由协议，一般用于同一个路由域内，路由域是指一个自治系统 AS，指一组通过统一的路由策略或路由协议互相交换路由信息的网络，所有的 OSPF 路由器都维护一个相同的描述这个 AS 结构的数据库，该数据库中存放的是路由域中相应链路的状态信息，OSPF 路由器正是通过这个数据库计算出其 OSPF 路由表的。

OSPF 作为一种链路状态的路由协议，将链路状态通告 LSA（Link State Advertisement）传送给在某一区域内的所有路由器，这一点与距离矢量路由协议不同。运行距离矢量路由协议的路由器是将部分或全部的路由表传递给与其相邻的路由器。

5. Router ID

Router ID 是在 OSPF 区域内唯一标识一台路由器的 IP 地址。Router ID 选取规则：

① 路由器选取它所有 Loopback 接口上数值最高的 IP 地址；

② 如果没有 Loopback 接口，就在所有物理端口中选取一个数值最高的 IP 地址；

③ Router ID 不具备强占性，Router ID 只要选定就不会改变，即使是物理接口关闭，Router ID 也不会变，除非重启路由器或进程。

Loopback 接口称作路由器的环回接口，它比其他接口更加稳定。

6. OSPF 度量值

OSPF 用来度量路径优劣的度量值称为 Cost（代价），是指从该接口发送出去的数据报的出站口代价。用 16 位无符号的整数表示，范围在 1～65 535 之间。默认代价是 $10^8/BW$，表示为一个整数，BW 是指在接口上配置的带宽。接口的代价值可以通过命令 ip ospf cost 来改变。

7. OSPF 的工作过程

OSPF 路由协议的路由器中有 3 张表：

（1）邻居列表

它包含每台路由器全部已经建立邻接关系的邻居路由器。

（2）链路状态数据库（LSDB）

它包含网络中其他路由器的信息，由此显示了全网的网络拓扑。

（3）路由表

它包含通过 SPF 算法计算出的到达每个相连网络的最佳路径。

这 3 张表的关系和作用如图 5.10 所示，OSPF 与相邻的路由器建立邻接关系在邻居之间相互同步链路状态数据库，再使用 SPF 最短路径算法从链路状态信息计算得到最短路径树，最后每一台路由器都从最短路径树中构建自己的路由表。OSPF 的路由器进行数据转发也是依据路由表的。

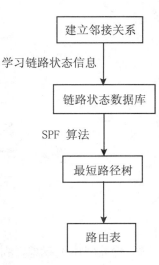

图 5.10　OSPF 工作过程

SPF 算法也称为 Dijkstra 算法，这是因为最短路径优先算法 SPF 是 Dijkstra 发明的。SPF 算法将每一个路由器作为根（ROOT）来计算其到每一个目的路由器的距离,每一个路由器根据一个统一的数据库会计算出路由域的拓扑结构图,该结构图类似于一棵树,在 SPF 算法中,被称为最短路径树。

5.3.2　OSPF 邻接关系

1. OSPF 邻接关系的建立过程

如图 5.11 所示,路由器 A 和 B 相连,并运行 OSPF 协议。路由器 A 和 B 要建立邻接关系,建立的主要过程如下:

① 路由器 A 发送 Hello 报文,Hello 为建立和维护同邻居路由器的邻接关系。

② 路由器 B 接收到对方的 Hello 报文,转换为初始状态 Init。发送 Hello 消息就像双方互相打个招呼。

③ 在对方发来的 Hello 报文中看到自己的 Router ID,转换为双向状态 2-way。

④ 确定数据库描述报文的序列号 DBD(Seq),转换为信息交换初始状态(Exstart)。

⑤ 发送数据库描述报文,转换为信息交换状态(Exchange)。DBD 类似于一个目录。

⑥ 发送链路状态信息请求报文 LSR,获取未知的链路状态信息。

⑦ 发送链路状态信息更新报文 LSU,同步链路状态数据库。

⑧ 互相发送对方未知的链路状态信息,直到两台路由器的链路状态数据库完全一致,形成邻接关系。Full 为完全邻接状态。

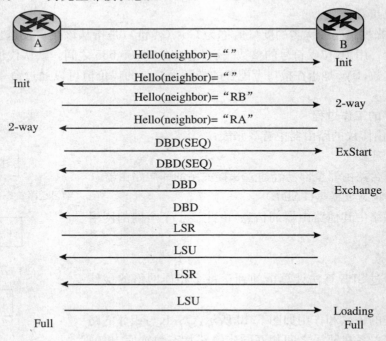

图 5.11　OSPF 邻接关系的建立过程

建立邻接关系需要满足一定的条件,否则路由器之间就不能成为邻居。

（1）Area-id

两个路由器必须在共同的网段上,它们的端口必须属于该网段上的同一个区域,且属于同一个子网。

（2）验证（Authentication OSPF）

同一区域路由器必须交换相同的验证密码，才能成为邻居。

（3）Hello Interval 和 Dead Interval

OSPF 路由协议中最重要的两个定时器是 Hello Interval 和 Dead Interval。Hello Interval 是路由器发送 Hello 报文的时间间隔。如果相邻两台路由器的 Hello 间隔时间不同，则不能建立邻居关系。Dead Interval 是路由器 OSPF 邻居失效时间。如果在此时间内未收到邻居发来的 Hello 报文，则认为邻居失效。如果相邻两台路由器的失效时间不同，则不能建立邻居关系。

（4）Stub 区域标记

两个路由器可以在 Hello 报文中通过协商 Stub 区域（末梢区域）的标记来成为邻居。

2. OSPF 的网络接口类型

路由器接口类型不同，在建立邻接关系的时候，OSPF 路由器执行的操作也略有不同，所以定义了 3 种类型，如表 5.1 所示。

表 5.1　OSPF 的网络接口类型

网络类型	举　例
点到点网络	PPP，HDLC
广播型网络	以太网
非广播多址网络	帧中继、X.25

（1）点到点网络（Point to Point）

点到点网络是连接单独的一对路由器，例如 PPP（点到点的数据链路层协议），HDLC（点到点同步数据链路层协议）。

（2）广播型网络（Broadcast）

广播型多路访问，例如以太网。

（3）非广播多址网络（NBMA）

可以连接两台以上的路由器，但是它们没有广播数据包的能力，一个在 NBMA 网络上的路由器发送的报文将不能被其他与之相连的路由器收到。例如 X.25、帧中继、ATM 等。

5.3.3　OSPF 单区域配置

1. OSPF 单区域

单区域是指每个区域维护它自己的链路状态数据库。属于单个区域的网络连到单个区域的路由器接口，每个路由器的邻接关系也都属于单个区域。

（1）区域 ID（Area id）

区域 ID 可以表示成一个十进制的数字。骨干区域（Area 0）的任务是汇总每一个区域的网络拓扑路由到其他所有的区域，因此，所有的域间通信量都需要通过骨干区域，非骨干区域之间不能直接交换数据包。

（2）连接到区域的路由器接口

一个路由器的接口属于且仅属于一个区域。

（3）路由器链路状态通告列表

该列表指区域内的每台路由器产生的链路状态通告 LSA，它描述连接到该区域的路由器的接口状态。

（4）网络链路状态通告列表

该列表是由 DR/BDR 产生的链路状态通告，它描述连接到该区域的路由器。DR 是指定路由器，BDR 是备份指定路由器。

（5）汇总链路状态通告列表

该列表是由 ABR 发起的链路状态通告，用于描述区域间的或者到达 AS 外部的路径信息。ABR 是区域边界路由器。

（6）最短路径树

每一台路由器都以自身作为树的根利用 SPF 算法来计算到达目的网络的最短路径。

2. OSPF 单域的基本配置命令

（1）配置 Loopback 环回接口地址，作为路由器的 Router id

Router(config)♯ interface Loopback 0

Router(config-if)♯ ip address IP 地址　掩码

（2）配置 OSPF 路由进程

Router(config)♯router ospf 进程号(1~65 535)

进程号指本地路由器的进程号，用于标识一台路由器上的多个 OSPF 进程。

（3）使用 Network 命令在路由器上启动 OSPF 进程

Router(config-router)♯ network 网络号 反向掩码 Area 区域号

其中，网络号可以是网段地址、子网地址或一个路由器的接口地址，用于指明路由器所要通告的链路。反向掩码是用于匹配所通告的网络 ID。"0"为完全匹配，"1"为不匹配。子网掩码为 1 的位，在反向掩码中为 0；子网掩码为 0 的位，在反向掩码中为 1。例如：255.255.255.0 的反向掩码为 0.0.0.255。区域号指明同网络号相关的区域，一般为数字 0、1、2 等。

（4）查看命令

① 显示 OSPF 邻接点信息：

Router♯ show ip ospf neighbor

② 显示 OSPF 链路状态数据库信息：

Router♯ show ip ospf database

③ 显示 OSPF 路由表信息：

Router♯ show ip route

④ 显示 OSPF 的配置：

Router♯ show ip ospf

⑤ 显示 OSPF 接口信息：

Router♯ show ip ospf interface 接口

3. OSPF 单区域配置实例

配置如图 5.12 所示，完成各个路由器的 OSPF 配置，实现网络的连通。

（1）路由器 A 的配置

RA(config)♯router ospf 1

RA(config-router)♯router-id 192.168.1.1

RA(config-router)♯network 192.168.1.0 0.0.0.255 area 0

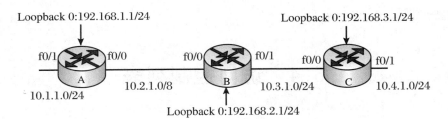

图 5.12　OSPF 单区域配置实例图

RA(config-router)♯network 10.1.1.0 0.0.0.255 area 0

RA(config-router)♯network 10.2.1.0 0.255.255.255 area 0

（2）路由器 B 的配置

RB(config)♯router ospf 1

RB(config-router)♯router-id 192.168.2.1

RB(config-router)♯network 192.168.2.0 0.0.0.255 area 0

RB(config-router)♯network 10.2.1.0 0.255.255.255 area 0

RB(config-router)♯network10.3.1.0 0.0.0.3 area 0

（3）路由器 C 的配置

RC(config)♯router ospf 1

RC(config-router)♯router-id 192.168.3.1

RC(config-router)♯network 192.168.3.0 0.0.0.255 area 0

RC(config-router)♯network 10.3.1.0 0.0.0.3 area 0

RC(config-router)♯network 10.4.1.0 0.0.0.255 area 0

（4）查看配置

配置后需要验证,查看配置是否正确。

① 查看邻居列表:

RA♯show ip ospf neighbor

Neighbor ID	Pri	State	Dead Time	Address	Interface
192.168.2.1	1	FULL/BDR	00:00:33	10.2.1.2	FastEthernet 0/0

② 查看路由表:

RA♯show ip route

...

O　　10.4.1.0/24 [110/3] via 10.2.1.2, 00:00:10, FastEthernet 0/0

C　　10.1.1.0/24 is directly connected, FastEthernet 0/1

　　　10.2.1.0/24 is subnetted, 1 subnets

C　　　10.2.1.0 is directly connected, FastEthernet 0/0

　　　10.3.1.0/30 is subnetted, 1 subnets

O　　　10.3.1.0 [110/2] via 192.168.21.2, 00:00:10, FastEthernet 0/0

　　　192.168.1.0/24 is subnetted, 1 subnets

C　　　192.168.1.1 is directly connected, Loopback 0

　　　192.168.2.0/24 is subnetted, 1 subnets

O　　　192.168.2.1 [110/2] via 192.168.21.2, 00:00:10, FastEthernet 0/0

　　　192.168.3.0/24 is subnetted, 1 subnets

O　　　192.168.3.1 110/3 via 192.168.21.2, 00:00:10, FastEthernet 0/0

在路由表中,除了直连的 C 外,还出现了 O,说明通过 OSPF 学习到的路由。[110/3]中的 110 指管理距离,3 指 Cost 值。

5.4　访问控制列表

5.4.1　ACL 概述

访问控制列表(Access Control List,ACL)是路由器和交换机接口的指令列表,用来控制端口进出的数据包。ACL 适用于所有的被路由协议,如 IP、IPX、AppleTalk 等,这张表中包含了匹配关系、条件和查询语句,表只是一个框架结构,其目的是为了对某种访问进行控制。

企业网络为了保证内网的安全性,需要通过安全策略来保障非授权用户只能访问特定的网络资源,从而达到对访问进行控制的目的。简而言之,ACL 可以过滤网络中的流量和控制访问的资源。

1. ACL 的作用

① ACL 可以限制网络流量,提高网络性能。例如,ACL 可以根据数据包的协议,指定数据包的优先级。

② ACL 提供对通信流量的控制手段。例如,ACL 可以限定或简化路由更新信息的长度,从而限制通过路由器某一网段的通信流量。

③ ACL 是提供网络安全访问的基本手段。例如,ACL 允许某主机访问销售科网络,而拒绝另一主机访问。

④ ACL 可以在路由器端口处决定哪种类型的通信流量被转发或被阻塞。例如,用户可以允许 E-mail 通信流量被路由,拒绝所有的 Telnet 通信流量。

2. ACL 的工作过程

工作过程如图 5.13 所示,一个端口执行哪条 ACL,这需要按照列表中的条件语句执行顺序来判断。如果一个数据包的报头跟表中某个条件判断语句相匹配,那么后面的语句就将被忽略,不再进行检查。

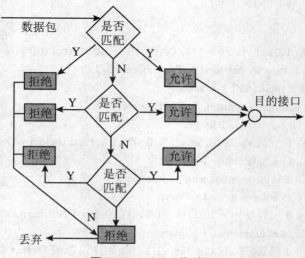

图 5.13　ACL 工作过程

数据包只有在跟第一个判断条件不匹配时,才被交给 ACL 中的下一个条件判断语句进行比较。如果匹配(假设为允许发送),则不管是第一条还是最后一条语句,数据都会立即发送到目的接口。如果所有的 ACL 判断语句都检测完毕,仍没有匹配的语句出口,则该数据包将视为被拒绝而被丢弃。注意,ACL 不能对本路由器产生的数据包进行控制。

5.4.2 标准 ACL

目前,基本类型的访问控制列表 ACL 有两种:标准 ACL 和扩展 ACL。标准 ACL 只对源 IP 地址进行过滤,扩展 ACL 不仅可以过滤源 IP 地址,还可以对目的 IP 地址、源端口、目的端口等进行过滤。

1. 标准 ACL 的概念

标准 ACL 根据数据包的源 IP 地址来允许或拒绝数据包。标准 ACL 用 1~99 之间的数字作为访问控制列表号。

2. 标准 ACL 的配置命令

第一步,使用 access-list 命令创建访问控制列表:

Router(config)♯access-list access-list-number {permit | deny} source [source-wildcard] [log]

配置命令中:

① access-list-number 指访问控制列表号。

② Permit/deny 指如果满足测试条件,则允许/拒绝该通信流量。

③ Source 指数据包的源地址,可以是主机地址,也可以是网络地址。可以用两种不同的方式来指定数据包的源地址。

(a) 采用点分十进制表示,如 192.168.1.1。

(b) 使用关键字 any 作为一个源地址和反码的缩写字。

④ source-wildcard 是用来跟源地址一起决定哪些位需要进行匹配操作。指定方式有两种:

(a) 采用点分十进制表示,如果某位为 1,表示这位不需要匹配操作;如果为 0 则表示该位需要完全匹配。

(b) 使用关键字 any 作为一个源地址和反码的缩字。

⑤ log 指生成相应的日志信息。

第二步,使用 ip access-group 命令把访问控制列表应用到某接口:

Router(config-if)♯ip access-group access-list-number {in | out}

(a) access-list-number 指访问控制列表号用来指出链接到这一接口的 ACL 表号。

(b) in/out 用来表示该 ACL 是对进来的,还是对出去的数据包进行控制(以接口为参考点)。入访问控制列表不处理从该接口离开路由器的数据包;而对于出访问控制列表来说,它不处理从该接口进入路由器的数据包。

第三步,查看 ACL 列表:

① 命令 show ip interface 用来显示 IP 接口信息,并显示 ACL 是否正确配置。

Router♯show ip interfacefastethernet 0/0

② 命令 show access-list 用来显示所有 ACL 的内容。

Router♯show access-list

③ 命令 show running-config 可以查看 ACL 的具体配置条目及端口应用。

3. 标准 ACL 的配置实例

实例如图 5.14 所示,第一个例子允许源地址是 10.1.1.0 的通信流量通过;第二个例子拒绝源地址为 192.168.2.2 的通信流量,允许所有其他的通信流量。

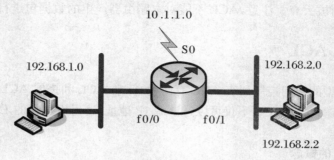

图 5.14 标准 ACL 实例

(1) 允许源地址的通信流量通过

① 创建允许 10.1.1.0 的流量的 ACL:

Router(config)♯access-list 1 permit 10.1.1.0 0.0.0.255

Router(config)♯access-list 1 deny any

② 应用到接口 f0/0 和 f0/1 的出方向上:

Router(config)♯interface fastethernet 0/0

Router(config-if)♯ip access-group 1 out

Router(config-if)♯no shutdown

Router(config-if)♯exit

Router(config)♯interface fastethernet 0/1

Router(config-if)♯ip access-group 1 out

(2) 拒绝特定主机的通信流量

① 创建拒绝来自子网 192.168.2.2 的流量的 ACL:

Router(config)♯access-list 1 deny 192.168.2.2 0.0.0.255

Router(config)♯access-list 1 permit any

② 应用到接口 f0/0 的出方向:

Router(config)♯interface fastethernet0/0

Router(config-if)♯ip access-group 1 out

5.4.3 扩展 ACL

1. 扩展 ACL 的概念

扩展 ACL 通过启用基于源和目的地址、传输层协议和应用端口号进行过滤来提供更高程度的控制利用这些特性,可以基于网络的应用类型来限制数据流。

使用扩展 ACL 可实现更加精确的流量控制,访问控制列表号使用 100～199 之间的数字作为访问控制列表号。在扩展 ACL 列表的命令的条件判断后面,有一个通过一个特定参数字段来指定一个 TCP 或 UDP 的端口号,表 5.2 是一些常见的端口号。

表 5.2　部分端口号的描述和使用的协议

端口号	关键字	描　　述	TCP/UDP
20	FTP-DATA	（文件传输协议）FTP 数据	TCP
21	FTP	（文件传输协议）FTP 控制	TCP
23	TELNET	终端连接	TCP
25	SMTP	简单邮件传输协议	TCP
42	NameServer	主机名字服务器	UDP
53	Domain	域名服务器（DNS）	TCP/UDP
69	TFTP	普通文件传输协议（TFTP）	UDP
80	WWW	万维网	TCP

2. 扩展 ACL 的配置

第一步，使用 access-list 命令创建扩展访问控制列表：

Router(config)♯access-list access-list-number {permit|deny} protocol [source source-wildcard destination destination-wildcard] [operator operan] [established] [log]

① Access-list-number 指访问控制列表号。

② permit/deny 用来表示在满足测试条件的情况下，该入口是允许还是拒绝后面指定地址的通信流量。

③ protocol 用来指定协议类型，如 IP、TCP、UDP、ICMP 等。

④ source、destination 指源地址和目的地址。

⑤ source-wildcard、destination-wildcard 指源反码和目的反码。

⑥ operator operan：lt 是小于、gt 是大于、eq 是等于、neq 是不等于和一个端口号。

⑦ established 指如果数据包使用一个已建立连接，便可以允许 TCP 信息量通过。就可以使用 ip access-group 命令把已存在的扩展 ACL 连接到一个接口。

第二步，使用 ip access-group 命令将扩展访问控制列表应用到某接口：

Router(config-if)♯ip access-group access-list-number {in|out}

① access-list-number 指访问控制列表号用来指出链接到这一接口的 ACL 表号。

② in/out 用来表示 ACL 是对进来的，还是对出去的数据包进行控制（以接口为参考点）。

3. 扩展 ACL 的配置实例

实例如图 5.14 所示，第一个例子将拒绝 FTP 通信流量通过 f0/0 接口；第二个例子只拒绝 Telnet 通信流量经过 f0/0，而允许其他所有流量通过 f0/0。

（1）扩展 ACL 应用 1：拒绝 ftp 流量通过 f0/0

第一步，创建拒绝来自 192.168.2.0 去往 192.168.1.0 的 ftp 流量的 ACL：

Router(config)♯access-list 101 deny tcp 192.168.2.0 0.0.0.255 192.168.1.0 0.0.0.255 eq 21

Router(config)♯access-list 101 permit ip any any

第二步，应用到接口 f0/0 的出方向：

Router(config)♯interface fastethernet 0/0

Router(config-if)♯ip access-group 101 out

（2）扩展 ACL 应用 2：拒绝 Telnet 流量通过 f0/0

第一步，创建拒绝来自 192.168.2.0 去往 192.168.1.0 的 Telnet 流量的 ACL：

Router(config)＃access-list 101 deny tcp 192.168.2.0 0.0.0.255 192.168.1.0 0.0.0.255 eq 23

Router(config)＃access-list 101 permit ip any any

第二步，应用到接口 f0/0 的出方向上：

Router(config)＃interface fastethernet 0/0

Router(config-if)＃ip access-group 101 out

5.4.4　命名 ACL

在标准 ACL 和扩展 ACL 中可以使用一个字母数字组合的字符串（名字）代替来表示 ACL 的表号。命名 IP 访问列表允许从指定的访问列表删除单个条目，如果添加一个条目到列表中，那么该条目被添加到列表末尾。

1. 配置命名访问控制列表

第一步，创建命名访问控制列表，注意不能以同一个名字命名多个 ACL：

Router(config)＃ip access-list standard/extended ACL-name

命令中 standard/extended 指标准 ACL 或扩展 ACL。

第二步，指定一个或多个 permit 及 deny 条件：

Router(config-{std|ext}-nacl)＃{permit|deny} {source [source-wildcard]|any {test conditions} [log]

在命名的访问控制列表下，permit 和 deny 命令的语法格式与前述有所不同。

第三步，应用到接口的出入站方向：

Router(config-if)＃ip access-group ACL-name {in|out}

2. 命名访问控制列表的配置实例

以图 5.14 为例，只拒绝通过 f0/0 从 192.168.2.0 到 192.168.1.0 的 Telnet 通信流量，而允许其他的通信流量。

第一步，创建名为 hbvtc 的命名访问控制列表：

Router(config)＃ip access-list　extended　hbvtc

第二步，指定一个或多个 permit 及 deny 条件：

Router(config-ext-nacl)＃ deny tcp 192.168.2.0　0.0.0.255 192.168.1.0 0.0.0.255 eq　23

Router(config-ext-nacl)＃ permit ip any any

第三步，应用到接口 f0/0 的出方向：

Router(config)＃interface fastethernet 0/0

Router(config-if)＃ip access-group hbvtc out

5.5　网络地址转换

5.5.1　NAT 概述

网络地址转换（Network Address Translation，NAT）是一种将私有（保留）地址转化为合法 IP 地址的转换技术,它被广泛应用于各种类型 Internet 接入方式和各种类型的网络中。NAT 不仅解决了 IP 地址不足的问题,而且还能够有效地避免来自网络外部的攻击,隐藏并保护网络内部的计算机。虽然 NAT 可以借助于某些代理服务器来实现,但考虑到运算成本和网络性能,很多时候都是在路由器上来实现的。

1. NAT 简介

NAT 工作原理如图 5.15 所示。

借助于 NAT,私有保留地址的内部网络通过路由器发送数据包时,私有地址被转换成合法的 IP 地址,一个局域网只需要少量地址,即可实现使用了私有地址的网络内所有计算机与互联网的通信需求。

NAT 将自动修改 IP 包头中的源 IP 地址和目的 IP 地址,IP 地址校验则在 NAT 处理过程中自动完成。有一些应用程序将源 IP 地址嵌入到 IP 数据包的数据部分中,所以还需要同时对数据部分进行修改,以匹配 IP 头中已经修改过的源 IP 地址。否则,在包的数据部分嵌入了 IP 地址的应用程序不能正常工作。

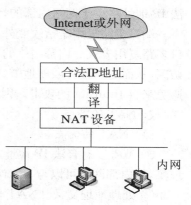

图 5.15 NAT 工作原理

2. NAT 术语

NAT 功能可以让使用私有地址的网络与公用网络进行连接,使用私有地址的内部网络通过 NAT 路由器发送数据包时,私有地址被转换成合法的 IP 地址。因此,这些数据包可以发送到公用网络上。

NAT 常用的术语如下:

(1) 内部局部 IP 地址

内部局部 IP 地址(Inside Local IP Address)是在内部网络中分配给主机的私有 IP 地址。

(2) 内部全局 IP 地址

内部全局 IP 地址(Inside Global IP Address)是一个合法的 IP 地址,一般由 ISP 提供,它对外代表一个或多个内部局部 IP 地址。

(3) 外部局部 IP 地址

外部局部 IP 地址(Outside Local IP Address)是外部主机表现在内部网络的 IP 地址。

(4) 外部全局 IP 地址

外部全局 IP 地址(Outside Global IP Address)是由其所有者给外部的主机分配的 IP 地址。一般是从全球统一可寻址的地址库中分配的。

5.5.2 NAT 应用

1. NAT 实现方式

NAT 的实现方式有 3 种:静态转换(Static Translation)、动态转换(Dynamic Translation)、端口多路复用(Port Address Translation,PAT)。

静态转换是指将内部网络的私有 IP 地址转换为公有 IP 地址,IP 地址的对应关系是一对一的,是一成不变的,即某个私有 IP 地址只转换为某个公有 IP 地址。借助于静态转换,可以实现外部网络对内部网络中某些特定设备(如服务器)的访问。

　　动态转换是指将内部网络的私有 IP 地址转换为公用 IP 地址时,IP 地址对应关系是不确定的,是随机的,所有被授权访问 Internet 的私有 IP 地址可随机转换为任何指定的合法 IP 地址。也就是说,只要指定哪些内部地址可以进行转换,以及用哪些合法地址作为外部地址时,就可以进行动态转换。动态转换可以使用多个合法外部地址集。当 ISP 提供的合法 IP 地址略少于网络内部的计算机数量时,可以采用动态转换的方式。

　　端口多路复用是指改变外出数据包的源端口并进行端口转换,即端口地址转换采用端口多路复用方式。内部网络的所有主机均可共享一个合法外部 IP 地址实现对 Internet 的访问,从而可以最大限度地节约 IP 地址资源。同时,又可隐藏网络内部的所有主机,有效地避免来自 Internet 的攻击。因此,目前网络中应用最多的就是端口多路复用方式。

　　2. NAT 的特点

　　(1) NAT 的优点

　　① 节省公有合法 IP 地址。NAT 允许企业内部网络使用私有地址,并通过设置合法地址集,使内部网络可以与 Internet 进行通信,从而达到节省合法注册地址的目的。

　　② 处理地址交叉。NAT 可以减少规划地址和集时地址重叠情况的发生。

　　③ 增强灵活性。NAT 可以通过使用多地址集、备份地址集和负载分担/均衡地址集,来确保可靠的公用网络连接。

　　④ 安全性。NAT 能有效地避免来自网络外部的攻击,隐藏并保护网络内部的计算机。

　　(2) NAT 的缺点

　　① 延迟增大。NAT 要转换每个数据包报头中的 IP 地址,所以会增加包转发时延。

　　② 配置和维护的复杂性。使用和实施 NAT 时,无法实现对 IP 包端到端的路径跟踪。

　　③ 不支持某些应用。NAT 隐藏了端到端的 IP 地址,某些直接使用 IP 地址而不通过合法域名进行寻址的应用,可能也无法与外部网络资源进行通信。

5.5.3　NAT 配置

　　在配置网络地址转换之前,首先必须搞清楚内部接口和外部接口,以及在哪个外部接口上启用 NAT。通常情况下,连接到用户内部网络的接口是 NAT 内部接口,而连接到外部网络(如 Internet)的接口是 NAT 外部接口。

　　NAT 配置步骤:

　　① 接口 IP 地址配置;

　　② 使用访问控制列表定义哪些内部主机能做 NAT;

　　③ 决定采用什么公有地址,静态或地址池;

　　④ 指定地址转换映射;

　　⑤ 在内部和外部端口上启用 NAT。

　　1. 静态地址转换的配置

　　下面通过实例来说明静态 NAT 的配置。假设内部局域网使用的 IP 地址段为 192.168.1.1～192.168.1.254,路由器局域网端口(即默认网关)的 IP 地址为 192.168.1.1,子网掩码为 255.255.255.0。路由器在广域网中的 IP 地址和子网掩码分别为 10.1.1.1 和 255.255.255.248,可用于地址转换的 IP 地址范围为 10.1.1.2～10.1.1.6。如图 5.16 和图

5.17 所示。

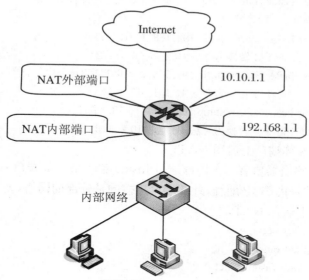

图 5.16　网络拓扑图

协议	内部用局部 IP 地址	内部用全局 IP 地址	外部用全局 IP 地址
TCP	192.168.1.2	10.1.1.2	100.34.2.3
TCP	198.168.1.3	10.1.1.3	200.3.4.5
TCP	192.168.1.6	10.1.1.6	200.3.4.5

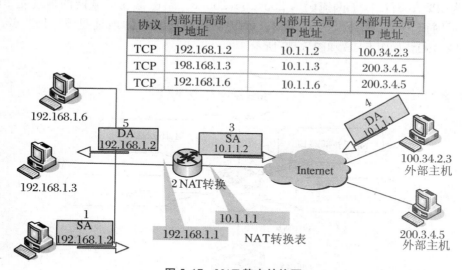

图 5.17　NAT 静态转换图

要求:将内部网络 192.168.1.2～192.168.1.6 分别转换为合法 IP 地址 10.1.1.2～10.1.1.6。

第一步,设置外部端口:

Router(config)#interface serial 0/0

Router(config-if)#ip address10.1.1.1 255.255.255.248

第二步,设置内部端口:

Router(config)#interface FastEthernet 0/0

Router(config-if)#ip address 192.168.1.1 255.255.255.0

第三步，在内部本地与内部合法地址之间建立静态地址转换：

Router(config)♯ip nat inside source static　内部本地地址　内部合法地址

本例中：

Router(config)♯ip nat inside source static 192.168.1.210.1.1.2

//将内部网络地址 192.168.1.2 转换为合法 IP 地址 10.1.1.2

Router(config)♯ip nat inside source static 192.168.1.310.1.1.3

//将内部网络地址 192.168.1.3 转换为合法 IP 地址 10.1.1.3

Router(config)♯ip nat inside source static 192.168.1.6 10.1.1.6

//将内部网络地址 192.168.1.6 转换为合法 IP 地址 10.1.1.6

第四步，在内部和外部端口上启用 NAT。

设置 NAT 功能的路由器要有一个内部端口 inside 和一个外部端口 outside。内部端口连接的网络用户使用的是内部 IP 地址，外部端口连接的是外部的网络，要 NAT 功能发挥作用，必须在这两个端口上启用 **NAT**。

Router(config)♯interface serial 0/0

Router(config-if)♯ip nat outside

Router(config)♯interface fastethernet 0/0

Router(config-if)♯ip nat inside

2. 动态地址转换的配置

假设内部局域网使用的 IP 地址为 192.168.1.1～192.168.1.254，路由器局域网使用的 IP 地址为 192.168.1.1，子网掩码为 255.255.255.0。路由器在广域网的地址是 61.159.62.129，子网掩码是 255.255.255.192。可以用于地址转换的地址是 61.159.62.130～61.159.62.190。如图 5.18 和图 5.19 所示。

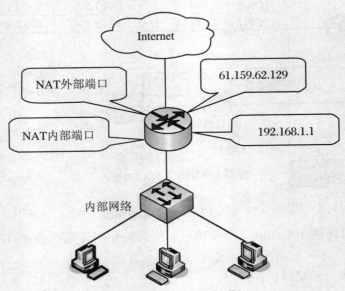

图 5.18　网络拓扑图

将内部网络地址 192.168.1.2～192.168.1.254 转换为合法的外部地址 61.159.62.130～61.159.62.190。

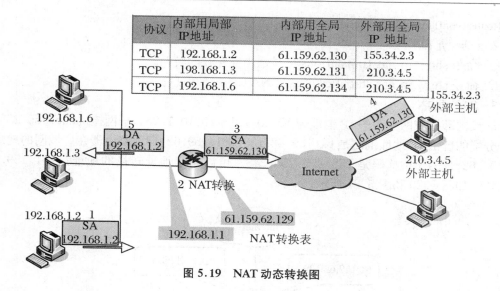

协议	内部用局部 IP 地址	内部用全局 IP 地址	外部用全局 IP 地址
TCP	192.168.1.2	61.159.62.130	155.34.2.3
TCP	198.168.1.3	61.159.62.131	210.3.4.5
TCP	192.168.1.6	61.159.62.134	210.3.4.5

图 5.19　NAT 动态转换图

第一步：设置外部端口 IP 地址：

Router(config)♯interface serial 0/0

Router(config-if)♯ip address 61.159.62.129 255.255.255.192

第二步：设置内部端口 IP 地址：

Router(config)♯interface FastEthernet 0/0

Router(config-if)♯ip address 192.168.1.1 255.255.255.0

第三步：定义内部网络中允许访问外部的访问控制列表：

Router(config)♯access-list access-list-number permit source source-wildcard

其中，Access-list-number 为 1～99 之间的整数。

Router(config)♯access-list 1 permit 192.168.1.0 0.0.0.255

第四步：定义合法 IP 地址池：

Router(config)♯ip nat pool pool-name star-ip|end-ip {netmask netmask|prefix-length prefix-length}〔type rotary〕

其中，pool-name 指放置转换后地址的地址池的名称；star-ip|end-ip 指地址池内起始和终止 IP 地址；netmask netmask 指子网掩码；prefix-length prefix-length 指子网掩码长度；type rotary 为可选，指地址池中的地址为循环使用。

如果有多个合法地址池，可以分别使用下面的命令添加到地址池中：

Router(config)♯ip nat pool shili0 61.159.62.130　61.159.62.190 netmask 255.255.255.192

第五步：指定网络地址转换映射：

router(config)♯ip nat inside source list access-list-number pool pool-name {overload}

其中，overload 为可选，使用地址复用，用于 PAT。

本例中：

Router(config)♯ip nat inside source list 1 pool　shili0

第六步：在内部和外部端口上启用 NAT：

Router(config)♯interface serial 0/0

Router(config-if)♯Ip nat outside

Router(config)♯interface fastethernet 0/0

Router(config-if)♯Ip nat inside

第七步:查看配置:

① 命令 show ip nat translations 可显示当前存在的转换。

② 命令 show ip nat statistics 可显示 NAT 的统计信息。

3. PAT 配置

假设内部局域网使用的 IP 地址为 10.10.1.1～10.10.1.254,子网掩码255.255.255.0。网络分配的合法 IP 地址范围是 61.159.62.128～61.159.62.135,路由器在广域网的地址是 61.159.62.129,子网掩码是 255.255.255.248。可以用于地址转换的地址是:61.159.62.130/129,如图 5.20 和图 5.21 所示。

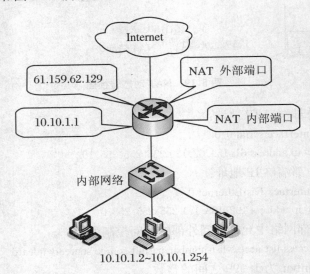

图 5.20　网络拓扑图

协议	内部用局部 IP地址	内部用全局 IP 地址	外部用全局 IP 地址
TCP	10.10.1.2:1025	61.159.62.130:1025	155.34.2.3
TCP	10.10.1.3:1360	61.159.62.130:1360	210.3.4.5
TCP	10.10.1.254:156	61.159.62.130:1560	210.3.4.5

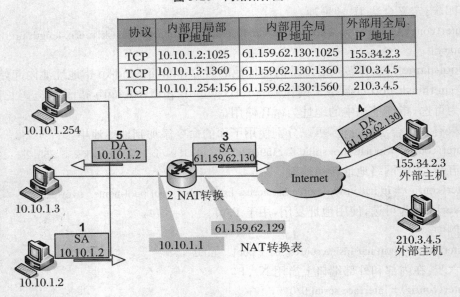

图 5.21　PAT 地址转换图

要求：将内部网络地址：10.1.1.1～10.1.1.254 转换为合法的外部地址 61.159.62.130/129。

第一步：设置外部端口 IP 地址：

Router(config)♯interface serial 0/0

Router(config-if)♯ip address 61.159.62.129 255.255.255.192

第二步：设置内部端口 IP 地址：

Router(config)♯interface fastethernet 0/0

Router(config-if)♯ip address 10.1.1.1 255.255.255.0

第三步：定义内部网络中允许访问外部的访问控制列表：

Router(config)♯access-list 1 permit 10.1.1.0 0.0.0.255

第四步：定义合法 IP 地址池：

Router(config)♯ip nat pool onlyone 61.159.62.130 61.159.62.130 netmask 255.255.255.248

第五步：指定复用动态 IP 地址转换：

Router(config)♯ip nat inside source list access-list-number pool pool-name overload

本例中：

Router(config)♯ip nat inside source list 1 pool paki overload

第六步：在内部和外部端口上启用 NAT：

Router(config)♯interface serial 0/0

Router(config-if)♯ip nat outside

Router(config)♯interface fastethernet 0/0

Router(config-if)♯ip nat inside

实训 1　静态路由的配置

实训图如图 5.22 所示。

1. 实训目的

学会路由器静态或默认路由的配置方法。

2. 实训环境

实训分组，主机若干台，并用路由器和双绞线将主机连接成网络环境。

3. 实训内容

在路由器上配置静态或默认路由，使网络能正常通信。

4. 实训操作步骤

（1）配置路由器

① 配置路由器的主机名；

② 配置 Console 密码；

③ 配置特权模式密码。

（2）配置路由器接口的 IP 地址

① 配置路由器 A 的接口 IP 地址；

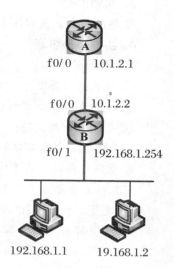

f0/0　　10.1.2.1

f0/0　　10.1.2.2

f0/1　　192.168.1.254

192.168.1.1　　19.168.1.2

图 5.22　静态路由配置图

② 配置路由器 B 的接口 IP 地址；

③ 使用 ping 验证路由器 A 和 B 是否连通。

(3) 在路由器上配置静态或默认路由

① 配置路由器 A 的静态或默认路由；

② 配置路由器 B 的静态或默认路由；

③ 查看路由表的内容。

(4) 配置主机的 IP 地址、子网掩码和默认网关

按照实训拓扑图配置主机的 IP 地址、子网掩码和默认网关地址。

(5) 验证

使用 ping 命令验证配置是否正确,各主机之间是否连通。

实训 2　RIP 的配置

实训图如图 5.23 所示。

f0/0　f0/1　f0/0　f0/1　f0/0　f0/1
.1　　　.2　.1　　　.2　.1　　　.2　192.168.4.0/24
192.168.1.0/24　　192.168.2.0/24　　192.168.3.0/24

图 5.23　RIP 配置图

1. 实训目的

学会组建 RIP v2 路由网络。

2. 实训环境

实训分组,主机若干台,并用路由器和双绞线将主机连接成网络环境。

3. 实训内容

在路由器上配置 RIP v2 路由协议,使网络能正常通信。

4. 实训操作步骤

(1) 配置路由器

① 配置路由器的主机名；

② 配置 Console 密码；

③ 配置特权模式密码。

(2) 配置路由器接口的 IP 地址

配置路由器接口的 IP 地址并使用 ping 验证路由器之间是否连通。

(3) 在路由器上配置 RIP v2 路由协议

① 配置路由器 RIP v2 路由协议；

② 查看路由表的内容。

(4) 配置主机的 IP 地址、子网掩码和默认网关

按照实训拓扑图配置主机的 IP 地址、子网掩码和默认网关地址。

(5) 验证

使用 ping 命令验证配置是否正确,各主机之间是否连通。

实训 3　OSPF 的单区域配置

实训图如图 5.24 所示。

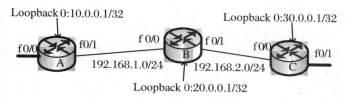

Loopback 0:10.0.0.1/32　　　　　　　　　　Loopback 0:30.0.0.1/32

f0/0　　f0/1　　f 0/0　　f 0/1　　f0/0　　　　f0/1

A　　192.168.1.0/24　　B　192.168.2.0/24　　C

Loopback 0:20.0.0.1/32

图 5.24　OSPF 单区域配置图

1. 实训目的

学会 OSPF 的单区域配置。

2. 实训环境

实训分组,主机若干台,并用路由器和双绞线将主机连接成网络环境。

3. 实训内容

在路由器上配置 OSPF 路由协议,使网络能正常通信。

4. 实训操作步骤

(1) 配置 Loopback 地址作为路由器的 ID

① 正确连接三台路由器;

② 完成 Loopback 地址的配置;

③ 查看路由器接口的地址。

(2) 在路由器上配置 OSPF 路由协议

① 启动 OSPF 进程;

② 发布网段;

③ 查看路由器的 OSPF 配置是否成功。

实训 4　访问控制列表 ACL 的配置

实训图如图 5.25 所示。

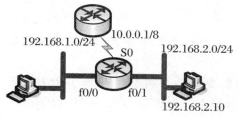

192.168.1.0/24　　　10.0.0.1/8
　　　　　　　　　S0　　　192.168.2.0/24

f0/0　　f0/1

192.168.2.10

图 5.25　ACL 配置图

1. 实训目的

掌握访问控制列表 ACL 的配置。

2. 实训环境

实训分组,主机若干台,并用路由器和双绞线将主机连接成网络环境。

3. 实训内容

在路由器上配置访问控制列表 ACL,使网络能正常通信。

4. 实训操作步骤

(1) 标准访问控制列表的配置

① 拒绝源地址为 192.168.2.10 的通信流量,允许所有其他的通信流量;

② 正确连接设备;

③ 创建访问控制列表;

④ 完成标准 ACL 配置,最后进行验证。

(2) 扩展访问控制列表的配置

① 只拒绝 Telnet 通信流量经过 f0/0,而允许其他所有流量通过 f0/0;

② 创建访问控制列表;

③ 完成扩展 ACL 配置,最后进行验证。

实训 5　网络地址转换 NAT 的配置

实训图如图 5.26 所示。

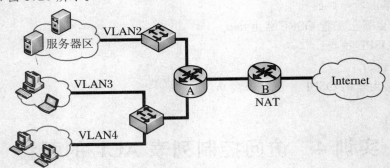

图 5.26　NAT 配置图

1. 实训目的

掌握 NAT 的配置。

2. 实训环境

实训分组,主机若干台,并用路由器、交换机和双绞线将主机连接成网络环境。

3. 实训内容

在路由器上配置 NAT,要求公司内部服务器 192.168.2.2 采用静态 NAT 转换为 145.52.23.6;将内部网络地址 192.168.3.0/24 和 192.168.4.0/24 采用 PAT 转换为合法的外部地址 145.52.23.1～145.52.23.5。

4. 实训操作步骤

① 配置设备的接口地址和静态路由,实现网络互通;

② 配置静态 NAT,使外网可以访问公司的服务器;

③ 配置 PAT,实现公司内网能够访问 Internet;

④ 验证配置的正确性。

习题

1. 选择题

(1) 在一台 Cisco 路由器上使用命令 show ip route 查看到一条路由条目:R　10.1.1.0　[120/2]　via 10.2.2.1　00: 00: 18,　Serial0/0,据此信息能够得出(　　)两条结论。

A. 该路由器运行的是 RIP v1 路由协议

B. 网络 10.1.1.0 的子网掩码是 255.255.255.0

C. 从该路由器到网络 10.1.1.0 要跨越 2 个网段

D. 路由协议的管理距离为 120

(2) 关于静态路由和动态路由的描述中,正确的是(　　)。

A. 动态路由是由管理员手动配置的,静态路由是路由协议自动学习的

B. 静态路由是由管理员手动配置的,动态路由是路由协议自动学习的

C. 静态路由指示路由器转发那些与路由器不直接相连的数据包,动态路由指示路由器转发那些与路由器直接相连的数据包

D. 动态路由指示路由器转发那些与路由器不直接相连的数据包,静态路由指示路由器转发那些与路由器直接相连的数据包

(3) 路由协议依据路由算法可以分为(　　)两种。

A. 主动路由协议(Routing Protocol)

B. 被动路由协议(Routed Protocol)

C. 距离矢量(Distance Vector)路由协议

D. 链路状态(Link State)路由协议

(4) 在 RIP 协议中,若目的网络度量标为 16 跳,则表示(　　)。

A. 抵达目的网络需要经过 16 台路由器

B. 抵达目的网络需要经过 15 台路由器

C. 目的网络在其他自治系统中(AS)

D. 目的网络不可到达

(5) OSPF 的区域 O 是(　　)区域。

A. 骨干区域　　　　　　　　　　B. 非骨干区域

C. 必须要有的　　　　　　　　　D. 不必存在的

(6) 与 RIP 相比,OSPF 最大的优点是(　　)。

A. 适用于小型网络　　　　　　　B. 跳数是 30

C. 收敛速度快　　　　　　　　　D. 广播整个路由表

(7) 查看一个接口上是否有某些 ACL,应使用(　　)命令。

A. show running-config　　　　B. show ip protocols

C. show ip interface　　　　　　D. show ip network

(8) 命令 show access-list 用来(　　)。

A. 显示 ACL 是否已经设置在接口

B. 显示 ACL 语句

C. 显示路由器的调试

D. 显示路由器处理分组情况

(9) 下面的哪个命令能正确地将 s0 配置为外部接口?（　　）

A. router(config)♯ip nat outside s0

B. router(config)♯ip nat s0

C. router(config-if)♯ip nat outside

D. router(config-if)♯ip nat s0 out

(10) 下面的哪个命令能正确配置 NAT 端口复用?（　　）

A. router(config)♯ip nat inside source list 30 interface s0/0 overload

B. router(config)♯ip nat inside source 30 pool add overload

C. router(config)♯ip nat source 30 pool add overload

D. router(config)♯ip nat source list 30 pool overload

2. 简答题

(1) 简述路由器的启动过程。

(2) OSPF 有几种网络类型?

(3) 简述 RIP 和 OSPF 的异同。

(4) 简述标准 ACL 和扩展 ACL 的区别，及它们的应用环境。

(5) ACL 的作用是什么?

(6) NAT 有几种实现方式?

第6章 三层交换机的配置

本章导读

通过在路由器上配置单臂路由来实现不同 VLAN 之间的通信,但是所有 VLAN 间通信的数据都要通过这条链路,该干线就成了整个网络的瓶颈,使用三层交换机可以解决 VLAN 间的路由问题。

交换机是工作在数据链路层的设备,路由器是工作在网络层的设备,而三层交换机同时具有二层交换的功能和三层路由选择的功能。三层交换机还采用了硬件转发技术,实现数据的线速转发。

本章要点

- ➢ 三层交换机的工作原理;
- ➢ 配置 Cisco 的三层交换机,使不同 VLAN 的主机能够互相通信;
- ➢ 在 Cisco 的三层交换机上配置路由接口,使交换机与路由器之间互通;
- ➢ 在 Cisco 的三层交换机上配置 DHCP 中继。

6.1 三层交换概述

6.1.1 三层交换的概念

1. 概念

三层交换也称多层交换技术(或 IP 交换技术),是相对于传统交换概念而提出的。

传统的交换技术是在 OSI 模型中的数据链路层进行操作的,而三层交换技术是在 OSI 模型的网络层实现了数据包的高速转发,解决了传统路由器低速、复杂所造成的网络瓶颈问题。三层交换技术相当于二层交换技术加三层转发技术。

2. 三层交换机种类

三层交换机根据其处理数据的不同分为纯硬件和纯软件两大类。

① 纯硬件的三层技术相对来说技术复杂,成本高,但是速度快,性能好,带负载能力强。纯硬件的三层技术原理是采用 ASIC 芯片,使用硬件的方式进行路由表的查找和刷新。当数据由端口接口芯片接收进来以后,首先在二层交换芯片中查找相应的目的 MAC 地址,

如果查找到,就进行二层转发,否则将数据送至三层引擎。在三层引擎中,ASIC 芯片查找相应的路由表信息,与数据的目的 IP 地址相比对,然后发送 ARP 数据包到目的主机,得到该主机的 MAC 地址,将 MAC 地址发到二层芯片,由二层芯片转发该数据包。

② 基于软件的三层交换机技术较简单,但速度较慢,不适合作为主干。

纯软件的三层技术原理是采用 CPU 用软件的方式查找路由表。当数据由端口接口芯片接收进来后,首先在二层交换芯片中查找相应的目的 MAC 地址,如果查找到,就进行二层转发;否则将数据送至 CPU。CPU 查找相应的路由表信息,与数据的目的 IP 地址相比后,然后发送 ARP 数据包到目的主机得到该主机的 MAC 地址,将 MAC 地址发到二层芯片,由二层芯片转发该数据包。

6.1.2 三层交换机的特点

三层交换主要有下列特点:

(1) 二层交换和三层互通

① 三层交换机有二层交换机的所有功能,例如基于 MAC 地址的过滤、生成树协议等。

② 三层交换机通过为每个 VLAN 分配一个 VLAN 接口完成 VLAN 之间的互通,VLAN 接口有自己的 MAC 地址和 IP 地址,目的 MAC 地址是 VLAN 接口的数据帧,交换机是进行三层转发还是自己接收取决于目的 IP 地址是否是交换机的接口地址。

(2) 三层精确匹配查询

三层交换机为了提高效率,采用了精确匹配查找算法,在一些高端三层交换机上,该特性不是必须的,因为采用最长匹配查找算法的效率并不一定比采用精确匹配查找算法效率差。

(3) 针对局域网进行优化

三层交换机是由二层交换机发展起来的,而且其在发展过程中一直遵循为局域网服务的指导思想,没有过多的引入其接口类型,而只提供和局域网有关的接口,接口类型单纯,这样在多种类型接口路由器上所碰到的问题就彻底消除了,由于各个接口都是以太网接口,一般不存在冲突的问题。

6.1.3 三层交换机的功能

三层交换机的功能体现在以下几个方面:

① 根据三层协议对路由进行计算,其支持路由协议有:RIP v1、RIP v2 和 OSPF 等。

② 支持 IGMP、DVMRP 等各种常用的 IP 组播协议,当交换式路由器收到组播报文后,首先将报文转发到包含组播组成员的 VLAN 上,继而再把报文转发到组播组成员的端口上。

③ 服务质量 QoS,将报文赋予特定的优先级,不同优先级的报文送到不同的队列按先后转发。

④ 支持标准的 SNMP 网管协议,支持传统的命令行接口(CLI)。

⑤ 对虚拟网的多种划分策略,尤其是它不仅支持传统的基于端口的 VLAN 划分,而且还支持基于 IP 地址、子网号和协议类型的 VLAN 划分,这给局域网的管理带来极大的

方便。

6.1.4　三层交换技术的应用

三层交换机的应用很简单,主要用途是代替传统路由器作为网络的核心。因此,凡是没有广域网连接需求,同时又需要路由器的地方,都可用三层交换机来取代。在局域网中,一般会将三层交换机用在网络的核心层,网络结构简单,结点数较少,并且成本较低。其主要应用有几个方面。

1. 骨干交换机

三层交换一般用于网络的骨干交换机和服务器群交换机,也可作为网络结点交换机。在网络中,同其他以太网交换机配合使用,这样的网络系统结构简单,同时还具有可伸缩性和基于策略的 QoS(质量服务)等功能。

2. 支持链路聚合的 PortTrunk 技术

在应用中,经常有以太网交换机相互连接或以太网交换机与服务器互联的情况,其中互联用的单根连线往往会成为网络的瓶颈。采用 PortTrunk 技术能将若干条相同的源交换交换机与目的交换机的以太网连接线从逻辑上看成一条连接线。这样既保证局域网不会出现环路,同时也有效地加大了连接带宽。性能良好的三层交换机全面支持 PortTrunk 技术,有效地满足了企业局域网对连接带宽的要求。

3. 实现组播

一些三层交换机除了支持动态路由协议 RIP 和 OSPF 外,还能够实施基于标准的多点组播协议,如距离矢量多点组播路由协议 DVMRP、PIM 等。

三层交换技术从概念的提出到今天的应用,虽然只经历了几年的时间,但其扩展功能不断丰富,随着 ASIC 硬件芯片技术的发展,三层交换技术与产品将会得到进一步发展,并在LAN、MAN、WAN 等网络交换中得到广泛应用。

6.2　三层交换机的工作原理

三层交换机要执行三层信息的硬件交换,路由处理器也就是三层引擎需要将有关路由选择的信息下载到硬件中,以便对数据包进行处理。为完成在硬件中处理数据包的高层信息,可以使用传统的 MLS(Multilayer Switching)多层交换体系结构或基于 CEF(Cisco Express Forwarding)快速转发的 MLS 体系结构。

6.2.1　MLS

MLS 让 ASIC(Application-Specific Integrated Circuit)应用专用集成电路能够对被路由的数据包执行二层重写操作。二层重写操作包括重写源 MAC 地址、重写目的 MAC 地址和写入重新计算机得到的 CRC 循环冗余校验码。

三层转发过程中要重新封装 2 层,在三层交换机上,由第 3 层引擎处理数据流的第 1 个包。后者以软件交换的方式对数据包进行处理。如图 6.1 所示。

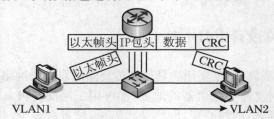

图 6.1　MLS

交换 ASIC 从 3 层引擎中获悉 2 层重写信息,在硬件中创建一个 MLS 条目,负责重写和转发数据流中的后续数据包。这个过程常称为"一次路由,多次交换",就是说,交换机的 3 层引擎只需要处理数据流中的第 1 个包,而后续的数据全部由硬件来执行转发,从而实现了三层交换机的线速转发。

线速指网络设备交换转发能力的一个标准。三层线速指的是包转发率,单位为 MPPS(数据包/秒)。三层交换机的数据包交换吞吐量一般为数百万 PPS,而传统路由器的吞吐量只有 10 KPPS～1 MPPS。三层交换机通过硬件来交换和路由选择数据包,吞吐量是可以达到或接近线速。

6.2.2　基于 CEF 的 MLS

CEF 是一种基一起拓扑的转发模型,首先将所有的路由选择信息加入到转发信息库 FIB 中,交换机能够快速找到 IP 邻接关系、下一跳 IP 地址和 MAC 地址等路由选择信息。

CEF 中有两个转发用的信息表。

1. FIB 转发信息库——基于 IP 目标前缀的转发决策

CEF 使用 FIB 来做出基于 IP 目标前缀的转发决策。FIB 类同于路由表,包含路由表中的转发信息的镜像。当网络的拓扑结构发生变化时,路由表被更新,而 FIB 也发生变化。使用基于 CEF 的 MLS 时,第 3 层引擎和硬件交换组件都维护一个 FIB。

2. 邻接关系表——存储二层编址信息

在网络中,如果两个节点之间在数据链路层只有一跳,则它们彼此相邻。除 FIB 外,CEF 还使用邻接关系表来存储第三层编址信息。对于每个 FIB 条目,邻接关系表中都包含相应的第二层地址。和 FIB 一样,使用基于 CEF 的 MLS 时,第三层引擎和硬件交换组件都维护一个邻接关系表。

基于 CEF 的 MLS 与 MLS 比较,优点主要是 MLS 每个数据流的第一个包都要进行路由,而基于 CEF 的 MLS 在第一次路由以后,会在邻接关系表和 FIB 表中保存目标信息,如果再有数据需要转发,可以直接硬件查找 FIB 表和邻接关系表。

如图 6.2 所示,使用基于 CEF 的 MLS 情况下,连接在 VLAN1 的主机 A 通过三层交换机将数据发送给连接在 VLAN2 的主机 B 时,步骤如下:

(1) 主机发送数据包

主机 A 发送数据包给自己的默认网关,三层交换机是主机 A 的网关,接收到这个数据包。

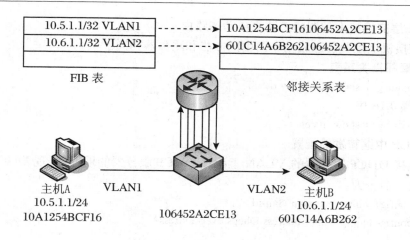

图 6.2　基于 CEF 的 MLS

（2）交换机查找 FIB 表

三层交换机查找 FIB 表，数据包的目标 IP 地址 10.6.1.1 与三层交换机直连。

（3）交换机查找邻接关系表

三层交换机查找邻接关系表，在邻接关系表中，有 IP 地址、源 MAC、目标 MAC 的对应关系，并找到转发端口。

（4）转发

三层交换机的硬件交换组件根据邻接关系表重写数据帧的二层封装，并快速转发。

6.3　三层交换机的配置

6.3.1　三层交换机的配置命令

1. 在三层交换机上启动路由

三层交换机默认情况下的配置与二层交换机相同，如果想在三层交换机上配置路由，先要在三层交换机上启动路由功能。

启动路由的配置命令为：

Switch（config）#ip routing

2. 配置 VLAN 的 IP 地址

Switch（config）#interface vlan vlan-id

Switch（config-if）#ip address Ip-address Subnet-mask

Switch（config-if）#no shutdown

3. 在三层交换机上配置路由接口

三层交换机的接口默认情况下属于 VLAN1，如果再让三层交换机与路由器实现点到点的连接，必须将交换机的接口配置为路由接口，才能为此接口配置 IP 地址。

Switch（config-if）#no switchport

4. 在三层交换机上配置静态路由或动态路由

三层交换机上配置静态或动态路由的方法和路由器相同。

5*. 查看邻接关系表

Switch（config）♯show adjacency detail

6*. 查看 FIB 表

Switch（config）♯show ip cef

7. DHCP 中继转发的配置

在不连接 DHCP 服务器的 VLAN 上配置 DHCP 服务器的地址，实现 DHCP 广播信息的中继转发。命令为：

Switch（config）♯interface vlan vlan-id
Switch（config-if）♯ip helper-address Dhcpserver-address

6.3.2　三层交换机 VLAN 配置

在局域网中，二层交换机堆叠，连接数量众多的主机。三层交换机实现 VLAN 的互通，作为企业的核心或汇聚层。

某单位按照部门划分 VLAN；根据单位联网的需求，使用三层交换机实现 VLAN 间的互通。如图 6.3 所示，在二层交换机和三层交换机上划分 3 个 VLAN。

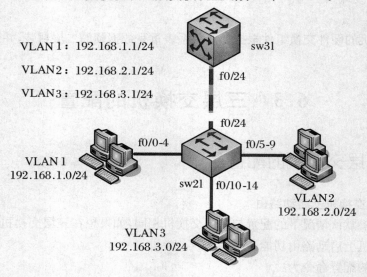

图 6.3　三层交换机 VLAN 配置实例

1. 在二层交换机上配置 VLAN

sw2l♯vlan database
sw2l（vlan）♯vlan 2
sw2l（vlan）♯vlan 3
sw2l（vlan）♯exit
sw2l♯conf t
sw2l（config）♯interface range f0/1-4
sw2l（config-if-range）♯switchport access vlan 2

sw2l(config-if-range)♯switchport mode access

sw2l(config-if-range)♯exit

sw2l(config)♯interface range f0/10-14

sw2l(config-if-range)♯switchport access vlan 3

sw2l(config-if-range)♯switchport mode access

2．在二层交换机上配制 Trunk 接口

sw2l(config)♯interface f0/24

sw2l(config-if)♯switchport mode trunk

3．在三层交换机上配置与二层交换机相同的 VLAN

sw2l♯vlan database

sw2l(vlan)♯vlan 2

sw3l(vlan)♯vlan 3

sw3l(vlan)♯exit

sw3l♯conf t

4．在三层交换机上启动路由

SW3l(config)♯ip routing

5．在三层交换机上配置各 VLAN 的 IP 地址

sw3l(config)♯interface vlan 1

sw3l(config-if)♯ip address 192.168.1.1 255.255.255.0

sw3l(config-if)♯no shut

sw3l(config-if)♯exit

sw3l(config)♯interface vlan 2

sw3l(config-if)♯ip address 192.168.2.1 255.255.255.0

sw3l(config-if)♯no shut

sw3l(config-if)♯exit

sw3l(config)♯interface vlan 3

sw3l(config-if)♯ip address 192.168.3.1 255.255.255.0

sw3l(config-if)♯no shut

6．在三层交换机上查看路由表

sw3l♯show ip route

...

Gateway of last resort is not set

C　192.168.1.0/24 is directly connected，vlan1

C　192.168.2.0/24 is directly connected，vlan2

C　192.168.3.0/24 is directly connected，vlan3

7．验证

在主机 192.168.2.10 上 ping 192.168.3.10。

C:\>ping 192.168.3.10

Pinging 192.168.3.10 with 32 bytes of data：

Reply from 192.168.3.10：bytes＝32 time＜1ms TTL＝254

Reply from 192.168.3.10：bytes＝32 time＜1ms TTL＝254

Reply from 192.168.3.10：bytes＝32 time＜1ms TTL＝254

Reply from 192.168.3.10：bytes＝32 time＜1ms TTL＝254

Ping statistics for 192.168.3.10：

    Packets：Sent ＝ 4，Received ＝ 4，Lost ＝ 0(0% loss)

6.3.3　三层交换机路由配置

在三层交换机上配置路由接口，用来连接路由器。如图 6.4 所示，三层交换机使用端口 14 与路由器相连，使内网能够和 Internet 连接。

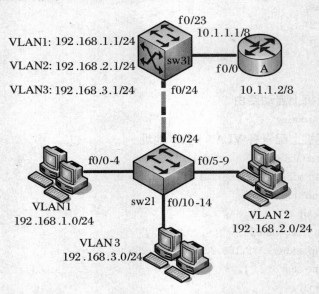

图 6.4　三层交换机配置路由实例

1．在三层交换机上配置路由接口

sw3l(config)♯inter f0/23

sw3l(config-if)♯no switchport

sw3l(config-if)♯ip address 10.1.1.1 255.0.0.0

sw3l(config)♯ip route 0.0.0.0 0.0.0.0 10.1.1.2

2．在路由器上配置路由

Router(config)♯ip route 192.168.1.0 255.255.255.0 10.1.1.1

Router(config)♯ip route 192.168.2.0 255.255.255.0 10.1.1.1

Router(config)♯ip route 192.168.3.0 255.255.255.0 10.1.1.1

3．查看 f0/23 接口信息

sw3l♯show inter f0/14 switchport

Name：f0/23

Switchport：Disabled

4．显示交换机的路由表

sw3l♯show ip route

   ...

Gateway of last resort is 10.1.1.2 to network 0.0.0.0

```
        10.0.0.0/30 is subnetted, 1 subnets
C       10.1.1.0 is directly connected, FastEthernet0/23
C       192.168.1.0/24 is directly connected, Vlan1
C       192.168.2.0/24 is directly connected, Vlan2
C       192.168.3.0/24 is directly connected, Vlan3
S*      0.0.0.0/0 [1/0] via 10.1.1.2
```

在三层交换机上增加了 10.1.1.0/8 的直联网段和默认路由。各主机能够 ping 通路由器连接的网段。

6.3.4　三层交换机 DHCP 中继配置

1. DHCP

动态主机配置协议(Dynamic Host Configuration Protocol，DHCP)是一个局域网的网络协议，使用 UDP 协议工作，主要用于：内部网络或网络服务供应商自动分配 IP 地址给用户，网络管理员对所有计算机进行 IP 地址动态分配。

为主机配置 IP 地址的方法有两种：静态配置 IP 地址和自动获取 IP 地址。如果主机配置为自动获取 IP 地址，在网络中至少有一个 DHCP 服务器。DHCP 服务器用来为客户机提供 IP 地址，在 DHCP 服务器中，配置一个或几个 IP 地址池，当 DHCP 服务器接收到客户端发来的 IP 地址请求时，它会从地址池中选择一个 IP 地址，发送给请求的客户端。当客户机开机时，主机会使用广播来发送 IP 地址请求，来获取一个可用的 IP 地址。

2. DHCP 中继

VLAN 能隔离广播，DHCP 使用广播传输信息，那么 DHCP 只能在 VLAN 内部使用。

如图 6.5 所示，VLAN30 中包含 DHCP 服务器，只有 VLAN30 中的客户机能从 DHCP 服务器获取 IP 地址。广播不能跨 VLAN 转发，如果需要实现在某一个 VLAN 中的 DHCP Server 为所有 VLAN 的主机分配 IP 地址，就需要在三层交换上配置 DHCP 中继。

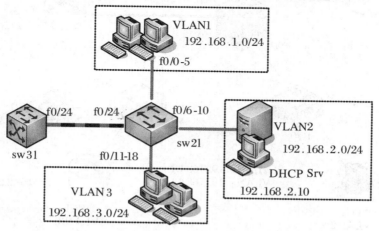

图 6.5　DHCP 中继

（1）DHCP 中继配置

命令为：

sw3l(config-if)＃ip helper-address DHCP DHCP 服务器 IP 地址

在各 VLAN 互通的前提下，配置 DHCP 中继服务：

sw3l(config)＃interface vlan 1

sw3l(config-if)＃ip helper-address 192.168.2.10

sw3l(config)＃interface vlan 3

sw3l(config-if)＃ip helper-address 192.168.2.10

本例中，DHCP 服务器配置了 3 个地址池，分别为 192.168.1.0、192.168.2.0、192.168.3.0。

（2）在 Cisco 路由器上启用 DHCP 服务

命令为：

```
ip dhcp pool pool_name          //设置 pool name，由用户指定
network IP_address mask         //动态分配的地址段
default-router IP_address       //为客户机配置默认网关
domain-name domain_name         //为客户机配置域后缀
```

（3）验证 DHCP 服务

验证方法：单击"开始"\"运行"命令，在运行窗口中输入"cmd"，进入 DOS 界面，输入命令来获取 IP 地址。

```
C:\>ipconfig              ;查看 IP 地址
C:\>ipconfig/release      ;释放 IP 地址
C:\>ipconfig/renew        ;重新获取 IP 地址
```

3. 三层交换机上配置 DHCP 中继，实现 VLAN 之间的互通

配置 Cisco 的三层交换机，使不同 VLAN 的主机能够互相通信，理解三层交换机的工作原理在 Cisco 的三层交换机上配置 DHCP 中继，在 Cisco 的三层交换机上配置路由接口，使交换机与路由器之间互通，如图 6.6 所示。

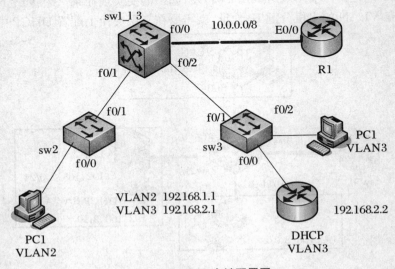

图 6.6　DHCP 中继配置图

（1）交换机 sw2 的配置

sw2＃vlan database

sw2(vlan)＃vlan 2

sw2(vlan)♯vlan 3

sw2(vlan)♯exit

sw2♯conf t

sw2(config)♯int f0/0

sw2(config-if)♯switchport access vlan 2

sw2(config-if)♯no shut

sw2(config-if)♯exit

sw2(config)♯int f0/1

sw2(config-if)♯switchport mode trunk

sw2(config-if)♯no shut

sw2(config-if)♯exit

在 sw2 上建立 VLAN2 和 VLAN3,将桥接 PC 的 f0/0 接口分配到 VLAN2 中,再将连接在 sw1_l3 的 f0/1 接口配置为 Trunk。

（2）交换机 sw3 的配置

sw3♯vlan database

sw3(vlan)♯vlan 2

sw3(vlan)♯vlan 3

sw3(vlan)♯exit

sw3♯conf t

sw3(config)♯int f0/0

sw3(config-if)♯switchport access vlan 3

sw3(config-if)♯no shut

sw3(config-if)♯exit

sw3(config)♯int f0/1

sw3(config-if)♯switchport mode trunk

sw3(config-if)♯no shut

sw3(config-if)♯exit

sw3(config)♯ int f0/2

sw3(config-if)♯switchport access vlan 3

sw3(config-if)♯no shut

sw3(config-if)♯exit

在 sw3 上建立 VLAN2 和 VLAN3,并将连接 sw1_l3 的 f0/1 接口配置为 Trunk。分别将连接 PC2 和 DHCP 服务器的 f0/2 和 f0/0 接口,分配到 VLAN3 中。

（3）交换机 sw1_l3 的配置

sw1_l3♯vlan database

sw1_l3(vlan)♯vlan 2

sw1_l3(vlan)♯vlan 3

sw1_l3(vlan)♯exit

sw1_l3♯conf t

sw1_l3(config)♯int range f0/1-2

sw1_l3(config-if-range)♯switchport mode trunk

sw1_l3(config-if-range)♯no shut

sw1_l3(config-if-range)♯exit

```
sw1_l3(config)#ip routing
sw1_l3(config)#int f0/0
sw1_l3(config-if)#no switchport
sw1_l3(config-if)#ip address 10.0.0.2 255.0.0.0
sw1_l3(config-if)#no shut
sw1_l3(config-if)#exit
sw1_l3(config)#int vlan 2
sw1_l3(config-if)#ip address 192.168.1.1 255.255.255.0
sw1_l3(config-if)#no shut
sw1_l3(config-if)#exit
sw1_l3(config)#int vlan 3
sw1_l3(config-if)#ip address 192.168.2.1 255.255.255.0
sw1_l3(config-if)#no shut
sw1_l3(config-if)#exit
sw1_l3(config)#int vlan 2
sw1_l3(config-if)#ip helper-address 192.168.2.2
sw1_l3(config-if)#no shut
sw1_l3(config-if)#exit
sw1_l3(config)#ip route 0.0.0.0 0.0.0.0 10.0.0.1
```

① 在 sw1_l3 上建立 VLAN2 和 VLAN3。分别将连接 sw2 的 f0/1 接口和连接 sw3 的 f0/2 接口,配置为 Trunk。

② 在 sw1_l3 上开启路由功。将连接 R1 的 f0/0 接口配置为路由接口,并分配 IP 地址,分别给 VLAN2 和 VLAN3 配置 IP 地址,并在 VLAN2 中开启 DHCP 中继。

③ 设置默认路由。R1 的 E0/0 接口 IP 为 10.0.0.1。

(4) 路由器 R1 上的配置

```
R1(config)#int e0/0
R1(config-if)#ip address 10.0.0.1 255.0.0.0
R1(config-if)#no shut
R1(config-if)#exit
R1(config)#ip route 192.168.2.0 255.255.255.0 10.0.0.2
R1(config)#ip route 192.168.1.0 255.255.255.0 10.0.0.2
```

在 R1 上的 E0/0 接口上配置 IP,并配置静态路由,目的是 VLAN2 和 VLAN3 中的 PC 机要想访问外网必须经过路由器。

(5) DHCP 上的配置

```
DHCP(config)#no ip routing
DHCP(config)#service dhcp
DHCP(config)#ip dhcp
DHCP(config)#ip dhcp pool vlan 2
DHCP(dhcp-config)#network 192.168.1.0 255.255.255.0
DHCP(dhcp-config)#default-router 192.168.1.1
```

关闭 R2 的路由功能并开启 DHCP 功能,建立 DHCP 并将地址池命名为 VLAN2,分配的地址池为 192.168.1.0 /24 段,网关 192.168.1.1。

(6) 实验验证

在 PC1 机上自动获取 IP 地址。用 ping 命令 ping 路由器 R1 的接口,可以正常通信;

ping VLAN2 的 IP 地址,可以正常通信。

注意

① 在没有连接 DHCP 服务器的 VLAN 中开启 DHCP 中继;

② 在三层交换机上开启路由接口;

③ 配置 Cisco 的三层交换机,使不同 VLAN 的主机能够互相通信;

④ 在 Cisco 的三层交换机上配置 DHCP 中继;

⑤ 在 Cisco 的三层交换机上配置路由接口,使交换机与路由器之间互通。

实训　配置局域网中的三层交换机

实训图如图 6.7 所示。

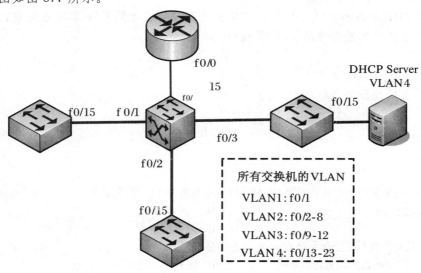

图 6.7　三层交换机配置图

1. 实训目的

掌握三层交换机的配置。

2. 实训环境

实训分组,主机若干台,并用网络设备和双绞线将主机连接成网络环境。

3. 实训内容

① 实现 VLAN 之间的通信;

② 实现各 VLAN 内的主机能够访问路由器连接的主机;

③ 在三层交换机上配置 DHCP 中继,实现局域网内各 VLAN 主机能够动态获取 IP 地址。

4. 实训操作步骤

(1) 配置 VLAN

① 在二层交换机和三层交换机上添加 VLAN;

② 将接口添加到相应 VLAN 中;

③ 配置 Trunk。

（2）启动三层交换机路由功能

启动三层交换机。

（3）配置三层交换机各 VLAN 的 IP 地址

① 配置 VLAN1、VLAN2、VLAN3 和 VLAN4 中主机的 IP 地址；

② 配置 VLAN 中主机的 IP 地址；

③ 配置 VLAN1、VLAN2、VLAN3 和 VLAN4 中主机的 IP 地址；

④ 配置三层交换机的 f0/24 端口为三层模式；

⑤ 配置 f0/24 端口的 IP 地址；

⑥ 在三层交换机上启用 RIP 路由信息协议并宣告相应网段。

（4）配置路由器

① 配置路由器接口的 IP 地址；

② 在路由器上启动 RIP 路由信息协议。

（5）配置 DHCP 中继转发

① 配置 DHCP Server 的 IP 地址，并在三层交换机上配置 DHCP 中继转发；

② 将相应主机配置为自动获取 IP 地址。

（6）验证

① 主机 ping 检测；

② 检测主机是否动态获取 IP 地址。

习题

1. 选择题

（1）处在不同交换机上但具有相同 VLAN ID 的主机进行通信时，需要通过（　　）设备。

A. 二层交换机　　　　　　　　　　　　B. 三层交换机

C. 路由器　　　　　　　　　　　　　　D. 以上都正确

（2）在三层交换机上配置命令 ip routing 的作用是（　　）。

A. 启动三层交换机的动态路由功能　　　B. 配置静态路由

C. 此命令为交换默认配置，不用配置　　D. 启动三层交换机的路由功能

（3）在 Cisco 三层交换机上查看邻接关系表的命令是（　　）。

A. show ip route　　　　　　　　　　　B. show adjacency detail

C. show ip adjacency　　　　　　　　　D. show ip cef

（4）对于三层交换机上路由端口描述正确的是（　　）。

A. 路由端口不属于任何 VLAN　　　　　B. 路由端口属于 VLAN1

C. 路由端口默认 UP　　　　　　　　　　D. 路由端口不用 no switchport

（5）在 Cisco 三层交换机上查看 FIB 表的命令是（　　）。

A. show ip route　　B. show adjacency detail　C. show ip FIB　　　　D. show ip cef

（6）DHCP 中继代理的作用是（　　）。

A. 跨 VLAN 转发 DHCP 广播消息　　　　B. 帮助客户机申请 IP 地址、网关等信息

C. 为客户机提供 IP 地址、网关等信息　　D. 以上都不正确

（7）多层交换体系结构指（　　）。

A. CEF　　　　　　B. MLS　　　　　　　C. ASIC　　　　　　　　D. FIB

（8）DHCP 中继服务的验证命令为（　　）。

A. ipconfig　　　　　　　　　　　　　　B. ipconfig/all

C. ipconfig/release　　　　　　　　　　　D. ipconfig/renew

（9）如图 6.8 所示，配置三层交换机，能够实现主机之间通信的命令是（　　）。

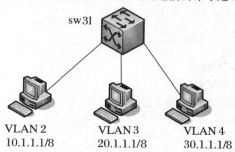

sw3l

VLAN 2　　　　VLAN 3　　　　VLAN 4
10.1.1.1/8　　20.1.1.1/8　　30.1.1.1/8

图 6.8　选择题（9）图

A. sw3l(config) # ip routing
　　sw3l(config) # interface vlan 2
　　sw3l(config-if) # ip address 10.1.1.1 255.0.0.0
　　sw3l(config-if) # no shut
　　sw3l(config-if) # exit
　　sw3l(config) # interface vlan 3
　　sw3l(config-if) # ip address 20.1.1.1 255.0.0.0
　　sw3l(config-if) # no shut
　　sw3l(config-if) # exit
　　sw3l(config) # interface vlan 4
　　sw3l(config-if) # ip address 30.1.1.1 255.0.0.0
　　sw3l(config-if) # no shut
B. sw3l(config) # interface vlan 2
　　sw3l(config-if) # ip address 10.1.1.1 255.0.0.0
　　sw3l(config-if) # no shut
　　sw3l(config-if) # exit
　　sw3l(config) # interface vlan 3
　　sw3l(config-if) # ip address 20.1.1.1 255.0.0.0
　　sw3l(config-if) # no shut
　　sw3l(config-if) # exit
　　sw3l(config) # interface vlan 4
　　sw3l(config-if) # ip address 30.1.1.1 255.0.0.0
　　sw3l(config-if) # no shut
C. sw3l(config) # interface vlan 2
　　sw3l(config-if) # no switchport
　　sw3l(config-if) # ip address 10.1.1.1 255.0.0.0
　　sw3l(config-if) # no shut
　　sw3l(config-if) # exit
　　sw3l(config) # interface vlan 3
　　sw3l(config-if) # no switchport
　　sw3l(config-if) # ip address 20.1.1.1 255.0.0.0
　　sw3l(config-if) # no shut
　　sw3l(config-if) # exit

  sw3l(config)#interface vlan 4

  sw3l(config-if)#no switchport

  sw3l(config-if)#ip address 30.1.1.1 255.0.0.0

  sw3l(config-if)#no shut

D. sw3l(config)#ip routing

  sw3l(config)#interface vlan 2

  sw3l(config-if)#no switchport

  sw3l(config-if)#ip address 10.1.1.1 255.0.0.0

  sw3l(config-if)#no shut

  sw3l(config-if)#exit

  sw3l(config)#interface vlan 3

  sw3l(config-if)#no switchport

  sw3l(config-if)#ip address 20.1.1.1 255.0.0.0

  sw3l(config-if)#no shut

  sw3l(config-if)#exit

  sw3l(config)#interface vlan 4

  sw3l(config-if)#no switchport

  sw3l(config-if)#ip address 30.1.1.1 255.0.0.0

  sw3l(config-if)#no shut

  (10) 如图 6.9 所示,配置三层交换机与路由器连通,并能够在三层交换上正确显示路由表的命令是（ ）。

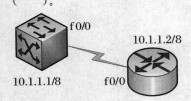

图 6.9 选择题(10)图

A. sw3l(config)#interface f0/0

  sw3l(config-if)#no switchport

  sw3l(config-if)#ip address 10.1.1.1 255.0.0.0

  Router(config)#interface f0/0

  Router(config-if)#ip address 10.1.1.2 255.0.0.0

B. sw3l(config)#ip routing

  sw3l(config)#interface f0/0

  sw3l(config-if)#no switchport

  sw3l(config-if)#ip address 10.1.1.1 255.0.0.0

  Router(config)#interface f0/0

  Router(config-if)#ip address 10.1.1.2 255.0.0.0

C. sw(config)#interface f0/0

  sw3l(config-if)#ip address 10.1.1.1 255.0.0.0

  Router(config)#interface f0/0

  Router(config-if)#ip address 10.1.1.2 255.0.0.0

D. sw3l(config)#ip routing

  sw3l(config)#interface f0/0

  sw3l(config-if)#ip address 10.1.1.1 255.0.0.0

  Router(config)#interface f0/0

  Router(config-if)#ip address 10.1.1.2 255.0.0.0

2. 简答题

(1) 简述三层交换机的特点。

(2) 简述三层交换机的功能。

(3) 简述三层交换机的工作原理。

（4）如图 6.10 所示网络，写出配置三层交换机的配置命令，实现主机与服务器之间互通。

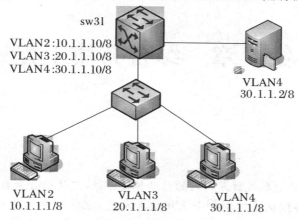

图 6.10　简答题(4)图

（5）如图 6.11 所示网络，写出三层交换机的配置命令，实现各 VLAN 的互通，并实现 DHCP 的中继转发。

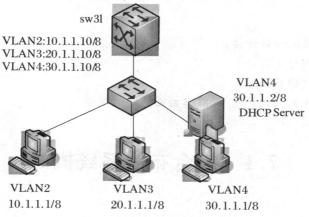

图 6.11　简答题(5)图

第7章 综合布线工程

 本章导读

综合布线系统是建筑物或建筑群内的信息传输系统,它使语音和数据通信设备、交换设备、信息管理系统设备控制系统和安全系统彼此相连,也使这些设备与外部通信网络相连接。随着建筑业的不断发展,楼宇的智能化要求也越来越高,综合布线的应用也越来越广泛,学习综合布线系统的基本理论和技术知识是很有必要的。

 本章要点

➢ 综合布线系统的设计方法;
➢ 信息模块的制作方法;
➢ 综合布线系统的布线方法;
➢ 综合布线系统网络拓扑图、管线路由图等图的绘制。

7.1 综合布线系统概述

7.1.1 综合布线工程概述

1. 综合布线系统的概念

综合布线系统(Premises Distribution System,PDS)是通信电缆、光缆、各种软电缆及有关连接硬件构成的通用布线系统,它能支持多种应用系统。

综合布线系统是建筑物或建筑群内的传输网络,它能使语音和数据通信设备、交换设备和其他信息管理系统彼此相连接,物理结构一般采用模块化设计和星形拓扑结构。

2. 综合布线系统的组成

综合布线系统包括 6 个子系统,系统结构如图 7.1 所示。

(1) 工作区子系统

工作区子系统处在用户终端设备和水平子系统的信息插座之间。通常由连接线缆、网络跳线和适配器组成。

(2) 水平子系统

水平子系统是由每个楼层配线架至工作区信息插座之间的线缆、信息插座、转接点及相应配套设施组成的系统。通常使用屏蔽双绞线(STP)和非屏蔽双绞线(UTP),也可以根据需要选择光缆。

（3）垂直干线子系统

垂直干线子系统指每个建筑物内,由建筑物配线架至楼层配线架之间的线缆及配套设施组成的系统。目前多使用光缆。

（4）管理子系统

管理子系统是垂直子系统和水平子系统的连接管理系统,由通信线路互连设施和设备组成,通常设置在专门为楼层服务的设备配线间内。

（5）设备间子系统

设备间子系统一般位于主机房内,由设备间的各种设备、连接电缆、连接器和相关支撑硬件组成。它是通过各种连接线把不同的设备互连起来的。

（6）建筑群干线子系统

建筑群子系统是指由建筑群配线架与其他建筑物配线架之间的缆线及配套设施组成的系统。它使几个建筑物内的综合布线系统形成一个统一的整体,包括连接各建筑物之内的线缆、建筑群综合布线所需的各种硬件等。

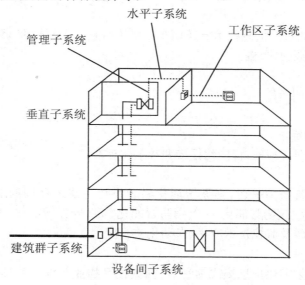

图 7.1　综合布线系统结构图

3. 综合布线的优点

（1）管理维护方便

综合布线系统采用标准化和模块化的设计,使其管理和维护工作变得更加易于实现。

（2）灵活性、适应性强

在综合布线系统中,不会因为设备的变化而改变布线系统的结构。一个信息点既可以接入电话,又可以接入计算机,可适应各种不同的局域网。

（3）利用扩充

综合布线系统采用模块化的设计和星形拓扑结构的布线方式,方便用户扩充。每个子系统都是一个独立的子系统,每个子系统的更改均不会影响其他的子系统。

（4）经济性好

一次投资建设,长期使用,维护方便,整体投资经济合理。

4. 综合布线的标准

综合布线系统标准是一个开放的系统标准,它广泛应用。常用的综合布线系统标准主要有以下几种:

（1）国际标准

国际标准(ISO/IEC11801)于 1995 年 7 月首次发布,第 2 版于 2002 年 8 月 13 日投票通过,于 2002 年 9 月成为正式标准。

（2）国内标准

国内的综合布线系统标准主要有:《建筑与建筑群综合布线系统工程设计规范》修订本(GB/T 50311—2000)、《建筑与建筑群综合布线系统工程验收规范》修订本(GB/T 50312—2000)、《工业企业通信设计规范》(GBJ 42—81)、《工业企业通信接地设计规范》(GB/79—85)、《中国电气设备安装工程施工及验收规范》(GBJ 232—82)。

（3）美国标准

美国的综合布线系统标准主要有:ANSI/TIA/EIA-568A(北美商业建筑通信布线标准)、ANSI/TIA/EIA-569B(由 ANSI/TIA/EIA-568A 演变而来)。

（4）欧洲标准

欧洲标准有:EN50173(信息技术 - 通用布线系统),它与国际标准 ISO/IEC 11801 是一致的,但是比国际标准更加严格。

7.1.2　智能化建筑

1. 智能化建筑的标准

智能化建筑的标准有两种:智能化标准和数字化标准。

（1）智能化标准

智能化标准以建筑物为平台,强调智能化系统设计与建筑结构的配合和协调。例如:CA 通信智能化、BA 建筑物智能化、FA 消防智能化、SA 安保智能化、OA 办公智能化等。在技术应用方面主要涉及监控技术应用、自动化技术应用等。

（2）数字化标准

数字化标准是以数字化信息集成为平台,强调楼宇物业与设施管理、一卡通综合服务、业务管理系统的信息共享、网络融合、功能协同,如:综合信息集成系统(IBMS. net)、楼宇物业与设施管理系统(IPMS)、楼宇管理系统(BMS)、综合安防管理系统(SMS)、"一卡通"管理系统(ICMS)等,在技术应用方面主要涉及信息网络技术应用、信息集成技术应用、软件技术应用等。

2. 智能建筑具有多学科交叉集成的特点

智能化建筑虽然发展的时间不长,但是发展的速度很快。它是将建筑、通信、计算机网络和监控等各方面的先进技术相互融合、集成为最优化的整体,具有工程投资合理、设备高度自控、信息管理科学、服务优质高效、使用灵活方便和环境安全舒适等特点,能够适应信息化社会发展需要的现代化新型建筑。

3. 智能化建筑的基本功能

智能化建筑的基本功能主要三大部分构成:建筑自动化(BA)、通信自动化(CA)和办公自动化(OA),这 3 个自动化通常称为"3A",它们是智能化建筑中最基本的,而且必须具备的基本功能。

7.1.3　综合布线工具和材料

在综合布线施工过程中需要相应的工具和材料来安装施工。下面介绍一下在综合布线工程中常用的工具和材料。

1. 综合布线工具

（1）线盘

用于长距离的电源线盘接电，线盘长度有 20 m、30 m、50 m 等型号。

（2）手电钻

手电钻钻孔，适用在金属型材、木材、塑料上钻孔，布线系统安装中经常用的工具。手电钻由电动机、电源开关、电缆、钻孔头等组成。

（3）线槽剪

线槽剪是 PVC 线槽专用剪。

（4）梯子

常用的梯子有直梯和人字梯两种。

（5）管子钳

管子钳又称管钳，用来安装钢管布线的工具，如装卸电线管上的管箍、锁紧螺母、管子活接头、防爆活接头等。

（6）简易弯管器

综合布线工程中常自制自用这种简易弯管器，用于 25 mm 以下的管子弯管。

（7）曲线锯

主要用于锯割直线和特殊的曲线切口的；能锯割木材、PVC 和金属等材料。

（8）压线工具和 110 打线工具

压线工具常用来压接 RJ-45 头和 RJ-11 头，它同时具有切和剥的功能。

110 打线工具常用于将双绞线压接到信息模块和配线架上，信息模块和配线架是采用绝缘置换连接器（IDC）和双绞线连接的。

（9）数字万用表

主要用于综合布线系统中设备间、楼层配线间和工作区电源系统的测量，有时也用于测量双绞线的连通性。

（10）专业电缆测试工具

用于测试电缆。

2. 综合布线材料

（1）钢管

钢管分为无缝钢管和焊接钢管两大类。暗敷管路系统中常用的钢管为焊接钢管。

（2）塑材管

塑材管是由树脂、稳定剂、润滑剂及添加剂配制挤塑成型。

（3）线槽

塑料线槽是综合布线工程明敷管槽时广泛使用的一种材料，它是一种带盖板封闭式的管槽材料，盖板和槽体通过卡槽合紧，品种规格多。

（4）桥架

在综合布线工程中，桥架具有结构简单，造价低，施工方便，配线灵活等特点，因此广泛用于建筑群主干管线和建筑物内主管线的安装施工。

桥架一般为金属制作,屏蔽效果好。按照桥架的结构可以分为 3 种类型:梯级式桥架、托盘式桥架和槽式桥架。

(5) 机柜

机柜主要安放网络设备,具有电磁屏蔽性能好,减低设备工作噪音,减小设备占地面积,以及设备安放整齐美观和便于管理维护的优点,一般将内宽为 19 英寸的机柜称为标准机柜。

根据机柜外形分为立式机柜、壁挂式机柜和开放式机架 3 种。

(6) 信息插座面板

信息插座面板用于在信息出口位置安装固定信息模块。

(7) 配线架

配线架是电缆或光缆进行端接和连接的装置,在配线架上可进行互连或交接操作,它通常安装在机柜上。

7.2　综合布线系统的设计

7.2.1　综合布线工程设计概述

综合布线系统设计前必须做好以下准备工作:

① 与用户配合协调,进行详细的需求分析。

② 考察布线工程现场和查看建筑图纸,掌握建筑物的整体情况。

③ 掌握设计的原则、标准、方法和步骤。

④ 绘制网络拓扑结构图以了解布线工程的系统结构。

⑤ 综合考虑选择适合工程要求的、性价比高的产品。

1. 用户需求分析

综合布线系统是智能建筑的关键部分和基础设施,为了使综合布线系统更好地满足用户需求,在综合布线工程设计前,一定要对智能化建筑的用户信息需求进行详细的分析。

(1) 用户需求调研

用户需求调研的目的是从用户的网络需求出发,通过对建设方现场实地调研,了解用户的要求、现场的地理环境、网络应用及工程投资等情况,使布线工程设计方获得对整个工程的总体认识,为系统总体规划设计打下基础。用户方的需求可以归纳为以下几个方面:

① 网络延迟与可预测响应时间。

② 可靠性/可用性。

③ 伸缩性。网络系统能否适应用户不断增长的需求。

④ 安全性。保护用户信息和物理资源的完整性,包括数据备份、灾难恢复等。

(2) 综合布线工程调查

综合布线工程调查主要是了解建设方建筑楼群的地理环境、建筑楼内的布线环境,由此来确定网络的物理拓扑结构、综合布线系统材料预算等。主要包括以下几项内容:

① 用户方信息点的数量及其位置。

② 建筑楼内局域网布线规划。

（3）前期培训工作

需求分析离不开用户的参与。一般企业、政府、学校都有负责信息化建设的部门或信息技术专门人员，如果没有，设计方就要用较短的时间对建设方指定的工程人员进行网络工程相关知识的培训。有了建设方信息技术人员的参与，双方才能建立交流的基础。

（4）综合布线系统需求

通过对建设方实施综合布线系统的相关建筑物进行实地考察，由建设方提供建筑工程图，从而了解相关建筑结构，分析施工，难易程度，并估算大致费用。需了解的其他数据包括：中心机房的位置、信息点数、信息点与中心机房的最远距离、电力系统状况、建筑楼情况等。综合布线系统需求分析主要包括以下 3 个方面：

① 根据造价、建筑物距离和带宽要求确定光缆的芯数和种类。

② 根据用户方建筑楼群间距离、马路隔离情况、电线杆、地沟和道路状况，对建筑楼群间光缆的敷设方式可分为架空、直埋或是地下管道敷设等。

③ 对各建筑楼的信息点数进行统计，用以确定室内布线方式和配线间的位置。建筑物楼层较低、规模较小、点数不多时，只要所有的信息点距设备间的距离均在 90 m 以内，信息点布线可直通配线间。建筑物楼层较高、规模较大、点数较多时，即有些信息点距主配线间的距离超过 90 m 时，可采用信息点到中间配线间、中间配线间到主配线间的分布式综合布线系统。

2. 综合布线系统的 3 个设计等级

为了使智能建筑与智能建筑园区的工程设计具体化，根据实际需要，将综合布线系统分为 3 个设计等级：

（1）基本型

基本型适用于综合布线系统中配置标准较低的场合，用铜芯电缆组网。

基本型系统配置：

① 每个工作区有一个信息插座；

② 每个工作区的配线电缆为一条 4 对双绞线，引至楼层配线架；

③ 完全采用夹接式交接硬件；

④ 每个工作区的干线电缆（楼层配线架至设备间总配线架电线）至少有 2 对双绞线。

（2）增强型

增强型适用于综合布线系统中中等配置标准的场合，用铜芯电缆组网。

增强型系统配置：

① 每个工作区有 2 个以上信息插座；

② 每个工作区的配线电缆均为一条独立的 4 对双绞线，引至楼层配线架；

③ 采用夹接式（110A 系列）或接插式（110P 系列）交接硬件；

④ 每个工作区的干线电缆（即楼层配线架至设备间总配线架）至少有 3 对双绞线。

（3）综合型

综合型适用于综合布线系统中配置标准较高的场合，用光缆和铜芯电缆混合组网。

综合型系统配置：

① 在基本型和增强型综合布线系统的基础上增设光缆系统；

② 在每个基本型工作区的干线电缆中至少配有 2 对双绞线；

③ 在每个增强型工作区的干线电缆中至少有 3 对双绞线。

　　综合布线系统应能满足所支持的数据系统的传输速率要求,并应选用相应等级的传输缆线和设备。所有基本型、增强型、综合型综合布线系统都能支持语音、数据、图像等系统,能随工程的需要转向更高功能的布线系统。它们之间的主要区别在于支持语音和数据服务所采用的方式以及在移动和重新布局时实施线路管理的灵活性。

3. 总体设计

　　综合布线系统的设计要从整体上来考虑,事先了解项目需求和具体情况,包括布线工程设计的信息点数目、楼层分布、终端设备、数据通信、拓扑结构、介质选择等,从而确定最终的布线工程方案、选用的产品类型和布线工程的实施细节。

　　设计合理的系统一般有 7 个步骤:分析用户需求,获取建筑物平面图,系统结构设计,布线路由设计,技术方案论证,绘制综合布线施工图,编制综合布线用料清单。

4. 详细设计

　　(1) 工作区子系统的设计

　　工作区子系统是一个从信息插座延伸至终端设备的区域,工作区布线要求相对简单,以便移动、添加和变更设备,它包括信息插座、信息模块、网卡和连接所需的跳线。如图 7.2 所示。

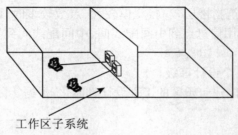

工作区子系统

图 7.2　工作区子系统

　　① 工作区子系统设计要点:

　　(a) 线槽铺设合理、美观;

　　(b) 信息插座与电源插座应保持 30～150 cm 的距离;

　　(c) 信息插座要设计在距离地面 30 cm 以上(与电源插座保持水平);

　　(d) 信息插座与计算机设备的距离保持在 5 m 范围内;

　　(e) 计算所有工作区所需的信息模块、底盒、面板的数量。

　　② 计算 RJ-45 接头的数量计算公式:

$$m = n \times 4 + n \times 4 \times 15\%$$

式中,m 表示 RJ-45 接头的总需求量;n 表示信息点的总量;$n \times 4 \times 15\%$ 表示留有的富余量。

　　③ 计算信息模块的用量:

$$m = n + n \times 3\%$$

式中,m 表示信息模块的总需求量;n 表示信息点的总量;$n \times 3\%$ 表示富余量。

　　(2) 水平子系统的设计

　　水平干线子系统是由楼层配线架到信息插座的线缆和工作区用的信息插座等组成的。它的布线涉及水平子系统的传输介质和部件集成,如图 7.3 所示。

　　① 主要设计内容:确定线路走向,确定线缆、槽、管的数量和类型,确定电缆的类型和长度,订购电缆和线槽。

　　② 确定电缆的用量:

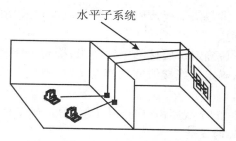

图 7.3　水平子系统

整幢楼的用线量 = 每层楼用线量的总和

即

$$W = \sum MC$$

式中，M 表示楼层数；每层楼用线量 $C = [0.55 \times (L + S) + 6] \times n$。这里，$L$ 表示楼层离管理间最远的信息点距离，S 表示楼层离管理间最近的信息点距离，n 表示楼层的信息插座总数，0.55 为备用系数，6 为端接容差。

此公式计算出来的单位是 m，我们购买时是以箱计算的，一箱是 305 m。

电缆订购数 = W/305（箱）　　（不够一箱的按一箱计算）

（3）管理和设备间子系统的设计

管理子系统由交连/互连的配线架、信息插座式配线架以及相关跳线和管理标志组成。管理点为连接其他子系统提供连接手段。交连和互连允许将通信线路定位或重新定位到建筑物的不同部分，以便能更容易地管理通信线路，如图 7.4 所示。

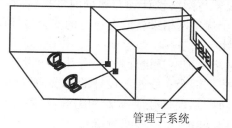

管理子系统

图 7.4　管理子系统

管理子系统的工作区域分布在楼层配线间、管理间或工作区，一般有机柜、楼层交换机、配线架和电源等设备。

机柜中安装配线架，水平子系统的双绞线全部都接在配线架模块的后面，利用双绞线跳线将各个信息点的计算机与设备连接。

设备间子系统是由电缆、连接器和相关支撑硬件组成的。设备间的主要设备包括数字程控交换机、计算机和 UPS 等。

通常情况下，每层楼都应设立一个管理间用来管理该层的信息点；而整个建筑物内设立一个设备间用于放置和管理网络核心设备。如果是用户数量不多、规模不大的布线工程，也可以将管理间和设备间合二为一。

设备间的位置选取最好靠近电信公用网的位置，并且离电梯要近，方便设备的搬运。

（4）垂直干线子系统的设计

垂直干线子系统是通过建筑物内部的传输电缆，把各个接线间的信号传送到设备间，直到传送到最终接口，再通往外部网络。它必须满足当前的需要，又要适应今后的发展。

垂直干线子系统包括:供各条干线接线间之间的电缆走线用的竖向或横向通道和主设备间与计算机中心间的电缆。

设计时要考虑以下几点:确定每层楼的干线要求;确定整座楼的干线要求;确定从楼层到设备间的干线电缆路由;确定干线接线间的接合方法;选定干线电缆的长度;确定敷设附加横向电缆时的支撑结构。

确定从管理间到设备间的干线路由,应选择干线最短、最安全经济的路由。

(5)建筑群干线子系统的设计

建筑群干线子系统是指由连接各个建筑物之间的传输介质和各种支持设备组成的综合布线系统。建筑群干线子系统是智能化建筑群体人的主干传输线路,它的设计好坏、技术性能的优劣和工程质量的高低都直接影响到综合布线系统的服务效果,在设计中要高度重视。

7.2.2 防护系统设计

综合布线系统是智能建筑的重要组成部分,与传统布线相比,其主要优势表现为兼容性、开放性、灵活性、可靠性、先进性和经济性等方面,它既能使语音、数据、图像设备和交换设备与其他信息管理系统相互连接,也能使这些设备与外部通讯网络相连接。而综合布线电气保护的目的是为了减小电气故障对综合布线的电缆和相关连接的硬件的损坏,同时也避免了终端设备或器件的损坏,保障系统的正常运行。

综合布线系统要求电源安全、可靠,容量能满足系统满负荷运行的要求。综合布线系统供电宜采用直接供电与 UPS 结合方式,以确保网络的可靠运行,不能仅仅使用移动电源或临时电源。电源设计和布线要与网络设计和布线同时考虑,在设计和施工时要考虑到电磁屏蔽,避免强电源对网络的干扰。网络设备要有充分的安全接地保护和防雷设计。

1. 布线系统的电源设计

综合布线系统工程除网络系统本身设计外,尚有其部分设计,它们都是工程设计的组成部分。其中包括电源设计,根据综合布线系统设计的要求,要对配电模式、不间断电源、接地和信号线防扰等问题进行设计,从而优化了布置和配线,保障了供电可靠、用电安全和各种信号线传输质量,消除了失电、漏电、交扰及火灾隐患。

电源是综合布线系统设备间和各个机房的主要动力。电源的供电质量好坏和安全可靠程度直接影响智能化建筑中各种设备的正常运行。综合布线电力系统包括计算机配电系统、网络设备配电系统、辅助设备系统及市电辅助系统。

在智能化建筑中,综合布线系统与程控用户电话交换机和计算机主机等机房的供电方式应统一进行设计,以便节省设备和投资,有利于维护管理。

2. UPS 系统的设计

建筑智能化系统的有效工作依赖于正常供电,要保证机房不停电的解决办法通常有两种,一是在前端交流电源引入两路市电,有条件时可加设发电机,成为多路供电,提高供电可靠性;另外一种是在机房里设不间断电源 UPS,附设一定的直流电池组作为后备电源。

UPS 即不间断电源,它是一种含有储能装置、以逆变器为主要组成部分的恒压、恒频的电源设备,是一种集电力技术、控制技术和信号检测及通信技术于一身的高科技电源设备,是通信设备、计算机系统、计算机网络系统或其他电力电子设备等不得断电的系统不可缺少的外围设备,它的作用是在外界中断供电的情况下,及时给计算机等设备供电,以免影响通信的中断、重要数据的丢失和硬件的损坏。

　　机房计算机设备包括计算机主机、服务器、网络设备、通信设备等,由于这些设备进行数据的实时处理与实时传递,关系重大,所以对电源的质量与可靠性的要求最高。设计中采用电源由市电供电加备用供电这种运行方式,以保障电源可靠性的要求;系统中同时考虑采用UPS 不间断电源,最大限度满足机房计算机设备对供电电源质量的要求。

3. 防护系统的设计

　　综合布线系统采用防护措施的目的主要是防止外来电磁干扰和向外产生的电磁辐射。外来电磁干扰直接影响综合布线系统的正常运行,向外产生的电磁辐射则是综合布线系统传递信息时产生泄漏的主要原因。为此我们在综合布线系统工程设计和施工时必须根据智能化建筑所在环境的具体情况和建设单位的要求,认真调查研究,选用合适的防护措施。防护设计是综合布线系统工程设计的组成部分,主要包括各种缆线及布线部件的选用和接地系统设计两部分。

　　(1) 电磁屏蔽保护

　　对于通过空间直接辐射的电磁干扰,其主要防护手段是在电磁场传递的途径中安设电磁屏蔽装置,把有害的电磁场强度降低至允许范围以内。

　　当综合布线环境极为恶劣,电磁干扰强,信息传输率又高时,可直接采用光缆,以满足电磁兼容性的需求。

　　综合布线系统采用屏蔽系统时,应有良好的接地系统,且每一层的配线柜都应采用适当截面的导线单独布线至接地体,也可采用竖井内集中用铜排或粗铜线引到接地体。

　　(2) 电气保护

　　综合布线的电气保护主要分为过压保护和过流保护两种,这些保护装置通常安装在建筑物入口的专用房间或墙面上室外电缆进入建筑物时,通常在入口处经过一次转接进入室内,在转接处应加装电气保护设备,这样可以避免因电缆受到雷击产生感应电势或与电力线路接触而给用户设备带来损坏。

　　综合布线系统的电气保护对于系统安全可靠运行起着重要作用。只有精心设计,精心施工,才能使电气保护系统满足规范要求和设备要求,保证综合布线系统的正常工作。

　　(3) 防火保护

　　智能化建筑中的防火问题是极为重要的,在综合布线系统工程设计中,应注意的是通道的防火措施,其中主要有缆线的选用和有关环境的保护。

4. 接地系统的设计

　　综合布线电缆和相关连接硬件接地是提高应用系统可靠性、抑制噪声、保障安全的重要手段。因此设计人员、施工人员在进行布线设计施工前,都必须对所有设备,特别是应用系统设备的接地要求进行认真研究,弄清接地要求以及各类地线之间的关系。如果接地系统处理不当,将会影响系统设备的稳定性,引起故障,甚至会烧毁系统设备,危害操作人员生命安全。

　　根据国际 GB 50174—93《电子计算机房设计规范》,交流工作地、直流工作地、保护地、防雷地宜共用一组接地装置,其接地电阻按其中最小值要求确定。如果计算机系统直流地与其他地线分开接地,则两地基间应间隔 25 m。

7.2.3　综合布线系统设计方案

综合布线系统设计方案是综合布线系统的指导性技术文件,设计方案首先确定系统的拓扑结构,然后说明设计依据的标准和技术规范,确定信息类型和数量,选择布线产品,设计各子系统的内容,预算材料和工程费用。

综合布线设计要充分满足用户功能上的需求,本着结构合理、高效低成本、用户至上的原则,结构和性能上都留有余量和升级空间,而且要遵循业界先进的标准。

设计方案的基本内容:

一般地,综合布线系统设计方案的基本内容包括:

(1) 前言

客户的单位名称、工程名称、设计单位名称、设计意义、设计内容概要等。

(2) 定义与惯用语

对设计中用到的综合布线系统通用术语、自定义的惯用语做出解释。

(3) 综合布线系统概念

综合布线系统的 6 个子系统的具体内容。

(4) 综合布线系统设计

① 工作区子系统设计:描述工作区的器件选配和用量统计。

② 水平子系统设计:包含信息点需求、信息插座设计和水平电缆设计三部分。

③ 垂直干线子系统设计:描述垂直主干的器件选配和用量统计以及主干编号规则。

④ 管理子系统设计:描述该布线系统中每个配线架的位置、用途、器件选配、数量统计和各配线架的电缆卡接位置图。

⑤ 设备子系统设计:包括设备间机柜、电源、跳线、接地系统等内容。

⑥ 建筑群系统设计。

(5) 综合布线系统施工方案

阐述总的槽道铺设方案,而不是指导施工,因此不包括管槽的规格,另有专门的给施工方的文档用于指导施工。

(6) 系统使用的维护管理

布线系统竣工交付使用后,移交给甲方的技术资料。

(7) 验收测试/售后服务

对测试链路模型、所选用的测试标准和电缆类型、测试指标和测试仪器做出界定;对用户的培训计划,售后服务方式及质量保证期。

(8) 材料预算和工程费用清单

综合布线工程材料总清单及费用。

(9) 工程设计/施工图纸

图纸目录、图纸说明、系统图和各层平面图;施工组织管理图。

7.3　综合布线工程的施工

7.3.1　工程施工的基本要求

综合布线工程安装施工应把握以下基本要求：

① 新建或扩建的建筑物的综合布线工程的安装施工，必须严格按照《建筑与建筑群综合布线系统工程验收规范》(GB/T 50312—2000)中的有关规定进行。

② 不同规模的综合布线工程，既有建筑物内的布线系统，又有建筑群间的布线系统。

③ 综合布线工程中所用的缆线、布线部件应符合国家通信行业标准《大楼通信综合布线系统第 1～3 部分》(YD/T 926.1～3(2001))等规范或设计文件的规定。

综合布线是一项系统工程，必须针对工程特点，制定规范的组织机构，保障施工顺利进行。

④ 必须加强施工质量管理。施工单位必须按照《建筑与建筑群综合布线系统工程验收规范》，进行工程的自检、互检和随工检查。

⑤ 施工过程要按照统一的管理标识。

7.3.2　施工准备

(1) 熟悉工程设计和施工图纸

施工单位应详细阅读工程设计文件和施工图纸，了解设计内容及设计意图，明确工程所采用的设备和材料，明确图纸所提出的施工要求。

(2) 编制施工方案

施工方案编制原则：坚持统一计划的原则，认真做好综合平衡，切合实际，留有余地，坚持施工工序，注意施工的连续性和均衡性。

施工方案编制依据：工程合同要求，施工图、工程概预算和施工组织计划，人力资源等条件。

施工组织机构编制方法：计划安排主要采用分工序施工作业法，根据施工情况分阶段进行，合理安排交叉作业提高工效。

(3) 施工场地的准备

管槽加工制作地、物品材料仓库和施工现场办公室的准备。

(4) 施工工具准备

室外沟槽施工工具、线槽、线管和桥架施工工具、线缆敷设工具和线缆测试工具准备。

(5) 施工环境检查

设备间、配线间检查，管路系统检查。

(6) 器材检验

型材、管材与铁件的检验，电缆、光缆的检验。

7.3.3　信息模块和配线架端接

信息模块的引针与电缆连接有两种方式,按照 T568B 标准接线还是按照 T568A 标准接线。在同一个布线工程中,一般只能使用一种连接方式。

1. 信息模块端接

每一个信息点都需要使用一个信息模块,用于连接用户计算机。

信息插座与模块嵌套在一起的,埋在墙中的网线是通过信息模块与外部网线进行连接的。墙内铺设的网线与信息模块的连接是通过把网线的 8 条芯线按规定卡入信息模块的对应线槽中而实现的。网线的卡入需要一种专用的打线工具,称为"打线钳",如图 7.5 所示。

图 7.5　各类打线钳

综合布线信息模块品种比较多,信息插座应在内部做固定线连接。信息插座的核心是模块化插座与插头的紧密配合。双绞线在与信息插座和插头连接时,必须按色标和线对顺序进行卡接。

信息插座在正常情况下具有较小的衰减和近端串扰以及插入电阻。如果连接不好,可能要增加链路衰减及近端串扰。因此,安装和维护的综合布线工程人员必须进行严格培训,才能掌握安装技术。

(1) 安装要求

① 信息插座应牢靠地安装在平坦的地方,外面有盖板。安装在活动地板或地面上的信息插座,应固定在接线盒内。插座面板有直立和水平等形式,接线盒有开启口,可防尘。

② 安装在墙体上的插座,应高出地面 30 cm,若地面采用活动地板,应加上活动地板内净高尺寸。固定螺钉需拧紧,不应有松动现象。

③ 信息插座应有标签,以颜色、图形、文字表示所接终端设备的类型。

(2) 信息模块端接方法

信息插座分为单孔和双孔,每孔都有一个 8 位/8 路插针。这种插座的高性能、小尺寸及模块化特点,为设计综合布线提供了灵活性。它采用了标明多种不同颜色电缆所连接的终端,保证了快速、准确的安装。如图 7.6 所示。

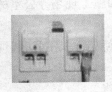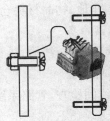

图 7.6　信息模块及端接

① 从信息插座底盒孔中将双绞电缆拉出 20~30 cm；

② 用环切器或斜口钳从双绞电缆剥除 10 cm 的外护套；

③ 取出信息模块，根据模块的色标分别把双绞线的 4 对线缆压到合适的插槽中；

④ 使用打线工具把线缆压入插槽中，并切断伸出的余缆；

⑤ 将制作好的信息模块扣入信息面板上，注意模块的上下方向；

⑥ 将装有信息模块的面板放到墙上，用螺钉固定在底盒上；

⑦ 为信息插座标上标签，标明所接终端类型和序号。

2. 配线架端接

下面以超 5 类模块化配线架为例讲述端接的具体过程，如图 7.7 所示。

① 先把配线架按顺序依次固定在标准机柜的垂直滑轨上，用螺钉上紧，每个配线架需配有 1 个 19 U 的配线管理架。在端接线对之前，首先要整理线缆。用带子将线缆缠绕在配线板的导入边缘上，最好是将线缆缠绕固定在垂直通道的挂架上，这可保证在电缆移动期间避免线对的变形。

图 7.7　配线架端接

② 从右到左穿过线缆，并按背面数字的顺序端接线缆。

③ 对每条线缆，切去所需长度的外皮，以便进行线对的端接。

④ 对于每一组连接块，设置线缆通过末端的保持器（或用扎带扎紧），这使得线对在电缆移动时不变形。

⑤ 当弯曲线对时，要保持合适的张力，以防毁坏单个的线对。

⑥ 线对要正确地安置到连接块的分开点上。这对于保证线缆的传输性能是很重要的。

⑦ 开始把线对按顺序依次放到配线板背面的索引条中。

⑧ 使用打线工具将线对压入配线模块并将伸出的导线头切断。

⑨ 将标签插到配线模块中，以标记此区域。

7.4　综合布线工程的项目管理

7.4.1　综合布线工程的组织管理

1. 工程管理

综合布线的工程管理需要完成从技术与施工设计、设备供货、安装调试验收到交付的全程服务，并能在进程和投资上进行有效的管理。

设计管理强调对整体综合布线技术从需求、方案、设计到具体实施中所出现的问题进行解决，大量涉及合同中产品数量、型号，因此，设计管理体现出对产品质量、费用控制、信息管理、合同管理、技术培训、技术交流和维护等内容的管理。

现场施工管理是综合布线系统与机电、土建单位联络的主要方式，重点做好安全工作。

为了更好地控制工程质量,要严格按照 ISO 9001 质量标准实施工程管理,在工程设计、进货及送货管理、施工控制、安装调度等方面有一个全面严格的质量管理方法和手段,来确保工程质量。

2.工程管理机构

根据综合布线工程特点和要求,设立相应的职能部门及管理机构。主要管理机构如下:

(1)工程总负责人

工程总负责人是负责工程的全面质量,监控整个工程的过程,并对重大问题做出决策。

(2)项目管理部

项目管理部为项目管理的最高职能机构,由项目承包项目管理部负责,办公室协助。

(3)项目经理部

项目经理部负责项目的所有设计、施工、测试和维护等工作。

7.4.2 综合布线工程的施工管理

1.现场管理措施

一般工程都对质量要求高,且工期紧,为确保该项工程优质安全地按计划完工,应该在领导力量配置、施工队伍选择、设备和材料采购及施工计划安排等方面做出相应规定。

① 加强组织领导;

② 加强施工计划安排;

③ 加强材料管理;

④ 加强安全管理;

⑤ 加强用电和高空作业管理。

2.现场施工要求

综合布线工程施工包括以下几个方面:

(1)图纸会审

认真做好图纸会审工作,对于减少施工图中的差错,保证和提高工程质量有非常重要的作用。

(2)施工管理

布线工程施工中坚持质量第一,确保安全施工,按计划和基建施工配合。编制现场施工管理文件和绘制综合布线施工图,根据具体项目布线系统的施工规模和工期调配好施工步骤,注意与承包方、装修方等的配合,以保证整个工程的顺利进行。

3.质量保证措施

一个好的布线系统除需要有好的系统设计外,安装和管理都很重要,布线时每个工序都要注意,需要有专业技术人员来做,才可以保证整个布线系统的质量。

① 重视质量检查;

② 严格按图纸施工;

③ 全面质量管理体制;

④ 建立技术岗位责任制;

⑤ 做好施工记录;

⑥ 严格材料管理；

⑦ 做好技术资料和文档工作。

4．安全保证措施

① 安全制度：项目经理是安全工作的第一责任者，现场设专职安全管理员来加强现场安全生产的监督检查；

② 安全计划：现场施工安全管理员应训练和指导施工人员进行安全保护措施；

③ 安全责任制。

5．成本控制措施

（1）施工前计划

① 制定实际合理且可行的施工方案，拟定技术员组织措施；

② 组织签订合理的工程合同与材料合同；

③ 做好项目成本计划。

（2）施工过程中的控制

① 降低材料成本；

② 节约现场管理费。

（3）工程实施完成的总结分析

工程实施完成后的总结分析是在坚持综合分析的基础上，及时检查、分析、修正和补充，以达到控制成本和提高效益的目标。

7.5　综合布线工程的测试与验收

7.5.1　综合布线工程测试技术

综合布线工程完成以后，下一步工作就是对整个布线系统进行测试和验收。

综合布线工程的测试和验收工作对于保证网络的应用需求十分重要。下面来介绍工程测试和验收的内容。

1．测试类型

布线测试可分为验证测试和认证测试。

（1）验证测试

电缆的验证测试是测试电缆的基本安装情况。它是边施工边测试，以便及时发现并纠正问题。局域网的安装是从电缆开始的，绝大多数的网络故障和电缆有关，因此要特别重视电缆的安装。

验证测试是要测试接线图和线缆长度等，所以不需要复杂的测试仪。

（2）认证测试

认证测试是测试工作中最重要的环节，是在工程验收时对布线系统的安装、电气特性、传输性能等的全面检验，是评价综合布线工程质量的科学手段。

认证测试指电缆除了正确的连接外，还要满足有关的标准，即安装好的电缆的电气参数是否达到有关规定所要求的指标。这类测试仪有 FLUKE 公司的电缆测试仪。如图 7.8 和图 7.9 所示。

　　图 7.8　FLUKE 电缆认证测试仪 　　　　　图 7.9　FLUKE 局域网电缆测

2．测试标准

国际标准化委员会 ISO/IEC 推出的布线测试标准有：ISO/IEC 11801-1995、ISO/IEC 11801-2000、ISO/IEC 11801-2002，其中 ISO/IEC 11801-2002 和 ANSI/TIA/EIA 568-B 已非常接近。

目前，常用的测试标准为美国国家标准协会 EIA/TIA 制定的 TSB-67、EIA/TIA-567A 等。

TSB-67 包含了验证 EIA/TIA-567 标准定义的 UTP 布线中的电缆与连接硬件的规范。

随着超 5 类、6 类系统标准制定和推广，EIA567 和 TSB-67 标准中已提供了超 5 类、6 类系统的测试标准。

我国于 2000 年推出《建筑与建筑群综合布线系统工程验收规范》（GB/T 50312—2000），该标准只制定到了 5 类综合布线工程施工及验收，6 类数据电缆产品标准（YD/T 1019—2001）于 2001 年 10 月才公布实施。

3．测试内容

综合布线工程测试内容主要包括 3 个方面：工作区到设备间的连通状况测试、主干线连通状况测试、跳线测试。每项测试内容主要测试以下参数：信息传输速率、衰减、距离、接线图、近端串扰等。

7.5.2　综合布线工程的验收

综合布线系统工程的验收规范已经颁布，验收依据主要参照中华人民共和国国家标准 GB/T 50312—2000《建筑与建筑群综合布线系统工程施工及验收规范》中描述的项目和测试过程进行，但具体综合布线系统工程的验收还应严格按下列原则和验收项目内容办理：

① 综合布线系统工程应按《大楼通信综合布线系统》（YD/T 926.1—1997）中规定的链路性能要求进行验收。

② 工程竣工验收项目的内容和方法应按《建筑与建筑群综合布线系统工程验收规范》（GB/T 50312—2000）的规定执行。

③ 综合布线系统缆线链路的电气性能验收测试应按《综合布线系统电气特性通用测试方法》（YD/T 1013—1999）中的规定办理。

④ 综合布线系统工程的验收除应符合上述规范外，还应符合我国现行的《本地网通信线路工程验收规范》（YD 5051—1997）和《通信管道工程施工及验收技术规范八修订本》

（YDJ 39—1997）中相关的规定。

　　⑤ 在综合布线系统的施工和验收中，如遇到上述各种规范未包括的技术标准和技术要求，为了保证验收，可按有关设计规范和设计文件的要求办理。

　　对综合布线系统的验收是设计方向建设方移交的正式手续。工程测试和验收是指根据工程的具体情况制定验收的内容，并且按照标准的要求对每一布线链路进行性能测试。

7.6　综合布线系统绘图软件

7.6.1　Visio 2010 简介

　　Visio 是 Microsoft Office 家族成员，是一套易学易用的图形处理软件，Visio 能够使专业人员和管理人员快捷灵活地制作各种建筑平面图、管理机构图、网络布线图、机械设计图、工程流程图、审计图及电路图等。同时，Visio 还提供了对 Web 页面的支持，用户可轻松地将所制作的绘图发布到 Web 页面上。此外，用户可在 Visio 用户界面中直接对其他应用程序文件进行编辑和修改。Visio 2010 界面如图 7.10 所示。

　　在任务窗格视图中，用鼠标单击某个类型的某个模板，即会自动产生一个新的绘图文档，文档的左边"形状"栏显示出极可能用到的各种图表元素——符号。

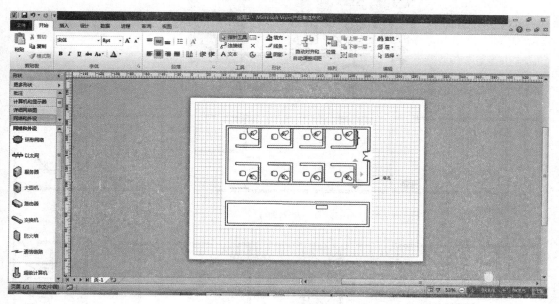

图 7.10　Visio 2010 界面

Visio 的特点：

　　① 易用的集成环境。Visio 使用的是我们熟悉的 Microsoft Office 环境，易学易用。

　　② 丰富的图表类型。任务窗格中有 Web 图、表格和图、电子工程、工艺工程、机械工程、建筑设计图、框图、流程图、软件、数据库、网络、项目计划图和组织结构图等。可按需选择图

表类型。

③ 直观的绘制方式。Visio 提供一种直观的方式来进行图表绘制,可通过程序预定义的图形轻易地组合出图表。

④ 在绘制图表时,用鼠标选择相应的模板,点击不同的类别,选择需要的形状,拖动符号到绘图文档上,加上一定的连接线,进行空间组合与图形排列对齐,再加上吸引人的边框、背景和颜色方案,步骤简单迅速、快捷方便。

⑤ 用户也可以对图形进行修改或者创建自己的图形以适应不同的业务和不同的需求。

7.6.2　Visio 2010 绘图

综合布线工程设计中,常用 Visio 绘制机架图、布线设计图、建筑物平面图等。如图 7.11 所示为机房机架图,如图 7.12 所示为建筑物平面图,如图 7.13 所示为布线设计图。

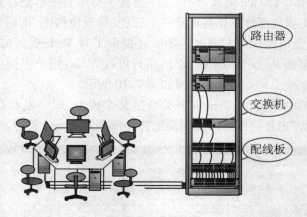

图 7.11　机架图

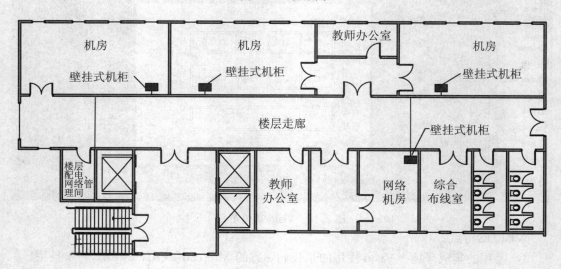

图 7.12　建筑物平面图

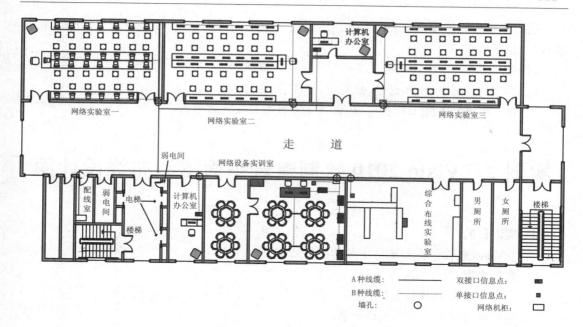

图 7.13　布线设计图

实训 1　认识布线器材与布线工具

1. 实训目的

通过实训认识综合布线工程中常用布线材料的品种与规格,并在工程中正确选购使用。

2. 实训内容

① 通过上网、上书店或图书馆查询资料等方式,了解布线器材与布线工具。

② 如有条件,可以进行实物演示和实地参观。

3. 实训环境

布线实验室、网络综合布线工地。

4. 实训步骤

① 让学生上"千家综合布线网"了解综合布线行业的情况。

② 查询"布线器材"和"布线工具",对它们的功能和性能有所了解。

③ 在网络实训室演示以下材料:

(a) STP 和 UTP 双绞线,在综合布线工程中最常用的有线通信传输介质,由两根具有绝缘保护层的铜导线组成。

(b) 单模和多模光纤、室内与室外光纤、单芯与多芯光纤。

光纤电缆是由一捆光导纤维组成,光导纤维是一种传输光束的细而柔韧的媒质(光纤)。光纤是数据传输中最高效的一种传输介质。

(c) 信息模块和免打信息模块、24 口配线架。

(d) ST 头、SC 头、光纤耦合器、光纤终端盒、光纤收发器等。

(e) 镀锌线槽及配件(水平三通、弯通、上垂直三通等),PVC 线槽及配件(阴角、阳角等),管,梯形桥架。

(f) 立式机柜、壁挂式机柜。

(g) 防蜡管、膨胀栓、标记笔、捆扎带、木锣钉、膨胀胶等。

④ 到网络综合布线工地参观,认识以上材料在工程中的使用。

实训 2 Visio 2010 绘制建筑平面图和布线设计图

1. 实训目的

使用 Visio 软件学会系统路由结构图的绘制。

2. 实训内容

① 熟悉 Visio 2010 绘图软件。

② 绘制建筑平面图和布线设计图。

3. 实训环境

装有 Visio 2010 软件的计算机实验室。

4. 实训步骤

① 打开 Visio 2010,在 Visio 界面中选择"建筑设计图"→"平面布置图"。

② 先布置后绘制。

③ 先将楼层分配好,然后绘制图形单元。

④ 可以直接使用图形元素,运用翻转的方法将其分配到相应的楼层中。

⑤ 再用绘图中的线条工具将各个图形单元连接起来。

⑥ 最后使用文本工具将文字写到相应的图形位置中。

习题

1. 选择题

(1) 智能建筑是多学科跨行业的系统技术与工程,它是现代高新技术的结晶,是建筑艺术与(　　)相结合的产物。

A. 计算机技术　　　　　　　　　　B. 科学技术

C. 信息技术　　　　　　　　　　　D. 通信技术

(2) 综合布线采用模块化的结构,按各模块的作用,可把综合布线划分为(　　)。

A. 3 个部分　　　　　　　　　　　B. 4 个部分

C. 5 个部分　　　　　　　　　　　D. 6 个部分

(3) 以太网 100BASE-TX 标准规定的传输介质是(　　)。

A. 3 类 UTP　　　　　　　　　　　B. 5 类 UTP

C. 单模光纤　　　　　　　　　　　D. 多模光纤

(4) 综合布线一般采用(　　)的拓扑结构。

A. 总线型　　　　　　　　　　　　B. 扩展树型

C. 环形　　　　　　　　　　　　　　　　D. 分层星形

(5) 机柜外形可分为立式、挂墙式和(　　)。

A. 落地式　　　　　　　　　　　　　　　B. 便携式

C. 开放式　　　　　　　　　　　　　　　D. 简易式

(6) 下列哪项不是综合布线系统工程中用户需求分析必须遵循的基本要求？(　　)

A. 确定工作区数量和性质

B. 主要考虑近期需求,兼顾长远发展需要

C. 制定详细的设计方案

D. 多方征求意见

(7) 以下标准中,哪项不属于综合布线系统工程常用的标准？(　　)

A. 日本标准　　　　　　　　　　　　　　B. 国际标准

C. 北美标准　　　　　　　　　　　　　　D. 中国国家标准

(8) 4 对双绞线中第 1 对的色标是(　　)。

A. 白－蓝/蓝　　　　　　　　　　　　　B. 白－橙/橙

C. 白－棕/棕　　　　　　　　　　　　　D. 白－绿/绿

(9) 综合布线工程施工一般来说都是分阶段进行,下列有关施工过程阶段的描述错误的是(　　)。

A. 施工准备阶段　　　　　　　　　　　　B. 施工阶段

C. 设备安装　　　　　　　　　　　　　　D. 工程验收

(10) 综合布线工程验收的 4 个阶段中,对隐蔽工程进行验收的是(　　)。

A. 开工检查阶段　　　　　　　　　　　　B. 随工验收阶段

C. 初步验收阶段　　　　　　　　　　　　D. 竣工验收阶段

2. 简答题

(1) 综合布线系统采用模块化结构,按照每个模块的作用,可以把综合布线系统划分为哪 6 个子系统？

(2) 简述双绞线的特点及主要应用环境。

(3) 简述综合布线系统的设计步骤。

(4) 简述综合布线工程施工应该遵循的基本要求。

(5) 综合布线的验收包括哪些工作？

第8章 局域网安全

 本章导读

随着计算机技术的迅速发展,在计算机上处理的业务也由局域网的内部业务处理、办公自动化等发展到复杂的内部网(Intranet)、企业外部网(Extranet)、全球互联网(Internet)的企业级计算机处理系统和世界范围内的信息共享和业务处理。在系统处理能力提高的同时,系统的连接能力也在不断地提高。但在处理能力和连接能力提高的同时,基于网络连接的安全问题也日益突出。

 本章要点

➢ 网络安全的目标和保护网络安全的主要技术手段;
➢ 防火墙的分类和体系结构和入侵检测系统 IDS;
➢ 虚拟专用网技术 VPN;
➢ 数字加密和数字认证技术;
➢ 网络病毒的知识和病毒防范措施。

8.1 局域网安全概述

8.1.1 网络安全的概念

1. 网络安全的定义

网络安全是指网络系统的硬件、软件及其系统中的数据受到保护,不因偶然的或者恶意的原因而遭受破坏、更改和泄露,系统连续、可靠和正常地运行,网络服务不中断。

网络安全从其本质上来讲就是网络上的信息安全。从广义上来说,凡是涉及网络上信息的保密性、完整性、可用性、真实性和可控性的相关技术和理论都是网络安全的研究领域。网络安全是一门涉及计算机科学、网络技术、通信技术、密码技术、信息安全技术、应用数学、数论、信息论等多种学科的综合性学科。

2. 网络安全的主要特征

网络安全应具有以下 5 个方面的特征:

（1）保密性

信息不泄露给非授权用户、实体或过程，或供其利用的特性。

（2）完整性

数据未经授权不能进行改变的特性，即信息在存储或传输过程中保持不被修改、不被破坏和丢失的特性。

（3）可用性

可被授权实体访问并按需求使用的特性，即当需要时能否存取所需的信息。例如网络环境下拒绝服务、破坏网络和有关系统的正常运行等都属于对可用性的攻击。

（4）可控性

对信息的传播及内容具有控制能力。

（5）可审查性

出现安全问题时提供依据与手段。

3．网络安全标准

针对日益严峻的网络安全形势，许多国家和标准化组织纷纷出台了相关的安全标准，我国也制定了相应的安全标准，这些标准既有很多相同的部分，也有各自的特点。其中以美国国防部制定的可信计算机安全标准（TCSEC）应用最为广泛。

我国常用的安全标准：

①《电子计算机系统安全规范》，1987 年 10 月；

②《计算机软件保护条例》，1991 年 5 月；

③《计算机软件著作权登记办法》，1992 年 4 月；

④《中华人民共和国计算机信息与系统安全保护条例》，1994 年 2 月；

⑤《计算机信息系统保密管理暂行规定》，1998 年 2 月；

⑥《关于维护互联网安全决定》，全国人民代表大会常务委员会通过，2000 年 12 月。

4．网络安全级别的分类

可信计算机系统评估准则《TCSEC-NCSC》是 1983 年公布的，1985 年公布了可信网络说明（TNI）；美国 TCSEC 标准是由美国国防部制定的。它将安全分为 4 个方面：安全政策、可说明性、安全保障和文档。

可信计算机系统评估准则将计算机系统安全等级分为 4 类 7 个等级，即 D、C1、C2、B1、B2、B3 与 A1。

① D 级。

② C1 级。C 级有两个安全子级别：C1 和 C2。其中，C1 级又称选择性安全保护。

③ C2 级。除了 C1 级包含的特性外，C2 级别应具有访问控制环境（Controlled-Access Environment）权力。

④ B1 级。B 级中有 3 个级别，B1 级即标志安全保护是支持多级安全的第一个级别。

⑤ B2 级。B2 级，又叫作结构保护，它要求计算机系统中所有的对象都要加上标签，是提供较高安全级别的对象与较低安全级别的对象相通信的第一个级别。

⑥ B3 级。B3 级或又称安全域级别，使用安装硬件的方式来加强域的安全。

⑦ A 级。A 级或又称验证设计是当前橙皮书的最高级别，它包括了一个严格的设计、控制和验证过程。

7 个等级中，D 级系统的安全要求最低，A1 级系统的安全要求最高。

8.1.2 局域网面临的威胁

1. 威胁数据完整性的主要因素

（1）硬件故障

硬件故障包括电源故障、介质故障、设备故障以及芯片和主板故障等。例如：路由器是内部网络与外界通信出口。一旦黑客攻陷路由器，那么就掌握了控制内部网络访问外部网络的权力。

（2）网络故障

网络故障是指由网卡或驱动程序故障、网络设备和线路引起的网络连接问题以及辐射引起的工作不稳定等故障。

（3）逻辑问题

软件错误、物理或网络问题可能导致文件损坏，操作系统本身的不完善造成的错误，不恰当的用户操作也会导致故障等。例如 Windows 系统中，未及时安装补丁、开启不必要的服务、管理员口令设置不正确和默认共享漏洞等。Linux 系统中，账号与口令不安全、NFS 文件系统漏洞、作为 root 运行的程序不安全等。

（4）人员因素

人员因素是安全问题的薄弱环节，必须对用户进行必要的安全教育，选择有较高责任心的人做网络管理员，制订出具体措施，提高安全意识。例如对企业不满的员工以及对安全不了解的员工均能造成局域网的威胁。

（5）灾难因素

灾难因素包括火灾、水灾、地震、事故等自然灾害和人为破坏。

2. 威胁数据保密性的主要因素

（1）直接威胁

如偷窃、窃取或对网络设备以及信息资源进行非正常使用或超越权限使用等。

（2）线缆连接

通过线路或电磁辐射进行网络接入，借助一些工具软件进行窃听、登录专用网络、冒名顶替等。

（3）身份鉴别

主要指利用各种假冒或欺骗的手段非法获得合法用户的使用权，以达到占用合法用户资源的目的。

（4）恶意程序

通过恶意程序进行数据破坏，如病毒和木马。

（5）系统漏洞

操作系统本身存在漏洞，造成不安全的服务。

8.1.3 局域网安全的目标

局域网安全的目标是指通过采用各种技术和管理措施，使局域网系统正常运行，从而确保局域网数据的保密性、完整性、可用性、可靠性、可控性和真实性，以达到经过网络传输和交换的数据不会被增加、修改、丢失和泄露的目的。网络安全策略的目标是保护这些资源不被有意或无意的误用，以及抵御网络黑客的威胁和各种计算机网络病毒的攻击。

保密性是指网络信息不被泄露给非授权的用户、实体，以避免信息被非法利用。有些网络信息可能认为是私有的或保密的，网络安全机制必须对这些信息进行恰当的规定并且对它们的访问进行控制。

完整性是指网络信息未经授权不能被改变，计算机网络系统和它所保持的信息必须保持完整和可靠。

可用性是网络信息可被授权实体访问并合法使用的特性，当网络用户需要时，计算机网络系统和它所拥有的最重要的信息必须可用。

可靠性是指网络信息系统能够在规定时间和条件下完成规定的功能，保证计算机网络系统让所有的网络用户都能可靠地访问到各种网络资源。

可控性是对网络信息的传播及内容具有控制能力的特性。

真实性是指在网络信息系统的信息交互过程中，确信参与者的真实统一性。

8.1.4　局域网安全体系

局域网安全体系应包括以下几个方面：

（1）访问控制

访问控制根据主体和客体之间的访问授权关系，对访问过程做出限制，可分为自主访问控制和强制访问控制。自主访问控制主要基于主体的活动，实施用户权限管理、访问属性（读、写及执行）管理等。强制访问控制则强调对每一主、客体进行密级划分，并采用敏感标识来标识主、客体的密级。

（2）检查安全漏洞

通过对安全漏洞的周期检查，即使攻击可到达攻击目标，也可使绝大多数攻击无效。

（3）攻击监控

通过对特定网段、服务建立的攻击监控体系，可实时检测出绝大多数攻击，并采取相应的行动（如断开网络连接、记录攻击过程、跟踪攻击源等）。

（4）加密通信

主动的加密通信，可使攻击者不能了解、修改敏感信息。

（5）认证

身份认证主要是通过标识和鉴别用户的身份，防止攻击者假冒合法用户获取访问权限。良好的认证体系可防止攻击者假冒合法用户。

（6）备份和恢复

良好的备份和恢复机制，可在攻击造成损失时，尽快地恢复数据和系统服务。

（7）多层防御

攻击者在突破第一道防线后，延缓或阻断其到达攻击目标。

（8）隐藏内部信息

使攻击者不能了解系统内的基本情况。

（9）设立安全监控中心

为信息系统提供安全体系管理、监控以及紧急情况服务。

8.1.5　局域网安全措施

网络中存在许多安全隐患,为了有效地进行防范和控制,需要使用相关的技术和措施来确保网络信息的保密性、完整性和可用性,维护网络的正常运行。

1. 防火墙技术

网络防火墙技术是一种用来加强网络之间访问控制,防止外部网络用户以非法手段进入内部网络访问网络资源,以保护内部网络操作环境的特殊网络互联技术。防火墙技术是目前使内部网络和服务器免遭黑客袭击的有效手段之一。

2. 加强主机安全

对于主机,要加强主机认证、权限和访问控制,加强口令管理和删除一些危险的服务。操作系统和各类软件自身设计上的漏洞往往成为网络系统的安全隐患,因此需要不定期升级系统,安装软件补丁。

3. 加密和认证技术

加密技术是最基本的安全技术,主要功能是提供机密性服务。认证主要包括身份认证和消息认证,允许用户在其权限范围内访问其可以访问的数据信息。

4. 入侵检测系统

入侵检测系统是用来检测计算机网络上的异常活动,确定这些活动是否是敌意的或未经批准的,并做出适当的反应。

5. 虚拟专用网(VPN)

虚拟专用网利用公共网络替代传统专线而在企业中进行网络互联,在减轻企业费用的同时还具有数据安全、管理方便的特点。

6. 防病毒软件

多数计算机病毒借助于网络进行传播,速度快、范围广、危害大,因此,为预防病毒和及时发现病毒,应安装防病毒软件。

8.2　防火墙技术

8.2.1　防火墙概述

1. 防火墙的概念

防火墙起源于一种古老的安全防护措施。防火墙技术就是一种保护计算机网络安全的技术性措施,是在内部网络和外部网络之间实现控制策略的系统,它包括硬件和软件。设置防火墙的目的主要是为了保护内部网络资源不被外部非授权用户使用,防止内部受到外部非法用户的攻击。如图 8.1 所示。

防火墙分为硬件防火墙和软件防火墙。硬件防火墙是通过硬件和软件的结合来达到隔离内、外部网络的目的的,价格较贵,但效果较好,一般小型企业和个人很难实现。软件防火

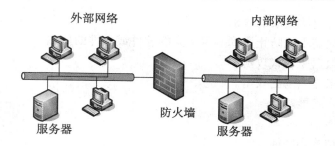

图 8.1　防火墙示意图

墙是通过软件的方式来达到的,价格很便宜,但这类防火墙只能通过一定的规则来达到限制一些非法用户访问内部网的目的。

2. 防火墙的发展历史

（1）第一代防火墙

采用了包过滤（Packet Filter）技术。

（2）第二、三代防火墙

1989 年,推出了电路层防火墙和应用层防火墙的初步结构。

（3）第四代防火墙

1992 年,开发出了基于动态包过滤技术的第四代防火墙。

（4）第五代防火墙

1998 年,NAI 公司推出了一种自适应代理技术,可以称之为第五代防火墙。

3. 防火墙的主要功能

（1）过滤不安全服务和非法用户

通过过滤,禁止未授权的用户访问受保护网络。

（2）控制对特殊站点的访问

防火墙可以允许受保护网的一部分主机被外部网访问,而另一部分被保护起来,防止不必要访问。如受保护网中的 Mail、FTP、WWW 服务器等可允许被外部网访问,而其他网络的访问则被主机禁止。有的防火墙同时充当对外服务器,而禁止对所有受保护网内主机的访问。

（3）提供监视 Internet 安全和预警的方便端点

防火墙可以记录下所有通过它的访问,并提供网络使用情况的统计数据。

（4）防止内部网络信息的外泄

利用防火墙对内部网络的划分,可实现内部网重点网段的隔离,从而限制重点或敏感网络安全问题对整个内部网络造成的影响。

（5）地址转换

NAT（Network Address Translation）的功能是指负责将其私有的 IP 地址转换为合法的 IP 地址（即经过申请的 IP 地址）进行通信。在一个网络内部,根据需要可以随意设置私有 IP 地址,而当内部的计算机要与外部 Internet 网络进行通信时,具有 NAT 功能的设备可以实现地址转换的功能,管理员可以决定哪些 IP 地址需要映射成能够接入 Internet 的有效地址,哪些地址被屏蔽掉,不能接入 Internet。

4. 防火墙的局限性

影响网络安全的因素很多,防火墙的局限性主要有以下几点:

① 不能防范绕过防火墙的攻击。

② 一般的防火墙不能防止受到病毒感染的软件或文件的传输。

③ 不能防止数据驱动式攻击。

④ 难以避免来自内部的攻击。

5．防火墙技术发展趋势

① 优良的性能。

② 可扩展的结构和功能。

③ 简化的安装与管理。

④ 主动过滤。

⑤ 防病毒与防黑客。

8.2.2　防火墙分类

目前的防火墙产品有很多,但是从其采用的技术来看主要包括包过滤技术和应用代理技术两类,实际的防火墙产品是由这两种技术演变扩充或组合形成的。下面来介绍这两种防火墙技术。

1．包过滤防火墙

包过滤防火墙工作在网络层,它是一种保安机制,控制哪些数据包可以进出网络而哪些数据包应被网络拒绝。一个文件要穿过网络,必须将文件分成小块,每小块文件单独传输。把文件分成小块的做法主要是为了让多个系统共享网络,每个系统可以依次发送文件块。在 IP 网络中,这些小块被称为包。所有的信息传输都是以包的方式来实施的。

采用这种技术的防火墙产品,通过在网络中的适当位置对数据包进行过滤,根据检查数据流中每个数据包的源地址、目的地址、所有的 TCP 端口号和 TCP 链路状态等要素,然后依据一组预定义的规则,以允许合乎逻辑的数据包通过防火墙进入到内部网络,而将不合乎逻辑的数据包加以删除。

（1）包过滤技术可以允许或不允许某些包在网络上传递

包过滤技术可以允许或不允许某些包在网络上传递,它依据的判据是将包的目的地址作为判据;将包的源地址作为判据;将包的传送协议作为判据。

（2）数据包过滤技术的发展：静态包过滤、动态包过滤

静态包过滤：一般防火墙的包过滤的过滤规则是在启动时配置好的,只有系统管理员可以修改,是静态存在的,称为静态规则,利用静态包过滤规则建立的防火墙叫做静态包过滤防火墙。

动态包过滤：这种防火墙对通过其建立的每一个连接都进行跟踪,并且根据需要可动态的在过滤规则中增加或更新条目。

（3）包过滤的优缺点

包过滤方式有许多优点,而其主要优点之一是仅用一个放置在重要位置上的包过滤路由器就可保护整个网络。如果我们的站点与互联网间只有一台路由器,那么不管站点规模有多大,只要在这台路由器上设置合适的包过滤,站点就可获得很好的网络安全保护。

包过滤的缺点是在机器中配置包过滤规则比较困难;对系统中的包过滤规则的配置进行测试也较麻烦;许多产品的包过滤功能有这样或那样的局限性,要找一个比较完整的包过

滤产品比较困难。

（4）包过滤路由器的配置

在配置包过滤路由器时，我们首先要确定哪些服务允许通过而哪些服务应被拒绝，并将这些规定翻译成有关的包过滤规则。

2. 应用代理防火墙

应用代理防火墙也叫应用代理网关防火墙。网关是指在两个设备之间提供转发服务的系统。这种防火墙能彻底隔断内外网络的直接通信，内网用户对外网的访问变成防火墙对外网的访问。所有通信都必须经应用层代理软件转发，所有访问者都不能与服务器建立直接的 TCP 连接，应用层的协议会话过程必须符合代理的安全策略要求。

（1）代理防火墙的原理

代理服务的条件是具有访问互联网能力的主机才可以作为那些无权访问互联网的主机的代理，这样使得一些不能访问互联网的主机通过代理服务也可以完成访问互联网的工作。

代理防火墙也叫应用层网关（Application Gateway）防火墙。这种防火墙通过一种代理（Proxy）技术参与到一个 TCP 连接的全过程。从内部发出的数据包经过这样的防火墙处理后，就好像是源于防火墙外部网卡一样，从而可以达到隐藏内部网结构的作用。它的核心技术就是代理服务器技术。

代理服务器是指代表客户处理在服务器连接请求的程序。当代理服务器得到一个客户的连接意图时，它们将核实客户请求，并经过特定的安全化的 Proxy 应用程序处理连接请求，将处理后的请求传递到真实的服务器上，然后接收服务器应答，并做进一步处理后，将答复交给发出请求的最终客户。代理服务器在外部网络向内部网络申请服务时发挥了中间转接的作用。

（2）代理技术的优点

① 代理易于配置。

② 代理能生成各项记录。

③ 代理能灵活、完全地控制进出流量、内容。

④ 代理能过滤数据内容。

⑤ 代理能为用户提供透明的加密机制。

⑥ 代理可以方便地与其他安全手段集成。

（3）代理技术的缺点

① 代理速度较路由器的慢。

② 代理对用户不透明。

③ 对于每项服务，代理可能要求不同的服务器。

④ 代理服务不能保证免受所有协议弱点的限制。

⑤ 代理不能改进底层协议的安全性。

3. 两种防火墙技术的对比

包过滤防火墙和应用代理防火墙比较如表 8.1 所示。

表 8.1　包过滤防火墙和应用代理防火墙比较表

	包过滤防火墙	代理防火墙
优点	价格较低	内置了专门为了提高安全性而编制的 Proxy 应用程序,能够透彻地理解相关服务的命令,对来往的数据包进行安全化处理
	性能开销小,处理速度较快	安全,不允许数据包通过防火墙,避免了数据驱动式攻击的发生
缺点	定义复杂,容易出现因配置不当带来的问题	速度较慢,不太适用于高速网(ATM 或千兆位 Intranet 等)之间的应用
	允许数据包直接通过,容易造成数据驱动式攻击的潜在危险	
	不能理解特定服务的上下文环境,相应控制只能在高层由代理服务和应用层网关来完成	

8.2.3　防火墙体系结构

1. 双宿主主机体系结构

双重宿主主机至少有两个网络接口,可以充当与这些接口相连的网络之间的路由器;它能够从一个网络到另一个网络发送 IP 数据包。然而,实现双重宿主主机的防火墙体系结构禁止这种发送功能。因而,IP 数据包从一个网络(例如外部网)并不是直接发送到其他网络(例如内部的被保护的网络)。防火墙内部的系统能与双重宿主主机通信,同时防火墙外部的系统能与双重宿主主机通信,但是这些系统不能直接互相通信。它们之间的 IP 通信被完全阻止。如图 8.2 所示。

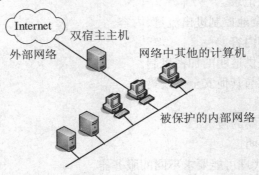

图 8.2　双重宿主主机体系结构

2. 主机过滤体系结构

这种结构由硬件和软件共同完成,硬件主要是指路由器,软件主要是指过滤器,它们共同完成外界计算机访问内部网络时从 IP 地址或域名上的限制,也可以指定或限制内部网络访问 Internet。路由器仅对主机的特定的 PORT(端口)上数据通讯加以路由,而过滤器则执行筛选、过滤、验证及其安全监控,这样可以在很大程度上隔断内部网络与外部网络之间不正常的访问登录,如图 8.3 所示。

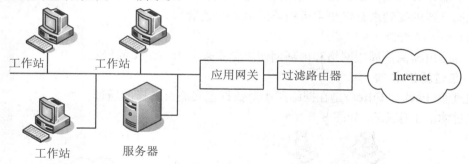

工作站　　工作站

工作站　　服务器

应用网关　过滤路由器　Internet

图 8.3　主机过滤体系结构

3．子网过滤体系结构

子网过滤体系结构添加了额外的安全层到主机过滤体系结构中,即通过添加周边网络,更进一步地把内部网络与 Internet 网络隔离开,如图 8.4 所示。

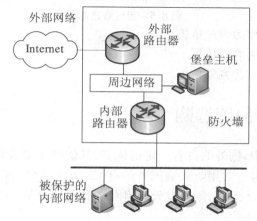

外部网络

Internet

外部路由器

周边网络

堡垒主机

内部路由器

防火墙

被保护的内部网络

图 8.4　子网过滤体系结构

（1）周边网络

周边网络是另一个安全层,是在外部网络与用户的被保护的内部网络之间的附加的网络。如果侵袭者成功地侵入用户的防火墙的外层领域,周边网络就在那个侵袭者与用户的内部系统之间提供一个附加的保护层。

（2）堡垒主机

堡垒主机是一种被强化的可以防御进攻的计算机,被暴露于互联网之上,作为进入内部网络的一个检查点,以达到把整个网络的安全问题集中在某个主机上解决,从而省时省力,不用考虑其主机安全的目的。堡垒主机是网络中最容易受到侵害的主机,所以堡垒主机也必须是自身保护最完善的主机。

（3）内部路由器

内部路由器保护内部的网络使之免受 Internet 和周边网络的侵犯,为用户的防火墙执行大部分的数据包过滤工作,它允许从内部网到 Internet 的有选择的出站服务,这些服务是用户的站点能使用数据包过滤而不是代理服务安全支持和安全提供的服务。

内部路由器所允许的在堡垒主机和用户的内部网之间服务可以不同于内部路由器所允

许的在 Internet 和用户的内部网之间的服务。限制堡垒主机和内部网之间服务的理由是减少由此而导致的受到来自堡垒主机侵袭的机器的数量。

（4）外部路由器

外部路由器保护周边网络和内部网使之免受来自 Internet 的侵犯。

4. 包过滤技术

包过滤（Packet Filter）是在网络层中对数据包实施有选择的通过。

包过滤的工作原理，如图 8.5 所示。

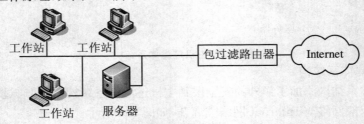

图 8.5　包过滤技术

① 将包的目的地址作为判断依据。

② 将包的源地址作为判断依据。

③ 将包的传送协议作为判断依据。

8.2.4　防火墙产品的选购

目前的防火墙产品中，国外的占有一定的优势，其优势主要表现在技术和知名度上，而国内的在价格上具有优势。常用防火墙国外的有 Cisco 防火墙、3COM 的 SuperStack 防火墙、ISA Server 和 NetScreen 等，国内有天融信网络卫士 NGFW4000、东软的 Neteye 3.2 和联想等。

1. 防火墙性能指标

（1）吞吐量

吞吐量是指防火墙在不丢包的情况下能够达到的最大包转发速率。吞吐量越大，说明防火墙数据处理能力越强。

（2）延迟

延迟是指防火墙转发数据包的延迟时间，延迟越低，防火墙数据处理速度也越快。

（3）丢包率

丢包率是指在正常稳定网络状态下，应该被转发由于缺少资源而没有被转发的数据包占全部数据包的百分比。较低的丢包率，意味着防火墙在强大的负载压力下，能够稳定地工作，以适应各种网络的复杂应用和较大数据流量对处理性能的高要求。

（4）平均无故障时间

平均无故障时间（MTBF）是指防火墙连续无故障正常运行的平均时间。

（5）并发连接数

并发连接数是防火墙能够同时处理的点对点连接的最大数目，它反映出防火墙设备对多个连接的访问控制能力和连接状态跟踪能力，这个参数的大小直接影响到防火墙所能支持的最大信息点数。

（6）最大连接速率

最大连接速率是指在指定时间内防火墙能成功建立的最大连接数目。

2. 防火墙的选购

防火墙作为网络安全体系的基础和核心控制设备，贯穿于受控网络通信主干线，对通过受控干线的任何通信行为进行安全处理，同时也承担着繁重的通信任务。由于其自身处于网络系统中的敏感位置，还要面对各种安全威胁，因此，选用一个安全、稳定和可靠的防火墙产品是非常重要的。

（1）安全性

防火墙自身的安全性主要体现在自身设计和管理两个方面。设计的安全性关键在于操作系统，只有自身具有完整信任关系的操作系统才可以谈论系统的安全性。而应用系统的安全是以操作系统的安全为基础的，同时防火墙自身的安全实现也直接影响整体系统的安全性。防火墙安全指标最终可归结为以下两个问题：

① 防火墙是否基于安全的操作系统；

② 防火墙是否采用专用的硬件平台。

只有基于安全的操作系统并采用专用硬件平台的防火墙才能保证防火墙自身的安全。

（2）稳定性

对一个成熟的产品来说，系统的稳定性是最基本的要求。目前，由于种种原因，国内有些防火墙尚未最后定型或经过严格的大量测试就被推向了市场，这样一来其稳定性就可想而知了。相信没有一个网管人员愿意把自己的网络作为防火墙的测试平台。防火墙的稳定性情况从厂家的宣传材料中是看不出来的，但可以从实际调查、试用、国家权威的测评认证机构检测报告、厂商的实力等几个方面综合考虑。

（3）高效性

高效性是防火墙的一个重要指标，它直接体现了防火墙的可用性，也体现了用户使用防火墙所需付出的安全代价。如果由于使用防火墙而带来了网络性能较大幅度地下降，就意味着安全代价过高，用户是无法接受的。

（4）可靠性

可靠性对防火墙类访问控制设备来说尤为重要，其直接影响受控网络的可用性。从系统设计上，提高可靠性的措施一般是提高本身部件的强健性、增大设计阈值和增加冗余部件，这要求有较高的生产标准和设计冗余度。

（5）灵活性

对通信行为的有效控制，要求防火墙设备有一系列不同级别，满足不同用户的各类安全控制需求的控制注意。控制注意包括有效性、多样性、级别目标的清晰性、制定的难易性和经济性等，体现着控制注意的高效和质量。例如对普通用户，只要对 IP 地址进行过滤即可。如果是内部有不同安全级别的子网，有时则必须允许高级别子网对低级别子网进行单向访问。如果还有移动用户，如出差人员，还要求能根据用户身份进行过滤。

（6）配置方便性

具有简洁安装方法的防火墙是支持透明通信的防火墙，它依旧接在网络的入口和出口处，但是在安装时不需要改动配置，所做的工作只相当于接一个网桥或 Hub。需要时，两端一连线就可以工作；不需要时，将网线恢复原状即可。

目前，市场上支持透明方式的防火墙较多，在选购时需要仔细鉴别。大多数防火墙只能工作于透明方式或网关方式,只有极少数防火墙可以工作于混合模式,即可以同时作为网关和网桥,后一种防火墙在使用时显然具有更大的方便性。

配置方便性的另一个方面是管理的方便性。网络设备和桌面设备不同,界面的美观不代表方便性,90%的 Cisco 路由器就是通过命令进行管理的。在选择防火墙时也应该考察它是否支持串口终端管理。

(7) 管理简便性

对于防火墙,除安全控制注意不断调整外,业务系统访问控制的调整也很频繁,这些都要求防火墙的管理在充分考虑安全需要的前提下,必须提供方便灵活的管理方式和方法,这通常体现为管理途径、管理工具和管理权限。

防火墙设备首先是一个网络通信设备,管理途径的提供要兼顾网络设备的管理方式。现实情况下,安全管理员大多由网管人员兼任,因此,管理方式还要适合网管人员管理的操作习惯,管理工具主要为 GUI 类管理器,用它管理很直观,这对于设备的初期管理和不太熟悉的管理人员来说是一种有效的管理方式。权限管理是管理本身的基础,但是严格的权限认证可能会带来管理方便性的降低。

(8) 抵抗拒绝服务攻击

在当前的网络攻击中,拒绝服务攻击是使用频率最高的方法。拒绝服务攻击可以分为两类:一类是由操作系统或应用软件本身设计或编程上的缺陷造成的,由此带来的攻击种类很多,只有通过打补丁的办法才能解决;另一类是由 TCP/IP 协议本身的缺陷造成的,只有少数的几种,但危害性非常大,如 SynFlooding 等。

要求防火墙解决第一类攻击显然是强"人"所难。系统缺陷和病毒不同,没有病毒码可以作为依据,因此在判断到底是不是攻击时常常出现误报现象。防火墙能做的是对付第二类攻击,当然要彻底解决这类攻击也是很难的。抵抗拒绝服务攻击应该是防火墙的基本功能之一。目前,有很多防火墙号称可以抵御拒绝服务攻击,实际上严格地说,它应该是可以降低拒绝服务攻击的危害而不是抵御这种攻击。因此在采购防火墙时,网管人员应该详细考察这一功能的真实性和有效性。

(9) 针对用户身份进行过滤

防火墙过滤报文时,是针对 IP 地址进行过滤的。防火墙需要一个针对用户身份而不是 IP 地址进行过滤的办法。目前,防火墙上常用的是一次性口令验证机制,通过特殊的算法,保证用户在登录防火墙时,口令不会在网络上泄露,这样防火墙就可以确认登录上来的用户确实和它所声称的一致。

(10) 可扩展性和升级性

用户的网络是经常变化的,现在可能主要是在公司内部网和外部网之间做过滤,随着业务的发展,公司内部可能具有不同安全级别的子网,这就需要在这些子网之间做过滤。目前,市面上的防火墙一般需要配 3 个网络接口,分别接外部网、内部网和安全服务器网络(SSN)。因此,在购买防火墙时必须问清楚,是否可以增加网络接口,因为有些防火墙设计成只支持 3 个接口的,不具有扩展性。

(11) 协同工作能力

防火墙只是一个基础的网络安全设备,它不代表网络安全防护体系的全部,通常它需要与防病毒系统和入侵检测系统等安全产品协同配合,才能从根本上保证整个系统的安全,所以在选购防火墙时就要考虑它是否能够与其他安全产品协同工作。如何检验它是否具有这个能力呢？通常是看它是否支持 OPSEC(开放安全结构)标准,通过这个接口与入侵检测系统协同工作,通过 CVP(内容引导协议)与防病毒系统协同工作。

综上所述,是否具有满足以上要求的综合管理方式是网管人员在选择防火墙时需要重点考察的内容。

8.3　入侵检测系统

8.3.1　入侵检测的基本概念

入侵是指某人尝试进入一个系统,访问未经授权的资源,或者利用系统漏洞获得系统的最高权限的非法行为。

入侵检测是通过对特定行为的分析检测到对系统的闯入,进行入侵检测的软件和硬件的组合即为入侵检测系统(IDS)。

从专业角度讲,入侵检测系统依照一定的安全策略,对网络、系统的运行状态进行监视,尽可能发现各种攻击企图、攻击行为或者攻击结果,以保证网络系统资源的机密性、完整性和可用性。

在本质上,入侵检测系统是一个典型的"窥探设备"。它不需要跨接多个物理网段,无需转发任何流量,只需要在网络上被动地、无声息地收集它所关心的报文。提取相应的流量统计特征值,并利用内置的入侵知识库,与这些流量特征进行智能分析比较匹配。根据预设的阀值,匹配耦合度较高的报文流量将被认为是进攻,入侵检测系统将根据相应的配置进行报警或有限度的反击。

入侵检测系统处于防火墙之后,对网络活动进行实时检测,如图 8.6 所示。

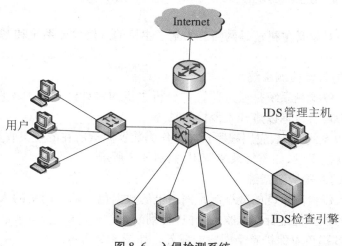

图 8.6　入侵检测系统

8.3.2　入侵检测系统工作原理

入侵检测系统的工作原理如图 8.7 所示。

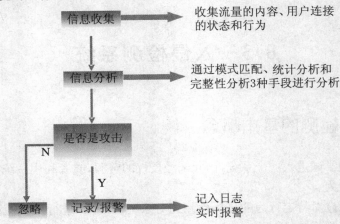

图 8.7　入侵检测系统的工作原理

1.信息收集

信息收集包括网络流量的内容、用户连接活动的状态和行为。

2.信息分析

对收集的信息通过 3 种技术手段进行分析,即模式匹配、统计分析和完整性分析。其中前两种方法用于实时的入侵检测,而完整性分析则用于事后分析。

3.记入日志、实时报警

实时检测系统根本的任务是要对入侵行为做出适应的反应。

8.3.3　入侵检测系统分类

根据其监测的对象是主机还是网络分为基于主机的入侵检测系统和基于网络的入侵检测系统。

1.基于主机的入侵检测系统

基于主机的入侵检测系统是通过监视与分析主机的审计记录检测入侵,入侵者会将主机审计子系统作为攻击目标以避开入侵检测系统。

主机 IDS 是以系统日志、应用程序日志等作为数据源从所在的主机收集信息进行分析。当然也可以通过其他手段,如监督系统调用,如图 8.8 所示。

2.基于网络的入侵检测系统

基于网络的入侵检测系统的数据源是网络上的数据包。基于网络的入侵检测系统通过对所有本网段内的数据包进行信息收集,并进行判断。

一般网络 IDS 担负着保护整个网段的任务。如图 8.9 所示。

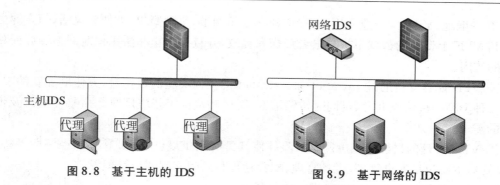

图 8.8　基于主机的 IDS　　　　　图 8.9　基于网络的 IDS

3. 两种 IDS 比较

主机 IDS 与网络 IDS 可以相互补充,互补各自的缺陷,如表 8.2 所示。

表 8.2　主机 IDS 与网络 IDS 的比较

IDS 类型	优　　点	缺　　点
主机 IDS	检测一个可能攻击的成功或失败。对出入主机的数据有明确的理解,更侧重于专用系统不受带宽或数据加密的限制	依赖于操作系统/平台,不能支持所有的操作系统。 影响主机系统的可用资源。 每台主机都部署代理时,价格昂贵
网络 IDS	保护所监视网段的所有主机,比较经济。 与操作系统无关,对主机没有影响,运行时对主机透明。 对一些低层攻击很有效,如网络扫描和 DoS 攻击	在交换环境中部署存在问题。 网络流量可能使网络 IDS 系统负荷过重。 对单个数据包攻击以及对隐藏在加密数据包中的攻击无法检测

最有效的 IDS 部署方法是先使用网络 IDS,这是因为它易于扩展、有较广的网络覆盖范围。另外,它不需要过多的机构内部协调,对网络和主机基本没有影响或者影响极小。如果只有少量的服务器需要防护,可采用主机 IDS。

8.4　虚拟专用网技术

VPN(Virtual Private Network)就是虚拟专用网络,它能够利用 Internet 网络或其他公共互联网络的基础设施为用户创建一条专用的虚拟通道,并提供与专用网络一样的安全和功能保障。

8.4.1　VPN 概述

VPN 的核心就是利用公共网络建立虚拟私有网。

1. VPN 的特点

① VPN 是虚拟的,它是利用现有公共网络,通过资源配置而成的虚拟网络,是一种逻辑上的网络。

②　一般地，VPN 为企业所用，直接构建在公用网上，实现简单、方便和灵活，但企业必须确保其 VPN 上传送的数据不被攻击者窥探和篡改，并且要防止非法用户对网络资源或私有信息的访问。

③　VPN 能够支持通过 Intranet 和 Extranet 的任何类型的数据流，方便增加新的节点，支持多种类型的传输媒介，满足同时传输语音、图像和数据等新应用对高质量传输以及带宽增加的需求。

④　VPN 管理的目标为减少网络风险并使其具有高扩展性、高可靠性和经济性等特点。VPN 管理主要包括安全管理、设备管理、配置管理和访问控制列表管理等。

2. VPN 与传统专线连接方式相比较的优点

①　费用低、不需要租用远程专用线路，也不需要远程拨号接入单位内网。

②　结构灵活，VPN 可灵活方便地组建和扩充节点，只需要通过软件配置就可以方便灵活地增加、删除 VPN 用户。

③　管理简单，可以不必过多地管理运营商提供的电信网络，而把管理核心放在企业核心业务的管理方面。

④　利用虚拟隧道技术提供网络连接使拓扑结构很简单。

8.4.2　VPN 技术

基于公共网的 VPN 通过隧道技术、数据加密技术以及 QoS 机制，使得企业能够降低成本、提高效率、增强安全性。

1. 隧道技术

隧道技术是原始报文在 A 地进行封装，到达 B 地后把封装去掉还原成原始报文，这样就形成了一条由 A 到 B 的通信隧道。目前实现隧道技术的有一般路由封装（Generic Routing Encapsulation，GRE）、L2TP（二层隧道协议）和 PPTP（点到点隧道协议）。

（1）GRE

GRE 主要用于源路由和终路由之间所形成的隧道。GRE 隧道用来建立 VPN 有很大的吸引力。从体系结构的观点来看，VPN 就像是通过普通主机网络的隧道集合。普通主机网络的每个点都可利用其地址以及路由所形成的物理连接，配置成一个或多个隧道。在 GRE 隧道技术中，入口地址用的是普通主机网络的地址空间，而在隧道中流动的原始报文用的是 VPN 的地址空间，这样反过来就要求隧道的终点应该配置成 VPN 与普通主机网络之间的交界点。

GRE 方法的好处是使 VPN 的路由信息从普通主机网络的路由信息中隔离出来，多个 VPN 可以重复利用同一个地址空间而没有冲突，这使得 VPN 从主机网络中独立出来，从而满足了 VPN 的关键要求：可以不使用全局唯一的地址空间。

GRE 隧道技术是用在路由器中的，可以满足 Extranet VPN 以及 Intranet VPN 的需求。

（2）L2TP 和 PPTP

L2TP 是 L2F（Layer 2 Forwarding）和 PPTP 的结合。但是由于 PC 机的桌面操作系统包含着 PPTP，因此 PPTP 仍比较流行。隧道的建立有两种方式即："用户初始化"隧道和

"NAS 初始化"(Network Access Server)隧道。前者一般指主动隧道,后者指强制隧道。主动隧道是用户为某种特定目的的请求建立的,而强制隧道则是在没有任何来自用户的动作以及选择的情况下建立的。

L2TP 作为强制隧道模型是让拨号用户与网络中的另一点建立连接的重要机制。

与 L2TP 相反的是,PPTP 作为主动隧道模型允许终端系统进行配置,与任意位置的 PPTP 服务器建立一条不连续的、点到点的隧道。并且,PPTP 协商和隧道建立过程都没有中间媒介 NAS 的参与。NAS 的作用只是提供网络服务。

在 L2TP 中,用户感觉不到 NAS 的存在,仿佛与 PPTP 接入服务器直接建立连接。而在 PPTP 中,PPTP 隧道对 NAS 是透明的;NAS 不需要知道 PPTP 接入服务器的存在,只是简单地把 PPTP 流量作为普通 IP 流量处理。

采用 L2TP 还是 PPTP 实现 VPN 取决于要把控制权放在 NAS 还是用户手中。L2TP 比 PPTP 更安全,因为 L2TP 接入服务器能够确定用户是从哪里来的。L2TP 主要用于比较集中的、固定的 VPN 用户,而 PPTP 比较适合移动的用户。

2. 加密技术

数据加密的基本思想是通过变换信息的表示形式来伪装需要保护的敏感信息,使非授权者不能了解被保护信息的内容。

加密技术可以在协议栈的任意层进行;可以对数据或报文头进行加密。在网络层中的加密标准是 IPSec。网络层加密实现的最安全方法是在主机的端到端间进行。另一个选择是隧道模式:加密只在路由器中进行,而终端与第一跳路由之间不加密。这种方法不太安全,因为数据从终端系统到第一条路由时可能被截取而危及数据安全。在终端到终端的加密方案中,VPN 安全粒度达到个人终端系统的标准;而在隧道模式方案中,VPN 安全粒度只达到子网标准。在链路层中,目前还没有统一的加密标准,因此所有链路层加密方案基本上是生产厂家自己设计的,需要特别的加密硬件。

3. QoS 技术

通过隧道技术和加密技术,已经能够建立起一个具有安全性、互操作性的 VPN。但是该 VPN 在性能上不稳定,管理上不能满足企业的要求,这就要加入 QoS 技术。实行 QoS 应该在主机网络中,即 VPN 所建立的隧道这一段,这样才能建立一条性能符合用户要求的隧道。

网络资源是有限的,有时用户要求的网络资源得不到满足、通过 QoS 机制对用户的网络资源分配进行控制以满足应用的需求。QoS 机制具有通信处理机制以及供应(Provisioning)和配置(Configuration)机制。供应和配置机制包括 RSVP、子网带宽管理(Subnet Bandwidth Manager,SBM)、政策机制和协议以及管理工具和协议。供应机制指的是比较静态的、比较长期的管理任务,而配置机制指的是比较动态的、比较短期的管理任务。

8.4.3　VPN 技术的应用

VPN 在局域网中的应用可分为 3 种方式:远程接入、网络互联和内部安全。

1. 远程接入

远程接入充分利用了公共网络基础设施和 ISP,远程用户通过 ISP 接入 Internet,穿过 Internet,连接与 Internet 相连的企业 VPN 服务器,这样便可以访问位于 VPN 服务器后面的内部网络。这种接入方式,在远程用户和 VPN 服务器之间建立了一条穿越 Internet 的专用隧道连接。VPN 通过资源配置形成一条逻辑链路,在传输过程中所有的数据都是可加密的,因此远程用户到 VPN 服务器之间的数据传输是安全的,如图 8.10 所示。

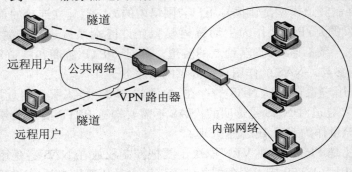

图 8.10　远程接入方式

远程接入的优点:

① 网络配置简化,在配置远程访问服务器时省去了许多设备,用户可以灵活选择通信线路。

② 通过本地接入代替长途接入,大大节约了通信费用。

③ 扩展容易,同时接入的用户不受线路限制。

2. 网络互联

基于 VPN 的网络互联利用专用隧道来取代长途线路,一方面降低了成本,另一方面提高了效率。两端内部网络通过服务器接入本地的 ISP,通过 Internet 建立虚拟专用连接。这种互联网络拥有与本地互联局域网相同的可管理性和可靠性,如图 8.11 所示。

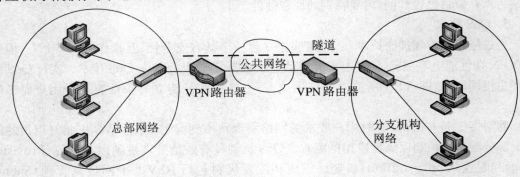

图 8.11　网络互联方式

网络互联的优点:

① 节约 WAN 带宽费用。

② 通过本地连接来代替长途连接线或租用专线连接,节省了通信费用。

③ 便于扩展,同时接入的用户不受线路限制。

3. 网络内部安全

为了实现局域网内部业务网络的隔离,通常使用 VLAN 技术。然而 VLAN 不能实现数据加密,因此不是完善的安全解决方案,如果再用 VPN 加以改造,就可以更安全的实现网络隔离。

　　VPN 在内部网络中实现安全保密通信,组建内部专用隧道从而组建更为安全专用的保密网络,如图 8.12 所示。

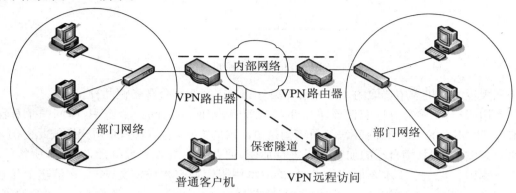

图 8.12　内部安全方式

8.5　数据加密技术

8.5.1　数据加密技术概述

　　数据加密交换又称密码学,目前仍是计算机系统对信息进行保护的一种最可靠的办法。数据加密的作用就是防止有用或私有化信息在网络中被拦截和窃取,它利用密码技术对信息进行交换,实现信息隐蔽,从而保护信息的安全。

1. 数据加密

　　数据加密的基本过程是对原来为明文的文件或数据按某种算法进行处理,使其成为不可读的代码,称为"密文",使其只能在输入相应的密钥后才能显示出原文。通过这种方法来达到保护数据不被非法窃取的目的。加密过程的逆过程称为解密,即将该编码信息转化为其原来数据的过程。

　　有一组含有参数 k 的变换 E。设已知信息 m,通过变换 Ek 得密文 c,即 $c = Ek(m)$。此过程称为加密,参数 k 称为密钥。加密算法 E 确定,但密钥 k 不同,密文 c 不同。即使被第三者截获了密文 c,也无法从 c 恢复信息 m。

　　由密文 c 恢复明文 m 的过程称为解密,即 $m = Dk(c)$。解密算法 D 是加密算法 E 的逆运算,解密算法也是含参数 k 的变换。传统密码加密用的密钥 k 与解密用的密钥 k 是相同的,因此也叫对称密码。通信双方用的密钥 k 是通过秘密方式由双方私下约定的,只能由通信双方秘密掌握。

　　传统的保密通信机理如图 8.13 所示。

　　数据加密技术要求只有在指定的用户或网络下,才能解除密码而获得原来的数据,这就需要给数据发送方和接受方以一些特殊的信息用于加解密,这就是所谓的密钥。其密钥的

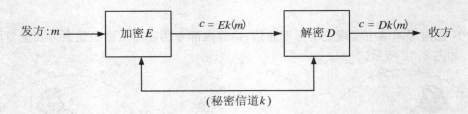

$$(秘密信道 k)$$

图 8.13　数据加密机制

值是从大量的随机数中选取的。按加密算法分为专用密钥和公开密钥两种。

专用密钥，又称为对称密钥或单密钥，加密和解密时使用同一个密钥，即同一个算法。如 DES 和 MIT 的 Kerberos 算法。单密钥是最简单的方式，通信双方必须交换彼此密钥，当需给对方发信息时，用自己的加密密钥进行加密，而在接收方收到数据后，用对方所给的密钥进行解密。当一个文本要加密传送时，该文本用密钥加密构成密文，密文在信道上传送，收到密文后用同一个密钥将密文解出来，形成普通文体供阅读。在对称密钥中，密钥的管理极为重要，一旦密钥丢失，密文将无密可保。这种方式在与多方通信时因为需要保存很多密钥而变得很复杂，而且密钥本身的安全就是一个问题。

对称密钥是最古老的，一般说"密电码"采用的就是对称密钥。由于对称密钥运算量小、速度快、安全强度高，因而目前仍广泛被采用。

公开密钥，又称非对称密钥，加密和解密时使用不同的密钥，即不同的算法，虽然两者之间存在一定的关系，但不可能轻易地从一个推导出另一个。有一把公用的加密密钥，有多把解密密钥，如 RSA 算法。

非对称密钥由于两个密钥（加密密钥和解密密钥）各不相同，因而可以将一个密钥公开，而将另一个密钥保密，同样可以起到加密的作用。

在这种编码过程中，一个密码用来加密消息，而另一个密码用来解密消息。在两个密钥中有一种关系，通常是数学关系。公钥和私钥都是一组十分长的、数字上相关的素数（是另一个大数字的因数）。有一个密钥不足以翻译出消息，因为用一个密钥加密的消息只能用另一个密钥才能解密。每个用户可以得到唯一的一对密钥，一个是公开的，另一个是保密的。公共密钥保存在公共区域，可在用户中传递，甚至可印在报纸上面。而私钥必须存放在安全保密的地方。任何人都可以有你的公钥，但是只有你一个人能有你的私钥。

公开密钥的加密机制虽然提供了良好的保密性，但难以鉴别发送者，即任何得到公开密钥的人都可以生成和发送报文。数字签名机制提供了一种鉴别方法，以解决伪造、抵赖、冒充和篡改等问题。

2．数字签名

数字签名又称公钥数字签名、电子签章，是一种类似写在纸上的普通的物理签名，但是使用了公钥加密领域的技术实现，用于鉴别数字信息的方法。一套数字签名通常定义两种互补的运算，一个用于签名，另一个用于验证。数字签名是个加密的过程，数字签名验证是个解密的过程。

数字签名主要的功能是：保证信息传输的完整性、发送者的身份认证、防止交易中的抵赖发生。数字签名技术是实现交易安全的核心技术之一，它的实现基础就是加密技术。以往的书信或文件是根据亲笔签名或印章来证明其真实性的。这就是数字签名所要解决的问题。数字签名必须保证以下几点：

① 接收者能够核实发送者对报文的签名；

② 发送者事后不能抵赖对报文的签名；

③ 接收者不能伪造对报文的签名。

数字签名技术是不对称加密算法的典型应用，它将摘要信息用发送者的私钥加密，与原文一起传送给接收者。接收者只有用发送的公钥才能解密被加密的摘要信息，然后用HASH 函数对收到的原文产生一个摘要信息，与解密的摘要信息对比。如果相同，则说明收到的信息是完整的，在传输过程中没有被修改，否则说明信息被修改过，因此数字签名能够验证信息的完整性。

具有数字签名功能的个人安全邮件证书是用户证书的一种，是指单位用户收发电子邮件时采用证书机制保证安全所必须具备的证书。个人安全电子邮件证书是符合 x.509 标准的数字安全证书，结合数字证书和 S/MIME 技术对普通电子邮件做加密和数字签名处理，确保电子邮件内容的安全性、机密性、发件人身份确认性和不可抵赖性。具有数字签名功能的个人安全邮件证书中包含证书持有人的电子邮件地址、证书持有人的公钥、颁发者（河南CA）以及颁发者对该证书的签名。个人安全邮件证书功能的实现决定于用户使用的邮件系统是否支持相应功能。目前，MS Outlook、Outlook Express、Foxmail 及河南 CA 安全电子邮件系统均支持相应功能。使用个人安全邮件证书可以收发加密和数字签名邮件，保证电子邮件传输中的机密性、完整性和不可否认性，确保电子邮件通信各方身份的真实性。

8.5.2　数据加密算法

数据加密算法有很多种，密码算法标准化是信息化社会发展的必然趋势，是世界各国保密通信领域的一个重要课题。按照发展进程来看，密码经历了古典密码、对称密钥密码和公开密钥密码 3 个阶段。

古典密码算法有替代加密、置换加密；对称加密算法包括 DES 和 AES；非对称加密算法包括 RSA、背包密码、McEliece 密码、Rabin、椭圆曲线等。目前在数据通信中使用最普遍的算法有 DES 算法、RSA 算法等。

1. DES 加密算法

DES（Data Encryption Standard，数据加密标准）算法是由 IBM 公司在 1970 年以后发展起来的，于 1976 年 11 月被美国政府采用，DES 随后被美国国家标准局和美国国家标准协会（American National Standard Institute，ANSI）接受作为国际标准。

DES 主要采用替换和移位的方法加密。它用 56 位密钥对 64 位二进制数据块进行加密，每次加密可对 64 位的输入数据进行 16 轮编码，经一系列替换和移位后，输入的 64 位原始数据转换成完全不同的 64 位输出数据。

DES 算法仅使用最大为 64 位的标准算术和逻辑运算，运算速度快，密钥生产容易，适合于在当前大多数计算机上用软件方法实现，同时也适合于在专用芯片上实现。

DES 算法的弱点是不能提供足够的安全性，因为其密钥容量只有 56 位。由于这个原因，后来又提出了三重 DES 或 3DES 系统，使用 3 个不同的密钥对数据块进行（两次或）3 次加密，该方法比进行普通加密的 3 次快。其强度和 112 比特的密钥强度相当。

2. RSA 算法

RSA（Rivest-Shamir-Adleman）适用于数字签名和密钥交换。RSA 加密算法是目前应用最广泛的公钥加密算法，特别适用于通过 Internet 传送的数据。这种算法以它的 3 位发明者的名字命名：Ron Rivest、Adi Shamir 和 Leonard Adleman。

RSA 算法的安全性基于分解大数字时的困难（就计算机处理能力和处理时间而言）。在常用的公钥算法中，RSA 与众不同，它能够进行数字签名和密钥交换运算。

RSA 算法既能用于数据加密，也能用于数字签名，RSA 的理论依据为：寻找两个大素数比较简单，而将它们的乘积分解开则异常困难。在 RSA 算法中，包含两个密钥，加密密钥和解密密钥，加密密钥是公开的。

RSA 算法的优点是密钥空间大，缺点是加密速度慢，如果 RSA 和 DES 结合使用，则正好弥补 RSA 的缺点。即 DES 用于明文加密，RSA 用于 DES 密钥的加密。由于 DES 加密速度快，适合加密较长的报文，而 RSA 可解决 DES 密钥分配的问题。

8.5.3 数据加密技术

在常规密码中，收信方和发信方使用相同的密钥，即加密密钥和解密密钥是相同或等价的。比较著名的常规密码算法有：美国的 DES 及其各种变形，比如 Triple DES、GDES、New DES 和 DES 的前身 Lucifer；欧洲的 IDEA；日本的 FEALON、LOKIO91、Skipjack、RC4、RC5 以及以代换密码和转轮密码为代表的古典密码等。在众多的常规密码中影响最大的是 DES 密码。

常规密码的优点是有很强的保密强度，且经受住时间的检验和攻击，但其密钥必须通过安全的途径传送。因此，其密钥管理成为系统安全的重要因素。

在公钥密码中，收信方和发信方使用的密钥互不相同，而且几乎不可能从加密密钥推导解密密钥。比较著名的公钥密码算法有：RSA、背包密码、McEliece 密码、Rabin、零知识证明的算法、椭圆曲线、EIGamal 算法等。最有影响的公钥密码算法是 RSA，它能抵抗到目前为止已知的所有密码攻击。

公钥密码的优点是可以适应网络的开放性要求，且密钥管理问题也较为简单，尤其可方便地实现数字签名和验证。但其算法复杂，加密数据的速率较低。尽管如此，随着现代电子技术和密码技术的发展，公钥密码算法将是一种很有前途的网络安全加密体制。

在实际应用中通常将常规密码和公钥密码结合在一起使用，比如：利用 DES 或者 IDEA 来加密信息，而采用 RSA 来传递会话密钥。如果按照每次加密所处理的比特来分类，可以将加密算法分为序列密码和分组密码。前者每次只加密一个比特而后者则先将信息序列分组，每次处理一个组。

密码技术是网络安全最有效的技术之一，一个加密网络不但可以防止非授权用户的搭线窃听和入网，而且也是对付恶意软件的有效方法之一。

一般的数据加密可以在通信的 3 个层次来实现：链路加密、节点加密和端到端加密。

1. 链路加密

对于在两个网络节点间的某一次通信链路加密，能为网上传输的数据提供安全保证。对于链路加密（又称在线加密），所有消息在被传输之前进行加密，在每一个节点对接收到的消息进行解密，然后先使用下一个链路的密钥对消息进行加密，再进行传输，在到达目的地之前，一条消息可能要经过许多通信链路的传输。

由于在每一个中间传输节点消息均被解密后重新进行加密，因此，包括路由信息在内的链路上的所有数据均以密文形式出现。这样,链路加密就掩盖了被传输消息的源点与终点。由于填充技术的使用以及填充字符在不需要传输数据的情况下就可以进行加密,这使得消息的频率和长度特性得以掩盖,从而可以防止对通信业务进行分析。

尽管链路加密在网络环境中使用得相当普遍,但它并非没有问题。链路加密通常用在点对点的同步或异步线路上,它要求先对在链路两端的加密设备进行同步,然后使用一种链模式对链路上传输的数据进行加密。这就给网络的性能和可管理性带来了副作用。

在一个网络节点,链路加密仅在通信链路上提供安全性,消息以明文形式存在,因此所有节点在物理上必须是安全的,否则就会泄漏明文内容。然而保证每一个节点的安全性需要较高的费用。

2. 节点加密

尽管节点加密能给网络数据提供较高的安全性,但它在操作方式上与链路加密是类似的,两者均在通信链路上为传输的消息提供安全性,都在中间节点先对消息进行解密,然后进行加密。因为要对所有传输的数据进行加密,所以加密过程对用户是透明的。

与链路加密不同的是节点加密不允许消息在网络节点以明文形式存在,它先把收到的消息进行解密,然后采用另一个不同的密钥进行加密,这一过程是在节点上的一个安全模块中进行的。

节点加密要求报头和路由信息以明文形式传输,以便中间节点能得到如何处理消息的信息。因此这种方法对于防止攻击者分析通信业务是脆弱的。

3. 端到端加密

端到端加密允许数据在从源点到终点的传输过程中始终以密文形式存在。采用端到端加密(又称脱线加密或包加密),消息在被传输时到达终点之前不进行解密,因为消息在整个传输过程中均受到保护,所以即使有节点被损坏也不会使消息泄露。

端到端加密系统的价格便宜些,并且与链路加密和节点加密相比更可靠,更容易设计、实现和维护。端到端加密还避免了其他加密系统所固有的同步问题,因为每个报文包均是独立被加密的,所以一个报文包所发生的传输错误不会影响后续的报文包。

端到端加密系统通常不允许对消息的目的地址进行加密,这是因为每一个消息所经过的节点都要用此地址来确定如何传输消息。由于这种加密方法不能掩盖被传输消息的源点与终点,因此它对于防止攻击者分析通信业务是脆弱的。

8.6 计算机病毒的防治

目前,70%的病毒发生在计算机网络上,网络主机病毒的传播速度是单机的 20 倍,网络服务器消除病毒所花的时间是单机的 40 倍;电子邮件病毒可以轻易地使用户的计算机瘫痪,有些网络病毒甚至会破坏系统硬件。

8.6.1　计算机病毒概述

1.计算机病毒的概念

计算机病毒其实就是一种程序,只不过这种程序能破坏计算机系统,并且能潜伏在计算机中,复制、感染其他的程序和文件。

2.计算机病毒特点

① 非授权执行性:不是管理员赋予的许可。

② 隐蔽性:伪装自身,逃避防病毒系统的检查。

③ 传染性:自身不断繁殖并传染给其他计算机。

④ 潜伏性:长期隐藏在系统中,特定条件下启动。

⑤ 破坏性:破坏数据或删除文件。

⑥ 可触发性:被激活的计算机病毒才能破坏计算机系统。

3.计算机病毒的类型

常见的计算机病毒类型如表8.3所示。

表8.3　常见的计算机病毒类型

病毒类型	特　　征	危　　害
文件型	感染 DOS 下的 COM、EXE 文件	随着 DOS 的消失已逐步消失,危害越来越小
引导型	启动 DOS 系统时,病毒被触发	随着 DOS 的消失已逐步消失,危害越来越小
宏病毒	针对 Office 的一种病毒,由 Office 的宏语言编写	只感染 Office 文档,其中以 Word 文档为主
VB 脚本病毒	通过 IE 浏览器激活	用户浏览网页时会感染,清除较容易
蠕虫	有些采用电子邮件附件的方式发出,有些利用操作系统漏洞进行攻击	破坏文件、造成数据丢失,使系统无法正常运行,危害性大
木马	通常是病毒携带的一个附属程序	夺取计算机控制权
黑客程序	一个利用系统漏洞进行入侵的工具	通常会被计算机病毒所携带,用以进行破坏

4.计算机病毒的发展

① 网络成为病毒传播主要载体。

② 恶意网页、木马修改注册表。

③ 网络蠕虫成为最主要和破坏力最大的病毒类型。

④ 跨操作系统的病毒。

⑤ 病毒向通信领域侵入。

5.网络病毒的危害

① 网络病毒感染一般是从用户工作站开始的,而网络服务器是病毒潜在的攻击目标,

也是网络病毒潜藏的重要场所。

② 网络服务器在网络病毒事件中起着两种作用：可能被感染，造成服务器瘫痪；可以成为病毒传播的代理人，在工作站之间迅速传播与蔓延病毒。

③ 网络病毒的传染与发作过程与单机基本相同，它将本身拷贝覆盖在宿主程序上。

④ 当宿主程序执行时，病毒也被启动，然后再继续传染给其他程序。如果病毒不发作，宿主程序还能照常运行；当符合某种条件时，病毒便会发作，它将破坏程序与数据。

主机感染了病毒常表现为系统速度变慢甚至资源耗尽而死机，硬盘容量减小，网络系统崩溃，数据破坏和硬件损坏。

8.6.2　计算机病毒的防范

网络成为病毒传播的主要载体，计算机病毒的破坏性大、传播性强、扩散面广、传播速度快和难以彻底清除。为了更好地防范计算机病毒，要做到以下几条。

1. 提高安全防范意识

要提高安全意识，不要打开陌生人的邮件附件，不随便共享文件，不从不受信任的网站下载软件，定期升级操作系统安全补丁等。

2. 掌握病毒知识

掌握一些病毒知识，就可能及时发现新病毒并采取相应措施，使计算机免受病毒破坏。了解注册表知识，定期查看注册表的自启动项是否有可疑程序；了解内存知识，经常查看内存中是否有可疑程序驻留。

3. 经常给计算机打补丁

有 80% 的病毒是通过系统安全漏洞进行传播的，因此应该定期给系统打补丁。

4. 使用交换机进行控制

通过设置交换机设备的访问控制列表来控制某些服务端口，以防止病毒通过这些端口进入网络而传播病毒。

5. 安装专业的防病毒系统

网络防病毒可以从以下两方面入手：一是工作站，二是服务器。

网络防病毒软件的基本功能是：对文件服务器和工作站进行查毒扫描、检查、隔离、报警，当发现病毒时，由网络管理员负责清除病毒。

网络防病毒软件一般允许用户设置 3 种扫描方式：实时扫描、预置扫描与人工扫描。

一个完整的网络防病毒系统通常由以下几个部分组成：客户端防毒软件、服务器端防毒软件、针对群件的防毒软件、针对黑客的防毒软件。

主流防病毒系统有：Symantec AntiVirus 9.0 企业版、McAfee VirusScan 企业版、卡巴斯基(Kaspersky)5.0 企业版、瑞星网络版、部署 Symantec 网络防病毒系统。

实训 1　防火墙软件 Forefront TMG 2010 的安装和使用

实训图如图 8.14 所示。

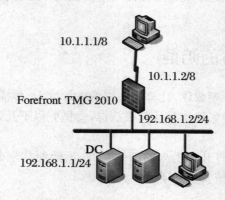

10.1.1.1/8

10.1.1.2/8

Forefront TMG 2010

192.168.1.2/24

DC

192.168.1.1/24

图 8.14　防火墙软件 Forefront TMG 2010 的实训图

1．实训目的

学会防火墙软件 Forefront TMG 2010 的安装和使用方法。

2．实训环境

主机、Forefront TMG 2010 防火墙软件。

3．实训内容

① 安装一台 Forefront TMG 2010 作为防火墙。

② 熟悉工作窗口。

4．实训步骤

① 安装 Forefront TMG 2010。网络结构为单域环境。

② 能够成功安装 Forefront TMG 2010，启动正常。

③ 找到并使用 Forefront TMG 2010 界面中常用的功能。

实训 2　防病毒软件 Symantec AntiVirus 的安装与使用

实训图如图 8.15 所示。

1．实训目的

学会防病毒软件 Symantec AntiVirus 的安装和使用方法。

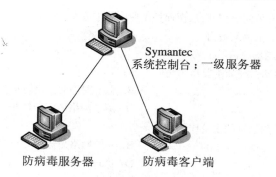

图 8.15　防病毒软件 Symantec AntiVirus 的实训图

2. 实训环境

主机、Symantec AntiVirus 防病毒软件。

3. 实训内容

① 安装 Symantec AntiVirus 防病毒软件。

② 利用 Symantec 系统控制台进行Symantec AntiVirus 服务器的分装。

③ Symantec AntiVirus 客户端的远程安装。

④ 防病毒策略的应用。

4. 实训步骤

① 成功安装 Symantec AntiVirus 服务器。

② 利用 Symantec 系统控制台进行服务器的分装。

③ 利用 Symantec 系统控制台进行客户端的远程安装。

④ 成功实施对服务器与客户端的防病毒策略。

习 题

1. 选择题

(1) 对于计算机病毒的理解,人们有各种各样的说法,以下对"计算机病毒"理解正确的是(　　)。

A. 计算机病毒是一段人为编写的、具有一定的破坏性和传染性的小程序

B. 计算机病毒就像感冒病毒一样,只是发作对象是计算机而不是人

C. 计算机病毒是自然形成的信息,有发作的时间性

D. 计算机病毒就是一段小程序,没有什么危害

(2) 作为一名企业网的安全管理员,需要具备一些最基本的安全常识。根据你的知识,下面的说法中不正确的是(　　)。

A. 只要安装了病毒防火墙软件就可以杀掉所有的计算机病毒了

B. 因为木马也是一种计算机病毒,所以只要安装了防病毒软件就不必担心木马是否存活,因为防病毒软件会查杀它

C. 注册表是主机安全防护的重点,很多病毒都是通过修改注册表来进行工作的,所以应该给注册表以严格的权限,只允许管理员修改它

D. 虽然木马隐蔽性很好,但仍然可以通过一些木马专杀工具来查杀

(3) 下列说法不正确的是(　　)。

A. 硬件防火墙不需要软件的支持

B. 防火墙把企业内网和外网隔离开,从而保护企业网络的安全

C. 防火墙可以防范所有的网络攻击

D. 防火墙可以过滤应用层数据

(4) 基于主机的入侵检测系统的主要作用是( )。

A. 运行在工作站上   B. 用于主机的安全防护

C. 运行于服务器上   D. 用于网络的安全防护

(5) 基于网络的入侵检测系统的主要作用是( )。

A. 运行于独立设备   B. 监控网络的流量和异常

C. 监控主机的安全   D. 进行主动防御

(6) 入侵检测系统的工作流程大致包括( )。

A. 信息收集   B. 信息分析

C. 查询攻击目标   D. 记录、报警或有限反击

(7) 入侵检测系统和防火墙的关系是( )。

A. 互为补充的关系

B. 没有任何关系

C. 入侵检测系统是防火墙系统的有力补充,二者协同担当起网络安全的大任

D. 入侵检测系统为防火墙提供支撑,没有入侵检测系统就无法构建防火墙

(8) VPN 与传统专线连接方式相比的优点在于( )。

A. 费用低   B. 结构灵活

C. 更加简单的网络管理   D. 拓扑结构简单

(9) 属于对称加密算法的有( )。

A. DES   B. AES   C. RSA   D. IDEA

2. 简答题

(1) 为了保护局域网安全,可以采取哪些措施?

(2) 包过滤防火墙和应用代理防火墙有何区别?

(3) 入侵检测系统的工作原理是什么?

(4) 病毒的防范有哪些措施?

(5) VPN 的工作原理是什么?

(6) VPN 技术的 3 种应用方式是什么?

第9章 局域网项目工程案例

 本章导读

本章主要是综合所学内容而设计的一个综合案例,目的是复习前面学习的知识,通过案例不但能够了解实际项目的设计和实施过程,而且能够学会编写一些技术文档。

 本章要点

➢ 用户需求分析;
➢ 系统设计;
➢ 项目实施;
➢ 项目测试与验收;
➢ 项目试运行与检验;
➢ 项目售后服务与培训;
➢ 项目系统的配置。

9.1 用户需求分析

9.1.1 项目概述

在本案例中,以某公司网络项目为例,介绍从项目设计到实施的过程中所涉及的投招标阶段内容、需求分析、系统设计、项目实施、测试与验收、试运行、售后服务及培训等过程。

项目建设的目标是采用先进的计算机、网络设备和软件,以及先进的系统集成技术,构建一个高效的办公网络。项目建设所遵循的原则如下:

① 开放性:采用开放的标准、技术和结构。

② 实用性:网络系统的设计以实用为主,不盲目追求最高和最新。

③ 先进性:计算机网络技术和软硬件技术的发展迅速,网络的设计要立足于较高的起点,保证系统有较长的生命力。

④ 安全可靠性:同时考虑应用系统的设计、网络系统设计、硬件设备的选型配置几个方面,以确保数据的安全。

⑤ 兼容与可扩充性:尽量采用成熟的技术,保证软硬件的兼容性,同时需要考虑设备的更新与升级的能力。

⑥ 经济性：在满足功能与性能的基础上实现性价比最优。

⑦ 可管理性：网络规模和复杂程度不断增加，网络系统的管理和故障排除将成为较难的事情，针对各种设备都要提供一定的网络管理功能。

9.1.2　系统需求概况

◎ **招标书内容**

项目的投招标阶段是项目建设的第一阶段。

招标书内容包括技术和商务两个方面。

1．技术方面

技术方面包括项目建设的概述、目标、原则、内容和技术要求。

2．商务方面

（1）投标人须知

招标的项目名称、委托人、招标编号、招标人、招标地址、标书售价、投标保证金额、招标单位账号、投标有效期、投标截止时间、投标文件递交地点、接受人、投标文件正副本数量要求、投标文件电子文档要求及光盘、开标时间、地点、合同签订地点、招标文件说明、招标文件编写要求、开标和评标的说明等。

（2）合同条款说明

一般条款说明及特殊条款说明。

（3）附件格式

开标函、开标一览表、授权委托书、投标方营业执照、投标方法人代表人资格证明书、投标方概况表、投标方近 3 年财务状况表、投标方资产目前处于抵押和担保的状况、投标人资质及有关证明文件、投标方完成与正在承担的招标内容相同和相近的项目一览表、投标方参与本项目的专业技术人员一览表、投标报价表、投标方需要补充的其他材料等。

◎ **需求分析**

需求分析需要实施方在投标前进行，需求分析的具体方法是仔细阅读、理解招标书和相关文件；现场调研、勘测，就招标书问题提问；了解现有的人力、物力情况；与用户反复沟通，进一步明确需求；依据政府和行业有关规定和标准；经济、技术、工期、管理可行性；确定系统运行环境和生命周期；必要时评审可行性研究等。

具体要做到以下几点。

1．公司概况

Zhenxing 公司是一家以医药器材业务为主的公司，公司总部位于广州，现拥有上海和合肥两家分公司，随着业务的不断发展，合肥分公司由最初的十几人增加到四十多人，内部设有财务部、技术部和业务部 3 个机构。现有的网络已经不能适应未来发展的需要，因此要求对网络进行改造，为了保证网络建设项目的质量、工期和成本，该公司非常重视此次网络建设，以招标的方式选择有实力的公司实施项目。

2．网络项目整体规划

合肥分公司目前拥有计算机 15 台，均配有 10/100 Mb/s 自适应网卡，设备运行良好。

（1）网络规模

建设适合分公司的网络需要路由器一台，二层交换机 2 台，服务器 6 台，Web/FTP 服务器由 ISP 托管，客户机总数为 46 台。

实现的功能：

① 分公司的员工通过路由器接入并访问 Internet 同时通过 Internet 访问总公司。

② 分公司的员工通过代理服务器经路由器访问 ISP 托管的分公司的 Web/FTP 服务器。

③ 分公司的员工通过路由器访问内部各服务器，如文件服务器和打印服务器。

④ 分公司的计算机以部门为单位实现隔离。

（2）网络拓扑结构

网络项目采用星形拓扑结构。

（3）网络设备

网络设备的选择主要有以下几个方面：

① 充分考虑用户需求并符合经济性和适用性的原则。

② 选择国内外知名厂商的产品。

③ 兼容原有设备。

3. 系统需求

系统管理的内容包括用户安全及账户管理、用户权限管理、网络访问控制等，该网络系统涉及分公司经理、分公司各部门主管和分公司各部门普通员工 3 类用户。

系统选择当前的主流操作系统 Windows Server 2008 和 Red Hat Linux 5.5，要加载文件服务、Web/FTP 服务、Linux 和 Windows 客户端访问 Internet、防病毒服务、代理服务、系统的安全措施与策略。

9.1.3　网络项目建设

◎ 硬件要求

硬件设备在性能和质量上能提供可靠保证，厂商的配件设备应符合国家有关规定和标准，符合国家相关产品质量标准和安全规范。

◎ 网络项目总体设计

网络项目的设计要充分考虑公司现有设备的情况和以后应用的需求，新系统应该兼容原有设备，保证网络建设能完全满足应用的需求。能适应不断增长的需求，具有扩充性和升级性。目前公司规模小、办公集中，网络拓扑结构采用星形拓扑结构。

1. 布线工程建设

合肥分公司办公区位于某大楼 2 层，计划在办公区分割出独立办公区域。信息点总数为 46 个，信息点具体分布：机房 4 个，会议室 4 个，经理室 2 个，财务部 2 个，技术部 17 个，业务部 17 个。具体布置如图 9.1 所示。

布线系统应按 TIA/EIA 568-B 标准实施，结合公司实际的需求使用超五类 UTP 布线。机房有防静电地板，所有线槽进入机房均设置在地板下，然后进入机柜。

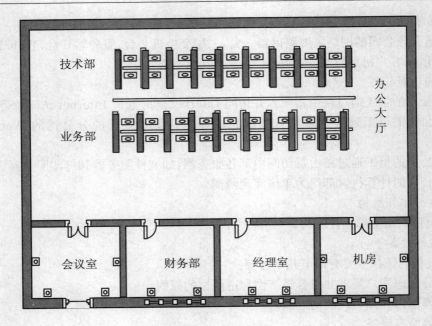

图 9.1　平面布置图

2. 系统建设

系统通过路由器连接到大楼的网络,然后接入到 Internet 中,使公司网络能够连接到 Internet,实现与外部网络的通信。

IP 地址规划要综合考虑未来分公司网络的发展情况,IP 地址规划和申请统一进行,充分利用地址空间,兼顾今后网络的发展,便于业务管理。

公司网络采用成熟的以太网技术,网络设备应该选择拥有实力的主流产品。目前知名的网络设备厂商主要有 Cisco、华为等,本网络系统选用 Cisco 设备,配置如表 9.1 所示。

表 9.1　设备配置

序号	设备型号	描　　述	数量
1	WS-2960S-24TS-S	智能交换机,二层,传输速率为 10/100/1 000 Mb/s,背板带宽为 50 Gb/s,包转发率为 38.7 Mb/s	1
2	WS-2960-48TC-L	智能交换机,二层,传输速率为 10/100 Mb/s,背板带宽为 6.8 Gb/s,包转发率为 10.1 Mb/s	1
3	Cisco3845-HSEC/K9	模块化路由器,转发速率(Mb/s):1.488	2

为方便以后系统的升级,路由器最好选用和交换机同品牌的产品。

系统实现的业务功能:

① 文件服务、Web/FTP 服务、防病毒服务、代理服务和打印服务;

② 通过 Linux 和 Windows 客户端访问 Internet 和总公司;

③ Windows 活动目录服务。

服务器与客户端系统建设:

（1）操作系统的选择

设立合肥分公司核心服务器，根据需要采用主流网络操作系统，利用核心服务器对分公司所有员工的账户及内部的其他计算机实现集中和统一管理。建立完善的系统结构，使公司的网络系统管理尽可能集中和简单，并具备一定的扩展能力。根据不同部门的需求实现不同的安全级别。

（2）硬件平台的选择

公司所有服务器和客户机的软硬件配置采用主流的配置，满足系统管理的需求，同时保障良好的性价比。公司所有计算机采用统一的便于识别和记忆的命名标识，计算机和设备都具有固定的网络地址。

（3）安全管理的策略

公司采用统一的安全规则，在核心服务器上设置和控制对所有用户和计算机的安全规则。员工需要设置安全的密码，并只能够登录本部门的计算机。公司内部实现网络打印功能，采用主流厂商的产品，所有打印机直接接入网络并统一管理。

记录和审核员工登录和访问公司文档的操作行为，按部门实现局域网隔离。利用适当的防范策略防止非法用户对密码和账户的攻击。

3．系统实施

系统集成是将本项目全部硬件、软件以及网络系统连接并协同工作，提供系统集成方案，包括网络拓扑图、网络设备连接图、布线连接图和 IP 地址对照表等。在设计方案中对功能模块的功能进行具体的描述，并在项目实施过程中具体实现。

4．系统测试与验收

系统的安装、调试和施工完成后，要对系统功能性、连通性等做整体测试，施工单位提出工程验收申请，经建设单位审核同意后，进行验收工作，建设方与施工方代表在场依据测试文档和测试报告再综合测试审核工程建设情况记录结果，然后进行工程验收总结。

5．系统试运行与检验

施工单位和建设方参照电信工程试运行的相关规定，协商确定项目试运行的期限。施工单位的技术要注意系统在试运行阶段的所有情况，对运行过程中的一切问题都要进行及时处理，并记录下来，最后编写详细完整的项目运行报告。

6．项目售后服务与培训

施工单位根据招标方对工程项目结束后的售后服务的要求，做具体售后服务工作，一般应包括质保期限、免费更换期限、维护方式、质保期外需提供的服务、响应时间维护、支持机构等。售后服务期结束后还要对用户技术人员进行相应的技术专业培训。

9.2　系 统 设 计

9.2.1　网络系统设计

◎ **网络拓扑结构设计**

系统网络拓扑结构如图 9.2 所示。

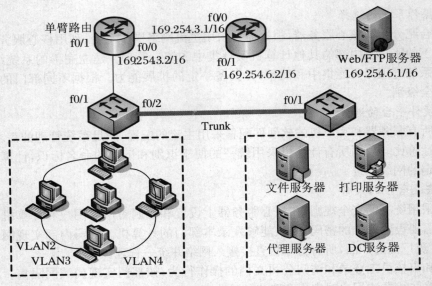

图 9.2　系统网络拓扑结构

◎ 布线系统设计

1．布线系统概述

根据美国国家标准委员会电信工业协会 TIA 和电子工业协会 EIA 制定的商用建筑布线标准 EIA/TIA 568-B 以及其他相关标准,综合布线系统主要针对计算机网络、电话、图像、电视会议、卫星通信等的应用。

综合布线采用模块化设计,主要包括工作区子系统、水平子系统、管理子系统、垂直干线子系统、设备间子系统、建筑群干线子系统等 6 个子系统。

2．布线系统设计

项目案例中包括工作区子系统、水平子系统和管理子系统的设计。

① 工作区子系统的设计是根据系统需求和项目实施的具体情况来设计信息点位置,全部使用墙面插座,距离地面高度为 30 cm ,根据实际情况考虑采用单口或双口信息面板。

② 水平子系统的设计要满足 TIA/EIA 商用建筑物电信布线标准,根据原有的主干线槽和信息点的分布情况来设计管线图,所有线缆集中到机房的机柜中,安装到配线架上。

③ 管理子系统的设计主要是确定配线架的类别及配线架的容量,项目案例中有 46 个信息点,使用 2 个配线架,可以采用 24 口配线架,模块和配线架采用 568B 标准接线。

机房中使用跳线在配线架和交换机端口之间跳接,将相应设备连接到交换机的端口中,能够进行灵活的管理,跳线的 RJ-45 水晶头的线序也采用 568B 标准。

◎ IP 地址规划

① ISP 提供公网 IP 地址 169.254.6.1/16 给托管的 Web/FTP 服务器使用。

② ISP 提供一个公网 IP 地址 169.254.3.1/16 给合肥分公司接入路由器的 f0/0 端口使用。

③ 给合肥分公司接入路由器下连端口 f0/1 分配一个私有 IP 地址 192.168.10.1/24。

④ 192.168.10.2/24 分配给交换机 sw1 作为其管理地址 192.168.10.3/24 分配给交换机 sw2 作为其管理地址。

⑤ 192.168.10.4-8/24 分配给服务器组使用；192.168.20.2-10/24 分配给财务部和分公司经理使用；192.168.30.2-20/24 分配给技术部使用；192.168.40.2-20/24 分配给业务部使用。

◎ VLAN 划分

为了提高网络的安全性、有效控制广播和灵活管理网络，将局域网划分 VLAN。本网络项目划分 VLAN 的原则是：基于职能部门划分。基于物理位置划分和基于应用划分，VLAN 划分如表 9.2 所示。

表 9.2　分公司 VLAN 划分表

部门名称	网络地址	子网掩码	网关	VLAN
机房	192.168.10.2-8	255.255.255.0	192.168.10.1	1
财务部和经理室	192.168.20.2-10	255.255.255.0	192.168.20.1	2
技术部	192.168.30.2-20	255.255.255.0	192.168.30.1	3
业务部	192.168.40.2-20	255.255.255.0	192.168.40.1	4

◎ 路由实现

本项目网络不复杂，因此网络的路由实现是由路由器连接接入层形成的一个简单局域网，使用单臂路由或默认路由实现 VLAN 之间互通和对 Internet 的访问。

◎ 网络设备设计

网络系统是项目系统的基础，应该采用主流的网络产品，以确保网络系统的稳定。本项目的网络设备选择美国 Cisco 公司的网络设备，Cisco 公司是全球领先的网络设备提供商，拥有领先的技术水平和齐全的产品，能够提供完美的售后服务。

综合考虑用户需求并符合先进性、经济性和适用性原则，网络设备型号的选择要求产品性能指标符合系统需求，同时也要考虑可扩充性，便于今后系统的扩展和升级。

网络设备的配置如表 9.3 所示。

表 9.3　设备配置表

交换机	配置名	密码	管理 IP
sw1	hf-switch1	cisco	192.168.10.2/24
sw2	hf-switch2	cisco	192.168.10.3/24

9.2.2 应用服务设计

◎ 服务器系统设计

1. 域控制器

网络服务器操作系统选择 Windows Server 2008,客户机操作系统基本采用 Windows 7,还有个别客户机因工作需要采用 Linux。利用 Windows 系统构建单域结构,实现网络资源的集中管理。域控制器是整个网络的核心核心服务器,主要完成整个公司的账号管理、安全策略的实施、文件夹和打印机的共享等。

本项目网络在充分考虑服务器的性能价格比的情况下,采用一台 PC 机作为系统的域控制器。该机放置在机房中,主要配置如下:

网络操作系统为 Windows Server 2008

文件系统为 NTFS

域名为 dc.zhenxing.com

计算机名为 DC

IP 地址为 192.168.10.7/24

网关地址为 192.168.10.1 ,连接在交换机 sw2 的 2 号端口上

本项目网络系统使用单域结构,在域内按照部门名称分别建立组织单元 OU,用于存储和管理各部门的用户、共享文件夹和打印机。各部门的 OU 命名按照部门名称的汉语拼音全拼设置。建立用户组和用户账号,把用户账号加入用户组。域结构规划图如 9.3 所示。

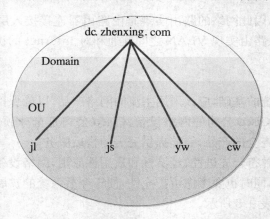

图 9.3　域结构规划图

按照公司员工的组织结构,为员工建立唯一的域用户账户,并将员工账户建立在员工所在部门的 OU 中,全体员工账户采用统一的命名规范。登录名为部门名的汉语拼音全称 + 员工姓名汉语拼音的第一个字母,例如,工程部部门员工王伟的登录名为 gcb + ww ,用户名为员工的汉语拼音全称。用户账户描述为该员工的职务。全部员工账户密码设置采用统一的密码 zhenxing,设置策略要求用户在第一次登录时更改密码。

整个网络系统采用用户组完成权限的分配,每个部门设置一个全局组并建立在该部门的 OU 中,该组中包括该部门所有员工的用户账户,除分公司经理和部门主管外,权限的分

配均以各部门的全局组为对象,分公司经理和部门主管的权限单独分配,所有用户组采用统一的命名规范,组名为部门名的汉语拼音全拼。例如,工程部组名为 gcb ,组的成员为工程部主管、工程一、工程二等。

2. 文件服务器

本项目系统设置专用的文件服务器来完成公司文档的集中管理,在文件服务器上为部门及用户建立专用的文件夹,分别存储公共文档和员工个人工作文档,服务器采用大容量磁盘和 NTFS 文件系统。员工可以访问服务器上的文档资料。

文件服务器选型要充分考虑服务器性能价格比,采用一台 PC 机作为系统的文件服务器,该机放置在机房中,主要配置如下:

网络操作系统为 Windows Server 2008

文件系统为 NTFS

计算机名为 fileserver

IP 地址为 192.168.10.4/24

网关地址为 192.168.10.1 ,连接在交换机 sw2 的 3 号端口上

把文件服务器的硬盘分为两个分区,分别为 C 盘和 D 盘,C 盘为主分区,安装操作系统,D 盘为扩展分区,用于存储共享文档,两个分区都采用 NTFS 文件系统。

在 D 盘上创建一个共享文件夹 d:\share,共享名为 share,在 d:\share 下建立部门文件夹,并且在每个部门的文件夹下创建每个员工的文件夹。总经理对所有文件夹有完全访问权限,每个部门经理对本部门的文件夹有完全访问权限,每个员工对自己的文件夹有完全访问权限。

3. 邮件服务器

邮件服务器是企业中常用的网络服务,许多企业都使用电子邮件来处理业务,同时,邮件服务也是企业内部交流的平台,常用来发布企业内部信息。

项目中可以选取 Exchange Server 2010 作为企业信息平台,它与 Windows 系统的活动目录结合完成企业内部邮件的收发。每个用户都有一个邮箱,邮件客户端统一使用 Outlook 2010 收发电子邮件。

用户在内网中通过内部 DNS 访问邮件服务器,为了保证用户邮件的安全,发送邮件时对邮件加密和签名。

本项目中可以根据需要设置邮件服务器。

4. 代理服务器

项目案例采用代理服务器软件实现 Internet 的接入,代理服务器软件的选择根据需求来选取。代理服务器软件安装在代理服务器上,主要配置如下:

计算机名为 proxyserver

IP 地址设置为 192.168.10.8 连接在交换机 sw2 的 4 号端口上。

5. Web/FTP 服务器

Web 服务器和 FTP 服务器共用一台服务器,利用 Windows Server 2008 系统中提供的 Web 服务功能,在服务器上安装 IIS,然后安装 FTP 服务,实现员工访问 Internet 和文件上传下载的功能。该服务器由 ISP 提供。

6. 打印服务器

利用 Windows 系统提供的打印共享功能,公司实现网络打印功能。打印机可选用知名

厂商的产品,全部打印机接入网络,配置打印服务器支持公司员工的打印需求,同时利用权限设置来保证打印机的合理利用。

项目案例中采用一台 PC 机作为打印服务器,该机放置在机房中,主要配置如下:

网络操作系统为 Windows Server 2008

文件系统为 NTFS

计算机名为 printserver

IP 地址为 192.168.10.5/24

网关地址为 192.168.10.1,连接在交换机 sw2 的 5 号端口上

打印服务配置如下:

① 打印机服务器上安装 5 台打印机的驱动程序,并将 5 台打印机共享,共享名为 Printer-位置;

② 所有员工的计算机作为客户机通过安装网络打印机添加相应的打印机完成打印;

③ 所有客户机的打印机上设置打印优先级;

④ 每台打印机具有统一的命名和网络地址。

7. 证书服务器

证书服务器的安全设计需考虑两点,一是通过对 CA 进行配置安装相应组件;二是利用证书提供的密钥功能,对企业内部用户及服务器进行证书的申请和颁发,从而保障服务器的安全。

本项目可以根据需要设置证书服务器。

◎ 客户端设计

本项目系统中,可以通过 Windows 和 Linux 两种网络操作系统实现局域网以及 Internet 的访问。

客户机分别放置在经理室、财务部、技术部和业务部,主要配置如下:

网络操作系统为 Windows Server 2008 或 Linux

Window 计算机加入到域 dc.zhenxing.com 中

计算机命名规则为部门汉语拼音全称加机号

1. 安全设计

合肥分公司采用统一的安全策略,使用域安全策略来完成整个网络的安全策略设置。密码策略:密码长度最小值为 6,密码最长存留期为 30 天;账户锁定策略:账户锁定阈值为 5 次无效登录;审核策略:启用审核登录事件,启用审核对象访问。

2. 防病毒设计

选择文件服务器作为防病毒服务器,在文件服务器安装 Symantec AntiVirus 企业版的防病毒软件。Symantec AntiVirus 企业版是一个集成统一的工作系统,能够提供优质全面的保护,快速的安全响应和更有效的管理。Symantec 为企业范围内的工作站和网络服务器提供可伸缩的跨平台的病毒防护,通过系统中心管理控制台为工作站和网络服务器集中部署病毒定义和产品更新。

9.3　项目实施

9.3.1　项目实施概述

1. 项目实施过程

① 合同签订,进入项目实施阶段。

② 施工前准备工作:

(a) 配合客户勘察施工现场;

(b) 制定项目实施计划,编写项目施工方案;

(c) 召开客户沟通会议;

(d) 确定项目人员组织机构;

(e) 项目所需软硬件及其工具准备就绪;

(f) 项目费用申请。

③ 清点设备,客户签收。

④ 现场施工,并准备验收测试报告。

⑤ 客户沟通会议。

⑥ 项目测试和阶段评审。

⑦ 满足客户需求进行项目初验。

⑧ 系统试运行。

⑨ 项目验收,签署完工报告。

⑩ 施工结束后进入售后服务和培训阶段。

2. 项目实施计划

实施计划开始时间以合同签订之日为准,以项目实施过程中的主要阶段为主进行规划,计算工期时考虑用户需求的变动等因素,在实施中根据进度控制项目进度。

本项目安排以工作日为单位,总计 36 天。具体安排为:协调会 1 天,布线工程 7 天,网络系统安装、调试和配置 12 天,综合测试 2 天,试运行 12 天,验收 2 天。

3. 人员组织

项目实施人员的安排要符合用户的需求,根据项目的实际情况进行调整,人员安排如下:

(1) 项目经理

项目经理由 1 人担任,需要对项目资源的配置进行管理,并协调项目实施的各个阶段。

(2) 布线工程师

布线工程师由 3 人担任,负责布线系统的铺设安装和测试等。

(3) 网络工程师

网络工程师由 2 人担任,负责网络设备的安装调试、培训和售后服务工作。

(4) 系统工程师

系统工程师由 1 人担任,负责网络系统及各种服务的安装调试、培训和售后服务工作。

9.3.2　网络系统实施

1.布线系统实施

(1)线缆施工

① 线缆布放前应该核对规格、位置等是否符合设计规定。

② 布放应平直,不得产生扭绞、打圈等现象,不应受到外力的挤压和损伤。

③ 线缆在布放前两端应贴有标签,以表明开始和终结位置,标签书写应清楚明确。

④ 电源线、信号电缆、对绞电缆、光缆及建筑物内其他弱电系统的线缆应分开布放,各线缆间的最少距离应符合设计要求。

⑤ 线缆布放时应有冗余,在交接间、设备间对绞电缆预留长度一般应为 3~6 m ,工作区为 0.3~0.6 m ,光缆在设备端预留长度一般应为 5~10 m 。

⑥ 线缆在终端前,必须检查标签颜色和数字含义,并按顺序终端。

⑦ 线缆中间不得产生接头现象,终端处要卡接固定和接触良好。

⑧ 线缆终端应符合设计和厂家安装手册要求。

⑨ 双绞线和插接连接应认准线号、线位色标,不能颠倒和错接。

(2)布线设备安装

项目系统中机柜、配线架、接线模块、信息插座、电缆桥架及槽管的安装应该符合我国的国家标准《建筑与建筑群结构化布线系统工程施工及验收规范》(GB/T 50312—2000)。

2.网络构建

项目实施过程中,需要对用户需求做整体规划并实施,现给出网络系统完整的拓扑图,如图 9.4 所示。

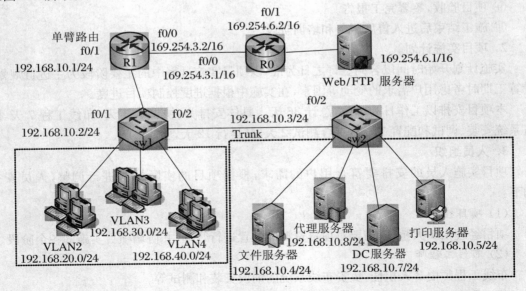

图 9.4　网络系统完整的拓扑图

项目系统的配置中主要涉及路由器和交换机的配置,在此只介绍它们的配置方法。

网络系统的 Web/FTP 服务器在实验中可以使用一台 PC 机模拟,Web 站点可以是 IIS 的默认站点,在 IIS 服务中添加 FTP 服务,来实现客户机的上传下载。

（1）路由器的安装与配置

将路由器安装到机柜中的合适位置,然后加电自检,检查无误后进行相关配置,配置路由器的主机名、密码、端口 IP 地址、静态路由和默认路由等,还需要在路由器上启用 3 个子接口,分别配置 IP 地址及封装方式 802.1q ,配置完成后要用 show run 命令显示配置结果,无误后保存配置。

① 路由器 R0 的配置。路由器 R0 的 f0/1 端口与 Web/FTP 相连,f0/1 端口的 IP 地址是 169.254.6.2,子网掩码为 255.255.0.0。路由器 R0 的 f0/0 端口与 R1 相连,f0/0 端口的 IP 地址是 169.254.3.1,子网掩码为 255.255.0.0。配置命令如下:

```
router>en          ;进入用户模式
router#config t          ;进入全局配置模式
router(config)#hostname ispr0          ;配置主机名
ispr0(config)#enable password cisco          ;配置特权密码
ispr0(config)#int f0/1
ispr0(config-if)#ip address 169.254.6.2 255.255.0.0
ispr0(config-if)#no shutdown
ispr0(config-if)#exit
ispr0(config)#int f0/0
ispr0(config-if)#ip address 169.254.3,1 255.255.0.0
ispr0(config-if)#no shutdown
ispr0(config-if)#exit
ispr0(config)line vty 0 4
ispr0(config-line)#password cisco
ispr0(config-line)#login;配置 TELNET 密码
ispr0(config-line)#end
ispr0#write
```

② 路由器 R1 的配置。路由器 R1 的 f0/1 端口连接交换机 sw1,将路由器 R1 的 f0/1 端口连接到 R0 路由器。配置命令如下:

```
router#config t
router(config)#hostname hfr1
hfr1(config)#enable password cisco
hfr1(config)#int f0/1
hfr1(config-if)#ip address 192.168.10.1 255.255.255.0
hfr1(config-if)#no shutdown
hfr1(config)#int f0/1.2          ;配置 VLAN2 的子接口
hfr1(config-subif)#ip address 192.168.20.1 255.255.255.0
hfr1(config-subif)#no shutdown
hfr1(config-subif)#encap dot1q 2
hfr1(config-subif)#exit
hfr1(config)#int f0/1.3          ;配置 VLAN3 的子接口
hfr1(config-subif)#ip address 192.168.30.1 255.255.255.0
hfr1(config-subif)#no shutdown
```

```
hfr1(config-subif)#encap dot1q 3
hfr1(config-subif)#exit
hfr1(config)#int f0/1.4          ;配置 VLAN 4 的子接口
hfr1(config-subif)#ip address 192.168.40.1 255.255.255.0
hfr1(config-subif)#no shutdown
hfr1(config-subif)#encap dot1q 4
hfr1(config-subif)#exit
hfr1(config)#int f0/0
hfr1(config-if)#ip address 169.254.3.2 255.255.0.0
hfr1(config-if)#no shutdown
hfr1(config-if)#exit
hfr1(config)#ip route 0.0.0.0 0.0.0.0 f0/0          ;配置路由
hfr1(config)#access-list 1 permit host 192.168.10.8
hfr1(config)#ip nat inside source list 1 int f0/0 overload
hfr1(config)#int f0/0
hfr1(config-if)#ip nat outside
hfr1(config-if)#exit
hfr1(config)#int f0/1
hfr1(config-if)#ip nat outside          ;配置 NAT 映射代理服务器
hfr1(config-if)#exit
hfr1(config)line vty 0 4
hfr1(config-line)#password cisco
hfr1(config-line)#login          ;配置路由器 TELNET 密码
hfr1(config-line)#end
hfr1#write
```

（2）交换机的安装与配置

将交换机安装到机柜中的合适位置，然后加电自检，检查无误后进行相关配置，配置交换机的主机名、密码、启用 Trunk 协议、VLAN 设置及管理 VLAN 1 的 IP 地址等，配置完成后要用 show run 命令显示配置结果，无误后保存配置。

① 交换机 sw1 的配置：

```
switch#config t
switch(config)#hostname hfsw1
switch(config)#enable password cisco
hfsw1(config)#int vlan 1          ;配置管理 VLAN 的 IP 地址
hfsw1(config-if)#ip address 192.168.10.2 255.255.255.0
hfsw1(config-if)#no shutdown
hfsw1(config-if)#exit
hfsw1(config)#int f0/1
hfsw1(config-if)#switchport mode trunk
hfsw1(config-if)#exit
hfsw1(config)#int f0/2
hfsw1(config-if)#switchport mode trunk
hfsw1(config-if)#end
```

```
hfsw1#vlan database          ;VLAN 的创建
hfsw1(vlan)#vlan 2
hfsw1(vlan)#vlan 3
hfsw1(vlan)#vlan 4
hfsw1(vlan)#exit
hfsw1#config t
hfsw1(config)#int range f0/3-8          ;将相应端口加入 VLAN 中
hfsw1(config-if)#switchport access vlan 2
hfsw1(config-if)#exit
hfsw1(config)#int range f0/9-16
hfsw1(config-if)#switchport access vlan 3
hfsw1(config-if)#exit
hfsw1(config)#int range f0/17-24
hfsw1(config-if)#switchport access vlan 4
hfsw1(config-if)#exit
hfsw1(config)#ip default-gateway 192.168.10.1          ;默认网关设置
hfsw1(config)#line vty 0 4
hfsw1(config-line)#password cisco
hfsw1(config-line)#login
hfsw1(config-line)#end
hfsw1#write
```

② 交换机 sw2 的配置：

```
switch#config t
switch(config)#hostname hfsw2
switch(config)#enable password cisco
hfsw2(config)#int vlan 1          ;配置管理 VLAN 的 IP 地址
hfsw2(config-if)#ip address 192.168.10.3 255.255.255.0
hfsw2(config-if)#no shutdown
hfsw2(config-if)#exit
hfsw2(config)#int f0/1
hfsw2(config-if)#switchport mode trunk
hfsw2(config-if)#exit
hfsw2#vlan database          ;VLAN 的创建
hfsw2(vlan)#vlan 2
hfsw2(vlan)#vlan 3
hfsw2(vlan)#vlan 4
hfsw2(vlan)#exit
hfsw2#config t
hfsw2(config)#int range f0/3-8          ;将相应端口加入 VLAN 中
hfsw2(config-if)#switchport access vlan 2
hfsw2(config-if)#exit
hfsw2(config)#int range f0/9-16
hfsw2(config-if)#switchport access vlan 3
hfsw2(config-if)#exit
```

```
hfsw2(config)♯int range f0/17-24
hfsw2(config-if)♯switchport access vlan 4
hfsw2(config-if)♯exit
hfsw2(config)♯line vty 0 4
hfsw2(config-line)♯password cisco
hfsw2(config-line)♯login
hfsw2(config-line)♯end
hfsw2♯write
```

3. 服务器的安装与配置

（1）域控制器

① 利用 Windows 系统构建单域结构,实现网络资源的集中管理,并保障管理上的简单性和低成本投入。域控制器作为整个网络的核心服务器,完成对公司员工的账户管理和安全策略的实施,同时在域控制器上实现对共享文件夹、共享打印机的集中管理。

② 根据网络规模,按照集中管理和结构简单的原则,整个网络系统规划为单域结构,在域内按照部门名称分别建立组织单位 OU,用于存储和管理各部门的用户、共享文件夹及打印机。

③ 需要建立用户组和用户账号,把用户账号加入用户组。

④ 将域控制服务器安装在机柜的合适位置,然后加电自检,检查无误后安装 Windows Server 2008 操作系统。

⑤ 在域控制服务器上配置安装 Active Directory 和 DNS 服务器。

⑥ 创建经理、财务部、工程部、销售部 4 个组织单位 OU。

⑦ 建立经理组、财务部员工组、工程部员工组、销售部员工组 4 个用户组。

⑧ 分姓名和职务的对应建立如分公司经理、财务主管、财务员工、工程主管、工程员工、销售主管、销售员工用户账户。

⑨ 把用户组添加到组织单元 OU 中,再把用户账户添加到用户组中。

（2）文件服务器

① 将文件服务器安装在机柜的合适位置,然后加电自检,检查无误后安装 Windows Server 2008 操作系统。

② 将文件服务器硬盘划分为两个分区,分别为 C 盘和 D 盘,C 盘为主分区,安装操作系统,D 盘为扩展分区,用于存储共享文档,两个分区都采用 NTFS 文件系统。

③ 在 D 盘上建立文件夹 share 并共享,共享名为 share。在 share 文件夹下根据部门分别建立文件夹:经理文件夹、财务部文件夹、工程部文件夹、销售部文件夹。在每个部门文件夹中根据员工姓名分别为每个员工建立文件夹。

④ 文件服务器采用 Windows 系统提供的磁盘配额功能控制员工文档的在存储量,在 D 盘上激活磁盘配额功能,限制员工总的存储量、警告级别和超过配额拒绝写入等,总经理不限制。

⑤ 文件服务器利用共享权限和 NTFS 权限的组合实现文件级安全,分公司经理对公司所有文档拥有全部权限,部门主管对本部门拥有全部权限,员工只对自己的工作文档拥有全部权限。

（3）代理服务器

① 将代理服务器安装在机柜的合适位置,然后加电自检,检查无误后安装 Windows

Server 2008 操作系统。

　　② 安装代理服务器软件在代理服务器上。

　　③ 配置代理服务器的 IP 地址,设置代理服务器软件的代理服务协议和端口。

　　(4) 打印服务器

　　① 安装打印服务器在机柜的合适位置,然后加电自检,检查无误后安装 Windows Server 2008 操作系统。

　　② 配置打印服务器,然后将其添加到域,添加相应的打印机。

　　③ 配置管理各打印机,按用户分配不同的权限。

4．客户端的安装与配置

　　① 将客户端计算机按部门分别放在不同的工作区,同时安装 Windows 7,为需要安装 Linux 操作系统的用户安装 RHEL5.5。

　　② 用跳线连接工作区信息点模块到客户端计算机上,设置 IP 地址、网关和 DNS。

　　③ 把客户端加入域,添加打印机,按分配的域用户账户来登录域。

　　④ 客户机配置 Internet 选项,指定代理服务器的地址和端口设置。

5．防病毒系统的安装与配置

　　① 安装防病毒软件企业版到服务器上,用软件分发安装功能再安装到各个客户机上。

　　② 管理 Norton AntiVirus 网络防病毒系统,应用策略到服务器和客户端,设置病毒定义更新,配置实时扫描。

6．系统设备和软件检验

　　系统设备和软件检验过程必须在客户单位的参与下进行。

　　① 设备的外包装检查:检查品牌、大小、数量和标识等是否相符。

　　② 设备的开箱检验:检查数量、包装、手册、耗材等是否相符。

　　③ 设备的加电自检:系统启动是否正常,系统启动自检显示是否正确,系统软件是否符合要求等

　　④ 软件配置的包装检验:检查品牌、数量、授权、相关模块是否相符。

7．安全策略实施

　　(1) 密码策略

　　① 启动"管理工具"/"域安全策略"/"安全设置"/"密码策略"。

　　② 启用的密码必须符合复杂性要求。

　　③ 密码长度最小值为 6。

　　④ 密码最长存留期限为 30 天。

　　(2) 账户锁定策略

　　① 启动"管理工具"/"域安全策略"/"安全设置"/"账户锁定策略"。

　　② 账户锁定阈值为 5 次无效登录。

　　(3) 审核策略

　　① 启动"管理工具"/"域安全策略"/"安全设置"/"审核策略"。

　　② 启用审核登录事件。

　　③ 启用审核对象访问。

9.3.3 项目实施报告

一个完整的项目系统的具体方案包括以下 6 个方面：

（1）用户需求分析概述

项目建设的目标与原则、项目背景、系统需求、项目建设要求。

（2）需求分析与方案设计

网络系统的分析与设计、系统及应用服务的分析与设计。

（3）项目实施

项目实施概述、网络系统实施、网络系统测试、应用服务系统测试、项目验收。

（4）项目的测试与验收

布线系统测试、网络系统测试、应用服务系统测试、项目验收。

（5）售后服务与培训

售后服务承诺及技术培训。

（6）项目试运行及终验

项目试运行报告、项目终验。

项目实施报告是对整个项目系统的安装实施过程所做的工作和出现的问题进行描述，需要分步、分阶段地去概括总结，主要围绕项目质量、成本、进度、协调和合同管理等方面。

9.4 项目测试与验收

9.4.1 布线系统测试

（1）测试工具

本项目使用 Fluke DSP 线缆测试仪。

（2）测试内容

线缆测试主要测试信息点的物理连通性、长度、衰减、损耗和线对图。

（3）测试方法

TSB-67 和 ISO/IEC 11801 中定义了两种测试方法：通道测试和基本链路测试。本项目选用基本链路测试，基本连接的测试范围是从工作区插座到管理区配线架水平线终接处，然后两端各加班 2 m 的跳线。

9.4.2 网络及服务系统测试

1. 测试工具

测试工具主要有计算机、专用线缆和终端仿真软件等。

2．测试内容

测试内容主要包括物理连通性和功能性测试。

（1）交换机测试。

查看 VLAN 的配置，测试同 VLAN 及不同 VLAN 的连通性，Trunk 端口能否转发所有 VLAN。登录口令安全测试，TELNET 测试，交换机模块的状态，端口状态，查看交换机的硬件配置是否与产品说明符合等。

（2）路由器测试

测试路由表是否正确生成，查看接口和静态路由以及默认路由的配置，登录口令安全测试，TELNE 测试，模块状态测试，路由器硬件配置是否与产品说明符合等测试。

3．测试方法

网络设备测试常用方法有两种，一种方法是使用网络测试设备单独对产品进行测试；另外一种方法是将设备放在具体的网络环境中，通过分析该产品在网络中的情况对其进行测试。本项目采用第二种方法，根据测试内容用测试命令对网络及服务系统进行综合测试。

① 检查网络设备和服务器、客户端是否被正确连接，相关线缆是否被正确标识。根据拓扑图的划分，连接网络拓扑并结合 VLAN、IP 及路由规划等，使用测试机通过 CONSOLE 口连接到相应的网络设备上，根据拓扑图的划分，连接网络拓扑并结合网络系统服务功能的要求使用 PC 机作为客户端连接到网络任意工作间的信息点上。

② 交换机测试通过查看命令检测网络设备的 IP 及 VLAN 配置是否正确，检查同种 VLAN 和不同 VLAN 的连通性。检查 Trunk 端口情况、MAC 地址、交换机的管理地址是否和设计相符合。

4．测试结果

经过测试，系统功能达到设计要求，所有网络设备运行正常稳定并且连接通畅。

5．测试报告

对测试进行现场记录，写出测试告。

6．项目测试

测试是由施工单位提出项目检验申请，由建设方和第三方审核。审核通过后，三方召开现场协调会来确定检验的时间、地点、出席人员、验收流程，按照验收流程组织验收。三方到现场技术人员依据测试文档和测试报告再进行综合测试，核对测试结果。

项目验收报告是项目试运行和检验前对项目系统实施情况所做的综合性评价，包括每一阶段的实施工作和综合测试的结果。

9.5　项目试运行与检验

1．项目试运行报告

项目系统测试验收完成后，项目进行试运行阶段，施工单位和建议方参照电信工程试运行的有关规定，协商确定项目试运行的期限。在此期间施工单位技术人员要特别关注系统在试运行期间的所有情况，对运行过程中出现的一切问题进行及时处理，并将结果记录下来，依据此记录编写项目运行报告。

2. 项目检验

项目试运行结束后,项目试运行期间出现的问题也已解决,并且项目运行正常的情况下,项目试运行报告经建设方审核后,施工单位可申请进行工程的终验,经建设方同意后,进行项目终验。

9.6 项目售后服务与培训

1. 项目售后服务

承建方根据招标方对工程项目检验结束后的售后服务要求,做具体的售后服务承诺明细。一般应包括:维护响应时间、支持机构、免费更换时间、质保期限、免费更换期限、维护方式、质保期限以外提供的服务等。

2. 技术培训

承建方根据项目系统的特点和建设方技术培训的要求,制定具体的技术培训计划,对建议方技术人员进行相关技术培训,一般应包括:培训时间、地点、人数、内容、费用等。

参 考 文 献

［1］ 宋一兵.局域网技术[M].北京:人民邮电出版社,2011.

［2］ 周赟山.组网技术实训[M].北京:清华大学出版社,2010.

［3］ 黄金波,齐永才.计算机网络技术案例教程[M].北京:北京大学出版社,2010.

［4］ 谢希仁.计算机网络[M].5 版.北京:电子工业出版社,2008.

［5］ 王建玉.实用组网技术教程与实训[M].北京:清华大学出版社,2010.

［6］ 张栋,刘晓辉.Windows Server 2008 组网技术详解:服务器搭建与升级篇[M].北京:电子工业出版社,2010.

［7］ 姚赵,高峰,王亚楠.Windows Server 2008 系统管理与服务器配置[M].北京:机械工业出版社,2013.

［8］ 张庆力,潘刚柱.Windows Server 2008 教程[M].北京:电子工业出版社,2012.

［9］ 百度百科.http://baike.baidu.com/view/1297728.htm? fr = Aladdin.

［10］ 维基百科.http://zh.wikipedia.org/wiki/Windows_Server_2008.

［11］ 百度百科.http://baike.baidu.com/view/4369217.htm.

［12］ 周洁,刘红兵,王国平.Red Hat Enterprise Linux 5 网络配置与管理基础与实践教程[M].北京:电子工业出版社,2009.

［13］ 北京阿博泰克北大青鸟信息技术有限公司职业教育研究院.Linux 系统管理[M].北京:电子工业出版社,2011.

［14］ 北京阿博泰克北大青鸟信息技术有限公司职业教育研究院.Linux 网络服务[M].北京:电子工业出版社,2011.

［15］ 郇涛,陈萍.Linux 网络服务器配置与管理[M].北京:机械工业出版社,2010.

［16］ 黎连业.局域网技术与组网方案[M].北京:中国电力出版社,2012.

［17］ 斯桃枝,顾钧,俞利君.局域网技术与局域网组建[M].北京:人民邮电出版社,2010.

［18］ 苏英如.局域网技术与组网工程[M].北京:中国水利水电出版社,2010.

［19］ 杜思深.综合布线[M].2 版.北京:清华大学出版社,2010.

［20］ 刘省贤.综合布线技术教程与实训[M].2 版.北京:北京大学出版社,2009.

［21］ 刘晶,公芳亮.局域网组建、维护与安全监控实战详解[M].北京:人民邮电出版社,2010.

［22］ 苏英如.局域网技术与组网工程实训教程[M].北京:中国水利水电出版社,2009.

［23］ 颜谦和,言海燕,颜珍平.交换机与路由器技术[M].北京:清华大学出版社,2012.

［24］ 冯昊,黄治虎.交换机/路由器的配置与管理[M].2 版.北京:清华大学出版社,2009.

［25］ 苗凤君.局域网技术与组网工程[M].北京:清华大学出版社,2010.

［26］ 王达.Cisco 交换机、路由器配置与管理完全手册[M].北京:中国水利水电出版社,2013.

［27］ 王相林.组网技术与配置[M].2 版.北京:清华大学出版社,2012.

［28］ 孙兴华,张晓.网络工程实践教程:基于 Cisco 路由器与交换机[M].北京:北京大学出版社,2010.

［29］ 千家综合布线网站.http://www.cabling-system.com/.

［30］ 思科网络技术网站.http://www.net130.com/CMS/.

［31］ 中国领先的 IT 技术社区.http://bbs.51cto.com/.